新能源工程类招标文件范本

（第三册）

（2017 年版）

中国长江三峡集团有限公司　编著

中国三峡出版传媒

中国三峡出版社

图书在版编目（CIP）数据

新能源工程类招标文件范本．第三册：2017年版/中国长江三峡集团有限公司编著．—北京：中国三峡出版社，2018.6

中国三峡集团招标文件范本　项目类型．光伏发电工程

ISBN 978-7-5206-0049-1

Ⅰ．①新… Ⅱ．①中… Ⅲ．①三峡水利工程—太阳能光伏发电—招标—文件—范本 Ⅳ．①TV7

中国版本图书馆CIP数据核字（2018）第135940号

责任编辑：徐韡　彭新岸

中国三峡出版社出版发行

（北京市西城区西廊下胡同51号　　　100034）

电话：（010）57082645　57082651

http：//www.zgsxcbs.cn

E—mail：sanxiaz@sina.com

北京华联印刷有限公司印刷　新华书店经销

2018年6月第1版　2018年6月第1次印刷

开本：787×1092毫米　1/16　印张：20.75

字数：425千字

ISBN 978-7-5206-0049-1　定价：98.00元

编 委 会

前　言

1992年，经全国人大批准，三峡工程开工建设。中国长江三峡集团有限公司（原名"中国长江三峡工程开发总公司"，以下简称"三峡集团"）作为项目法人，积极推行"项目法人负责制、招标投标制、工程监理制、合同管理制"，对控制"质量、造价、进度"起到了重要作用。三峡工程招标采购管理的改革实践，引领了当时国内大水电招标采购管理，为国家制定招投标方面的法律法规提供了宝贵的实践经验。三峡工程吸引了全国乃至全世界优秀的建筑施工企业、物资供应商和设备制造商参与投标、竞争，三峡集团通过择优选取承包商，实现了资源的优化配置和工程投资的有效控制。三峡集团秉承"规范、公正、阳光、节资"的理念，打造"规范高效、风险可控、知识传承"的招标文件范本体系，持续在科学性和规范性上深耕细作，已发布了覆盖水电工程、新能源工程、咨询服务等领域的100多个招标文件范本。招标文件范本在公司内已经使用2年，对提高招标文件编制质量和工作效率发挥了良好的作用，促进了三峡集团招标投标活动的公开、公平和公正。

本系列招标文件范本遵照国家《标准施工招标文件》（2007年版）体例和条款，吸收三峡集团招标采购管理经验，按照标准化、规范化的原则进行编制。系列丛书分为水力发电工程建筑与安装工程、水力发电工程金结与机电设备、水力发电工程大宗与通用物资、咨询服务、新能源工程5类9册15个招标文件范本。在项目划分上充分考虑了实际项目招标需求，既包括传统的工程、设备、物资招标项目，也包括科研项目和信息化建设项目，具有较强的实用性。针对不同招标项目的特点选择不同的评标方法，制定了个性化的评标因素和合理的评标程序，为科学选择供应商提供依据；结合三峡集团的管理经验细化了合同条款，特别是水电工程施工、机电设备合同条款传承了三峡工程建设到金沙江4座巨型水电站建设的经验；编制了有前瞻性的技术条款和技术规范，部分项目采用了三峡标准，发挥企业标准的引领作用；对于近年来备受关注的电子招标投标、供应商信用评价、安全生产、廉洁管理、保密管理等方面，均编制了具备可操作性的条款。

招标文件编制涉及的专业面广，受编者水平所限，本系列招标文件范本难免有不妥当之处，敬请读者批评指正。

联系方式：ctg_zbfb@ctg.com.cn。

编者

2018 年 6 月

目　录

光伏电站电池组件设备采购招标文件范本

第一章　招标公告（未进行资格预审）··（5）

1　招标条件 ···（5）

2　项目概况与招标范围 ··（5）

2.1　项目概况 ··（5）

2.2　招标范围 ··（5）

3　投标人资格要求 ··（5）

4　招标文件的获取 ··（6）

5　电子身份认证 ···（6）

6　投标文件的递交 ··（6）

7　发布公告的媒介 ··（7）

8　联系方式 ···（7）

第一章　投标邀请书（适用于邀请招标）···（8）

1　招标条件 ···（8）

2　项目概况与招标范围 ··（8）

2.1　项目概况 ··（8）

2.2　招标范围 ··（8）

3　投标人资格要求 ··（8）

4　招标文件的获取 ··（9）

5　电子身份认证 ···（9）

6　投标文件的递交 ··（9）

7　确认 ··（10）

8　联系方式 ··（10）

第一章　投标邀请书（代资和预审通过通知书）……………………………（11）

第二章　投标人须知 …………………………………………………………（13）
　　投标人须知前附表 ………………………………………………………（13）
　1　总则 ……………………………………………………………………（18）
　　　1.1　项目概况 …………………………………………………………（18）
　　　1.2　资金来源和落实情况 ……………………………………………（18）
　　　1.3　招标范围、交货批次和进度、质量要求 ………………………（18）
　　　1.4　投标人资格要求（适用于已进行资格预审的）…………………（18）
　　　1.4　投标人资格要求（适用于未进行资格预审的）…………………（18）
　　　1.5　费用承担 …………………………………………………………（19）
　　　1.6　保密 ………………………………………………………………（20）
　　　1.7　语言文字 …………………………………………………………（20）
　　　1.8　计量单位 …………………………………………………………（20）
　　　1.9　踏勘现场 …………………………………………………………（20）
　　　1.10　投标预备会 ……………………………………………………（21）
　　　1.11　外购与分包制造 ………………………………………………（21）
　　　1.12　提交偏差表 ……………………………………………………（21）
　2　招标文件 ………………………………………………………………（21）
　　　2.1　招标文件的组成 …………………………………………………（21）
　　　2.2　招标文件的澄清 …………………………………………………（22）
　　　2.3　招标文件的修改 …………………………………………………（22）
　　　2.4　对招标文件的异议 ………………………………………………（22）
　3　投标文件 ………………………………………………………………（22）
　　　3.1　投标文件的组成 …………………………………………………（22）
　　　3.2　投标报价 …………………………………………………………（23）
　　　3.3　投标有效期 ………………………………………………………（23）
　　　3.4　投标保证金 ………………………………………………………（23）
　　　3.5　资格审查资料（适用于已进行资格预审的）……………………（24）
　　　3.5　资格审查资料（适用于未进行资格预审的）……………………（24）

3.6 备选投标方案 …………………………………………………………… (25)

3.7 投标文件的编制 ………………………………………………………… (25)

4 投标 …………………………………………………………………………… (25)

4.1 投标文件的密封和标记 ………………………………………………… (25)

4.2 投标文件的递交 ………………………………………………………… (25)

4.3 投标文件的修改与撤回 ………………………………………………… (26)

4.4 投标文件的有效性 ……………………………………………………… (26)

4.5 投标样品 ………………………………………………………………… (26)

5 开标 …………………………………………………………………………… (27)

5.1 开标时间和地点 ………………………………………………………… (27)

5.2 开标程序（适用于电子开标）………………………………………… (27)

5.2 开标程序（适用于纸质投标文件开标）……………………………… (27)

5.3 电子招投标的应急措施 ………………………………………………… (28)

5.4 开标异议 ………………………………………………………………… (28)

5.5 开标监督与结果 ………………………………………………………… (28)

6 评标 …………………………………………………………………………… (28)

6.1 评标委员会 ……………………………………………………………… (28)

6.2 评标原则 ………………………………………………………………… (29)

6.3 评标 ……………………………………………………………………… (29)

7 合同授予 ……………………………………………………………………… (29)

7.1 定标方式 ………………………………………………………………… (29)

7.2 中标候选人公示 ………………………………………………………… (29)

7.3 中标通知 ………………………………………………………………… (29)

7.4 履约担保 ………………………………………………………………… (29)

7.5 签订合同 ………………………………………………………………… (29)

8 重新招标和不再招标 ………………………………………………………… (30)

8.1 重新招标 ………………………………………………………………… (30)

8.2 不再招标 ………………………………………………………………… (30)

9 纪律和监督 …………………………………………………………………… (30)

9.1 对招标人的纪律要求 …………………………………………………… (30)

9.2 对投标人的纪律要求 …………………………………………………… (30)

9.3 对评标委员会成员的纪律要求 ······························ （30）

9.4 对与评标活动有关的工作人员的纪律要求 ··············· （30）

9.5 异议处理 ··· （31）

9.6 投诉 ··· （32）

10 需要补充的其他内容 ··· （32）

第三章 评标办法（综合评估法） ······························· （37）

评标办法前附表 ·· （37）

1 评标方法 ··· （39）

2 评审标准 ··· （39）

2.1 初步评审标准 ··· （39）

2.2 详细评审标准 ··· （39）

3 评标程序 ··· （40）

3.1 初步评审 ··· （40）

3.2 详细评审 ··· （41）

3.3 投标文件的澄清和补正 ·· （41）

3.4 评标结果 ··· （42）

第四章 合同条款及格式 ··· （43）

1 定义 ·· （43）

2 适用性 ·· （44）

3 原产地 ·· （44）

4 合同标的 ··· （44）

5 标准 ·· （45）

6 合同价格 ··· （45）

7 支付 ·· （46）

8 包装 ·· （48）

9 交货和运输 ·· （50）

10 保险 ·· （51）

11 技术服务和联络 ·· （51）

12 质量监造与检验 ·· （53）

    12.1 监造 ……………………………………………………… (53)

    12.2 抽查检验 ………………………………………………… (54)

    12.3 包装和运输 ……………………………………………… (54)

 13 检验、安装调试和验收 ……………………………………… (54)

 14 备品备件/消耗品 …………………………………………… (57)

 15 保证 …………………………………………………………… (58)

 16 索赔 …………………………………………………………… (58)

 17 使用合同文件和资料 ………………………………………… (59)

 18 知识产权 ……………………………………………………… (59)

 19 变更指令 ……………………………………………………… (59)

 20 合同的修改 …………………………………………………… (60)

 21 转让 …………………………………………………………… (60)

 22 分包与外购 …………………………………………………… (60)

 23 卖方履约延误 ………………………………………………… (60)

 24 误期赔偿和违约赔偿 ………………………………………… (60)

 25 违约终止合同 ………………………………………………… (62)

 26 不可抗力 ……………………………………………………… (62)

 27 因破产而终止合同 …………………………………………… (63)

 28 因买方的便利而终止合同 …………………………………… (63)

 29 争议的解决 …………………………………………………… (63)

 30 合同语言 ……………………………………………………… (63)

 31 适用法律 ……………………………………………………… (63)

 32 通知 …………………………………………………………… (63)

 33 税费 …………………………………………………………… (64)

 34 履约担保 ……………………………………………………… (64)

 35 合同生效及其他 ……………………………………………… (64)

第五章 设备采购清单 ……………………………………………… (78)

 1 设备采购清单说明 …………………………………………… (78)

 2 投标报价说明 ………………………………………………… (78)

 3 其他说明 ……………………………………………………… (79)

4 设备采购清单及报价汇总表 ···（79）

第六章　图纸 ···（80）

第七章　技术标准和要求 ···（81）

1 总则 ···（81）

2 技术标准和要求 ···（81）

2.1 概述 ···（81）

2.2 技术要求 ···（83）

3 随机备品备件和专用工具 ···（84）

3.1 随机备品备件 ···（84）

3.2 随机备品备件的使用 ···（84）

3.3 备品备件额外的供应 ···（84）

4 技术性能保证值（投标人细化填写） ···································（85）

第八章　投标文件格式 ···（98）

一、投标函 ···（100）

二、授权委托书、法定代表人身份证明 ···································（101）

三、联合体协议书（如果有） ···（104）

四、投标保证金 ···（106）

（一）采用在线支付（企业银行对公支付）或
　　　线下支付（银行汇款）方式 ·······································（106）

（二）采用银行保函方式 ···（106）

五、投标报价表 ···（110）

六、技术方案 ···（111）

七、偏差表 ···（116）

八、拟分包（外购）部件情况表 ···（117）

九、资格审查资料 ···（118）

（一）投标人基本情况表 ···（118）

（二）近年财务状况表 ···（121）

（三）近年完成的类似项目情况表 ·······································（121）

（四）正在进行的和新承接的项目情况表 ………………………………… （122）

（五）近年发生的诉讼及仲裁情况 …………………………………………… （122）

（六）其他资格审查资料 ……………………………………………………… （123）

十、构成投标文件的其他材料 …………………………………………………… （124）

附录 A 地面用晶体硅光伏组件选型技术规范 ……………………………… （125）

附录 B 地面用晶体硅光伏组件监造技术规范 ……………………………… （144）

光伏电站逆变器设备采购招标文件范本

第一章 招标公告（未进行资格预审） …………………………………………… （165）

1 招标条件 ……………………………………………………………………… （165）

2 项目概况与招标范围 ………………………………………………………… （165）

2.1 项目概况 ……………………………………………………………… （165）

2.2 招标范围 ……………………………………………………………… （165）

3 投标人资格要求 ……………………………………………………………… （165）

4 招标文件的获取 ……………………………………………………………… （166）

5 电子身份认证 ………………………………………………………………… （166）

6 投标文件的递交 ……………………………………………………………… （166）

7 发布公告的媒介 ……………………………………………………………… （167）

8 联系方式 ……………………………………………………………………… （167）

第一章 投标邀请书（适用于邀请招标） ………………………………………… （168）

1 招标条件 ……………………………………………………………………… （168）

2 项目概况与招标范围 ………………………………………………………… （168）

2.1 项目概况 ……………………………………………………………… （168）

2.2 招标范围 ……………………………………………………………… （168）

3 投标人资格要求 ……………………………………………………………… （168）

4 招标文件的获取 ……………………………………………………………… （169）

5　电子身份认证 ·· (169)

6　投标文件的递交 ··· (170)

7　确认 ··· (170)

8　联系方式 ··· (170)

第一章　投标邀请书（代资格预审通过通知书） ················· (171)

第二章　投标人须知 ·· (173)

　　投标人须知前附表 ··· (173)

　1　总则 ··· (178)

　　　1.1　项目概况 ·· (178)

　　　1.2　资金来源和落实情况 ······································ (178)

　　　1.3　招标范围、交货批次和进度、质量要求 ············· (178)

　　　1.4　投标人资格要求（适用于已进行资格预审的） ······ (179)

　　　1.4　投标人资格要求（适用于未进行资格预审的） ······ (179)

　　　1.5　费用承担 ·· (179)

　　　1.6　保密 ··· (180)

　　　1.7　语言文字 ·· (180)

　　　1.8　计量单位 ·· (180)

　　　1.9　踏勘现场 ·· (181)

　　　1.10　投标预备会 ·· (181)

　　　1.11　外购与分包制造 ··· (181)

　　　1.12　提交偏差表 ·· (181)

　2　招标文件 ··· (182)

　　　2.1　招标文件的组成 ·· (182)

　　　2.2　招标文件的澄清 ·· (182)

　　　2.3　招标文件的修改 ·· (182)

　　　2.4　对招标文件的异议 ·· (183)

　3　投标文件 ··· (183)

　　　3.1　投标文件的组成 ·· (183)

　　　3.2　投标报价 ·· (183)

3.3　投标有效期 ……………………………………………………（184）

3.4　投标保证金 ……………………………………………………（184）

3.5　资格审查资料（适用于已进行资格预审的） ………………（184）

3.5　资格审查资料（适用于未进行资格预审的） ………………（184）

3.6　备选投标方案 …………………………………………………（185）

3.7　投标文件的编制 ………………………………………………（185）

4　投标 …………………………………………………………………（186）

4.1　投标文件的密封和标记 ………………………………………（186）

4.2　投标文件的递交 ………………………………………………（186）

4.3　投标文件的修改与撤回 ………………………………………（186）

4.4　投标文件的有效性 ……………………………………………（187）

4.5　投标样品 ………………………………………………………（187）

5　开标 …………………………………………………………………（187）

5.1　开标时间和地点 ………………………………………………（187）

5.2　开标程序（适用于电子开标） ………………………………（187）

5.2　开标程序（适用于纸质投标文件开标） ……………………（188）

5.3　电子招投标的应急措施 ………………………………………（188）

5.4　开标异议 ………………………………………………………（189）

5.5　开标监督与结果 ………………………………………………（189）

6　评标 …………………………………………………………………（189）

6.1　评标委员会 ……………………………………………………（189）

6.2　评标原则 ………………………………………………………（189）

6.3　评标 ……………………………………………………………（189）

7　合同授予 ……………………………………………………………（190）

7.1　定标方式 ………………………………………………………（190）

7.2　中标候选人公示 ………………………………………………（190）

7.3　中标通知 ………………………………………………………（190）

7.4　履约担保 ………………………………………………………（190）

7.5　签订合同 ………………………………………………………（190）

8　重新招标和不再招标 ………………………………………………（190）

8.1　重新招标 ………………………………………………………（190）

8.2　不再招标 ……………………………………………………………… (190)

9　纪律和监督 ……………………………………………………………… (191)

9.1　对招标人的纪律要求 ………………………………………………… (191)

9.2　对投标人的纪律要求 ………………………………………………… (191)

9.3　对评标委员会成员的纪律要求 ……………………………………… (191)

9.4　对与评标活动有关的工作人员的纪律要求 ………………………… (191)

9.5　异议处理 ……………………………………………………………… (191)

9.6　投诉 …………………………………………………………………… (192)

10　需要补充的其他内容 …………………………………………………… (192)

第三章　评标办法（综合评估法） ………………………………………… (198)

评标办法前附表 …………………………………………………………… (198)

1　评标方法 ………………………………………………………………… (200)

2　评审标准 ………………………………………………………………… (201)

2.1　初步评审标准 ………………………………………………………… (201)

2.2　详细评审标准 ………………………………………………………… (201)

3　评标程序 ………………………………………………………………… (201)

3.1　初步评审 ……………………………………………………………… (201)

3.2　详细评审 ……………………………………………………………… (202)

3.3　投标文件的澄清和补正 ……………………………………………… (203)

3.4　评标结果 ……………………………………………………………… (203)

第四章　合同条款及格式 …………………………………………………… (204)

1　定义 ……………………………………………………………………… (204)

2　适用性 …………………………………………………………………… (205)

3　原产地 …………………………………………………………………… (205)

4　合同标的 ………………………………………………………………… (205)

4.1　合同设备 ……………………………………………………………… (205)

4.2　技术文件 ……………………………………………………………… (206)

4.3　服务 …………………………………………………………………… (206)

4.5　接口 …………………………………………………………………… (206)

5 标准 …………………………………………………………………………… (206)

6 合同价格 ……………………………………………………………………… (206)

7 支付 …………………………………………………………………………… (207)

8 包装 …………………………………………………………………………… (210)

9 交货和运输 …………………………………………………………………… (211)

10 保险 …………………………………………………………………………… (213)

11 技术服务和联络 ……………………………………………………………… (213)

12 质量监造与检验 ……………………………………………………………… (214)

13 检验、安装调试和验收 ……………………………………………………… (216)

14 备品备件/消耗品 ……………………………………………………………… (218)

15 保证 …………………………………………………………………………… (219)

16 索赔 …………………………………………………………………………… (220)

17 使用合同文件和资料 ………………………………………………………… (220)

18 知识产权 ……………………………………………………………………… (220)

19 变更指令 ……………………………………………………………………… (221)

20 合同的修改 …………………………………………………………………… (221)

21 转让 …………………………………………………………………………… (221)

22 分包与外购 …………………………………………………………………… (221)

23 卖方履约延误 ………………………………………………………………… (221)

24 误期赔偿和违约赔偿 ………………………………………………………… (222)

25 违约终止合同 ………………………………………………………………… (223)

26 不可抗力 ……………………………………………………………………… (223)

27 因破产而终止合同 …………………………………………………………… (224)

28 因买方的便利而终止合同 …………………………………………………… (224)

29 争议的解决 …………………………………………………………………… (224)

30 合同语言 ……………………………………………………………………… (224)

31 适用法律 ……………………………………………………………………… (224)

32 通知 …………………………………………………………………………… (224)

33 税费 …………………………………………………………………………… (225)

34 履约担保 ……………………………………………………………………… (225)

35 合同生效及其他 ……………………………………………………………… (225)

第五章　设备采购清单 ·· （240）

　　1　清单说明 ·· （240）

　　2　投标报价说明 ·· （240）

　　3　其他说明 ·· （241）

　　4　设备采购清单及报价汇总表 ···································· （241）

第六章　图纸 ·· （242）

第七章　技术标准和要求 ·· （243）

　　1　总则 ·· （243）

　　2　集装箱式逆变器供应技术规范 ·································· （243）

　　　　2.1　概述 ·· （243）

　　　　2.2　技术要求 ·· （245）

　　3　随机备品备件和专用工具 ······································ （257）

　　4　技术性能保证值（投标人细化填写） ···························· （258）

第八章　投标文件格式 ·· （271）

　　一、投标函 ·· （273）

　　二、授权委托书、法定代表人身份证明 ······························ （274）

　　三、联合体协议书（如果有） ······································ （277）

　　四、投标保证金 ·· （279）

　　　　（一）采用在线支付（企业银行对公支付）或线下支付

　　　　　　　（银行汇款）方式 ·· （279）

　　　　（二）采用银行保函方式 ·· （279）

　　五、投标报价表 ·· （283）

　　六、技术方案 ·· （284）

　　七、偏差表 ·· （289）

　　八、拟分包（外购）部件情况表 ···································· （290）

　　九、资格审查资料 ·· （291）

　　　　（一）投标人基本情况表 ·· （291）

　　　　（二）近年财务状况表 ·· （294）

（三）近年完成的类似项目情况表 ……………………………………（294）

（四）正在进行的和新承接的项目情况表 ………………………………（295）

（五）近年发生的诉讼及仲裁情况 ………………………………………（295）

（六）其他资格审查资料 …………………………………………………（296）

十、构成投标文件的其他材料 …………………………………………（297）

附录 A　光伏并网逆变器选型技术规范 ………………………………（298）

光伏电站电池组件设备采购
招标文件范本

QZ/CTG 05. 26. V2—2017

_____光伏电站电池组件

设备采购

招标文件

招标编号：_____

招标人：_____

招标代理机构：_____

20____年____月____日

使用说明

一、《招标文件》适用于中国长江三峡集团有限公司新能源项目的光伏电站电池组件设备采购招标。

二、《招标文件》用相同序号标示的章、节、条、款、项、目，供招标人和投标人选择使用；以空格标示的由招标人填写的内容，招标人应根据招标项目具体特点和实际需要具体化，确实没有需要填写的，在空格中用"/"标示。

三、《招标文件》第一章的招标公告或投标邀请书中，投标人资格要求按照单一标段编写。多标段招标时，可并列编写各标段投标人资格要求。

四、招标人可以根据项目实际情况，对《招标文件》第二章"投标人须知"前附表第1.12.2项指明的"实质性偏差的内容"进行调整。

五、《招标文件》第三章"评标办法"采用综合评估法，各评审因素的评审标准、分值和权重等不可修改。

六、《招标文件》第五章"设备采购清单"由招标人根据行业标准、招标项目具体特点和实际需要编制，并与"投标人须知""合同条款及格式""技术标准和要求""图纸"相衔接。本章所附表格可根据有关规定作相应的调整和补充。

七、《招标文件》第六章"图纸"由招标人根据行业标准施工招标文件（如有）、招标项目具体特点和实际需要编制，并与"投标人须知""合同条款及格式""技术标准和要求"相衔接。

八、《招标文件》第七章"技术标准和要求"由招标人根据行业标准、招标项目具体特点和实际需要编制。"技术标准和要求"中的各项技术标准应符合国家强制性标准，不得要求或标明某一特定的专利、商标、名称、设计、原产地或生产供应者，不得含有倾向或者排斥潜在投标人的其他内容。如果必须引用某一生产供应者的技术标准才能准确或清楚地说明拟招标项目的技术标准时，则应当在参照后面加上"或相当于"字样。

九、《招标文件》将根据实际执行过程中出现的问题及时进行修改。各使用单位对《招标文件》的修改意见和建议，可向编制工作小组反映。

邮箱：ctg _ zbfb@ctg.com.cn

第一章　招标公告（未进行资格预审）

＿＿＿＿＿＿＿＿＿＿＿＿（项目名称）招标公告

1　招标条件

本招标项目＿＿（项目名称）＿＿已获批准采购，采购资金来自＿＿（资金来源）＿＿，招标人为＿＿＿＿＿＿＿＿＿，招标代理机构为<u>三峡国际招标有限责任公司</u>。项目已具备招标条件，现对该项目进行公开招标。

2　项目概况与招标范围

2.1　项目概况

＿＿＿＿＿＿＿＿（说明本次招标项目的建设地点、规模等）。

2.2　招标范围

＿＿＿＿＿＿＿＿（说明本次招标项目的招标范围、标段划分（如果有）、计划工期等）。

3　投标人资格要求

3.1　本次招标要求投标人须具备以下条件：

（1）资质条件：＿＿＿＿＿＿＿＿＿＿；

（2）业绩要求：＿＿＿＿＿＿＿＿＿＿；

（3）信誉要求：＿＿＿＿＿＿＿＿＿＿；

（4）财务要求：＿＿＿＿＿＿＿＿＿＿；

（5）其他要求：＿＿＿＿＿＿＿＿＿＿。

3.2　本次招标＿＿＿＿＿＿＿（接受或不接受）联合体投标。联合体投标的，应满足下列要求：＿＿＿＿＿＿＿＿。

3.3　投标人不能作为其他投标人的分包人同时参加投标；单位负责人为同一人或者存在控股、管理关系的不同单位，不得参加同一标段投标或者未划分标段的同一招标项目投标；本次招标＿＿＿＿＿＿＿（接受或不接受）代理商的投标（如投标人为代理商，需获得_____授权）。

3.4　各投标人均可就本招标项目的_____（具体数量）个标段投标。[①]

4　招标文件的获取

4.1　招标文件发售时间为___年___月___日___时整至___年___月___日___时整（北京时间，下同）。

4.2　招标文件每标段售价___元，售后不退。

4.3　有意向的投标人须登录中国长江三峡集团电子采购平台（网址：http：//epp.ctg.com.cn/，以下简称"电子采购平台"，服务热线电话：010－57081008）进行免费注册成为注册供应商，在招标文件规定的发售时间内通过电子采购平台点击"报名"提交申请，并在"支付管理"模块勾选对应条目完成支付操作。潜在投标人可以选择在线支付或线下支付（银行汇款）完成标书款缴纳：

（1）在线支付（单位或个人均可）时请先选择支付银行，然后根据页面提示进行支付，支付完成后电子采购平台会根据银行扣款结果自动开放招标文件下载权限；

（2）线下支付（单位或个人均可）时须通过银行汇款将标书款汇至三峡国际招标有限责任公司的开户行：工商银行北京中环广场支行（账号：0200209519200005317）。线下支付成功后，潜在投标人须再次登录电子采购平台，依次填写支付信息、上传汇款底单并保存提交，招标代理机构工作人员核对标书款到账情况后开放下载权限。

4.4　若超过招标文件发售截止时间，则不能在电子采购平台相应标段点击"报名"，将不能获取未报名标段的招标文件，也不能参与相应标段的投标，未及时按照规定在电子采购平台报名的后果，由投标人自行承担。

5　电子身份认证

本项目投标文件的网上提交部分需要使用电子钥匙（CA）加密后上传至本电子采购平台（标书购买阶段不需使用 CA 电子钥匙）。本电子采购平台的相关电子钥匙（CA）须在北京天威诚信电子商务服务有限公司指定网站办理（网址：http：//sanxia.szzsfw.com/，服务热线电话：010－64134583），请潜在投标人及时办理，以免影响投标，由于未及时办理 CA 影响投标的后果，由投标人自行承担。

6　投标文件的递交

6.1　投标文件递交的截止时间（投标截止时间，下同）为___年___月___日___时

---

① 分标段时适用，根据项目情况修改。

整。本次投标文件的递交分现场递交和网上提交，现场递交的地点为_____；网上提交的投标文件应在投标截止时间前上传至电子采购平台。

6.2　在投标截止时间前，现场递交的投标文件未送达到指定地点或者网上提交的投标文件未成功上传至电子采购平台，招标人不予受理。

7　发布公告的媒介

本次招标公告同时在中国招标投标公共服务平台（http：//www. cebpubservice. com）、中国长江三峡集团有限公司电子采购平台（http：//epp. ctg. com. cn）、三峡国际招标有限责任公司网站（www. tgtiis. com）上发布。

8　联系方式

招　标　人：_____　　　招标代理机构：_____

地　　　址：_____　　　地　　　址：_____

邮　　　编：_____　　　邮　　　编：_____

联　系　人：_____　　　联　系　人：_____

电　　　话：_____　　　电　　　话：_____

传　　　真：_____　　　传　　　真：_____

电子邮箱：_____　　　电子邮箱：_____

招标采购监督：_____

联　系　人：_____

电　　　话：_____

传　　　真：_____

_____年_____月_____日

第一章 投标邀请书（适用于邀请招标）

＿＿＿＿＿＿＿＿＿（项目名称）投标邀请书

＿＿＿＿＿＿（被邀请单位名称）：

1 招标条件

本招标项目 （项目名称） 已获批准采购，采购资金来自 （资金来源） ，招标人为＿＿＿＿＿＿＿，招标代理机构为三峡国际招标有限责任公司。项目已具备招标条件，现邀请你单位参加＿＿＿（项目名称）＿＿＿标段投标。

2 项目概况与招标范围

2.1 项目概况

（说明本次招标项目的建设地点、规模等）。

2.2 招标范围

（说明本次招标项目的招标范围、标段划分（如果有）、计划工期等）。

3 投标人资格要求

3.1 投标人应同时具备以下资格条件：

（1）资质条件：＿＿＿＿＿＿＿＿＿；

（2）业绩要求：＿＿＿＿＿＿＿＿＿；

（3）信誉要求：＿＿＿＿＿＿＿＿＿；

（4）财务要求：＿＿＿＿＿＿＿＿＿；

（5）其他要求：＿＿＿＿＿＿＿＿＿。

3.2 本次招标＿＿＿＿＿＿＿（接受或不接受）联合体投标。联合体投标的，应满足下列要求：＿＿＿＿＿＿。

3.3 投标人不能作为其他投标人的分包人同时参加投标；单位负责人为同一人或者存在控股、管理关系的不同单位，不得参加同一标段投标或者未划分标段的同一招标项

目投标；本次招标_____（接受或不接受）代理商的投标（如投标人为代理商，需获得_____授权）。

3.4　各投标人均可就上述标段中的____（具体数量）个标段投标。

4　招标文件的获取

4.1　招标文件发售时间为____年____月____日至____年____月____日____时整（北京时间，下同）。

4.2　招标文件每标段售价_____元，售后不退。

4.3　有意向的投标人须登录中国长江三峡集团电子采购平台（网址：http：//epp. ctg. com. cn/，以下简称"电子采购平台"，服务热线电话：010－57081008）进行免费注册成为注册供应商，在招标文件规定的发售时间内通过电子采购平台点击"报名"提交申请，并在"支付管理"模块勾选对应条目完成支付操作。潜在投标人可以选择在线支付或线下支付（银行汇款）完成标书款缴纳：

　　（1）在线支付（单位或个人均可）时请先选择支付银行，然后根据页面提示进行支付，支付完成后电子采购平台会根据银行扣款结果自动开放招标文件下载权限；

　　（2）线下支付（单位或个人均可）时须通过银行汇款将标书款汇至三峡国际招标有限责任公司的开户行：工商银行北京中环广场支行（账号：0200209519200005317）。线下支付成功后，潜在投标人须再次登录电子采购平台，依次填写支付信息、上传汇款底单并保存提交，招标代理机构工作人员核对标书款到账情况后开放下载权限。

4.4　若超过招标文件发售截止时间，则不能在电子采购平台相应标段点击"报名"，将不能获取未报名标段的招标文件，也不能参与相应标段的投标，未及时按照规定在电子采购平台报名的后果，由投标人自行承担。

5　电子身份认证

　　本项目投标文件的网上提交部分需要使用电子钥匙（CA）加密后上传至本电子采购平台（标书购买阶段不需使用 CA 电子钥匙）。本电子采购平台的相关电子钥匙（CA）须在北京天威诚信电子商务服务有限公司指定网站办理（网址：http：//sanxia. szzsfw. com/，服务热线电话：010－64134583），请潜在投标人及时办理，以免影响投标，由于未及时办理 CA 影响投标的后果，由投标人自行承担。

6　投标文件的递交

6.1　投标文件递交的截止时间（投标截止时间，下同）为____年____月____日____时整。本次投标文件的递交分现场递交和网上提交，现场递交的地点为_____；网上提交的投标文件应在投标截止时间前上传至电子采购平台。

6.2 在投标截止时间前，现场递交的投标文件未送达到指定地点或者网上提交的投标文件未成功上传至电子采购平台，招标人不予受理。

7 确认

你单位收到本投标邀请书后，请于＿＿年＿＿月＿＿日＿＿时整前以传真或电子邮件方式予以确认。

8 联系方式

招 标 人：＿＿＿＿＿＿＿＿＿＿　　招标代理机构：＿＿＿＿＿＿＿＿＿＿
地　　址：＿＿＿＿＿＿＿＿＿＿　　地　　址：＿＿＿＿＿＿＿＿＿＿
邮　　编：＿＿＿＿＿＿＿＿＿＿　　邮　　编：＿＿＿＿＿＿＿＿＿＿
联 系 人：＿＿＿＿＿＿＿＿＿＿　　联 系 人：＿＿＿＿＿＿＿＿＿＿
电　　话：＿＿＿＿＿＿＿＿＿＿　　电　　话：＿＿＿＿＿＿＿＿＿＿
传　　真：＿＿＿＿＿＿＿＿＿＿　　传　　真：＿＿＿＿＿＿＿＿＿＿
电子邮箱：＿＿＿＿＿＿＿＿＿＿　　电子邮箱：＿＿＿＿＿＿＿＿＿＿

招标采购监督：＿＿＿＿＿＿＿＿＿＿＿＿
联 系 人：＿＿＿＿＿＿＿＿＿＿＿＿
电　　话：＿＿＿＿＿＿＿＿＿＿＿＿
传　　真：＿＿＿＿＿＿＿＿＿＿＿＿

＿＿年＿＿月＿＿日

第一章　投标邀请书（代资和预审通过通知书）

＿＿＿＿＿＿＿＿（项目名称）投标邀请书

　　＿＿＿＿＿＿（被邀请单位名称）：

　　你单位已通过资格预审,现邀请你单位按招标文件规定的内容,参加＿＿＿＿＿（项目名称）＿＿＿＿＿＿＿＿标段投标。

　　请你单位于＿＿年＿＿月＿＿日至＿＿年＿＿月＿＿日＿＿时整按下列要求购买招标文件（北京时间,下同）。

　　招标文件每标段售价＿＿＿＿元,售后不退。

　　请登录中国长江三峡集团电子采购平台（网址：http：//epp. ctg. com. cn/,以下简称"电子采购平台",服务热线电话：010－57081008）进行免费注册成为注册供应商,在招标文件规定的发售时间内通过电子采购平台点击"报名"提交申请,并在"支付管理"模块勾选对应条目完成支付操作。潜在投标人可以选择在线支付或线下支付（银行汇款）完成标书款缴纳：

　　（1）在线支付（单位或个人均可）时请先选择支付银行,然后根据页面提示进行支付,支付完成后电子采购平台会根据银行扣款结果自动开放招标文件下载权限；

　　（2）线下支付（单位或个人均可）时须通过银行汇款将标书款汇至三峡国际招标有限责任公司的开户行：工商银行北京中环广场支行（账号：0200209519200005317）。线下支付成功后,潜在投标人须再次登录电子采购平台,依次填写支付信息、上传汇款底单并保存提交,招标代理机构工作人员核对标书款到账情况后开放下载权限。

　　若超过招标文件发售截止时间,则不能在电子采购平台相应标段点击"报名",将不能获取未报名标段的招标文件,也不能参与相应标段的投标,未及时按照规定在电子采购平台报名的后果,由投标人自行承担。

　　投标文件递交的截止时间（投标截止时间,下同）为＿＿年＿＿月＿＿日＿＿时整。本次投标文件的递交分现场递交和网上提交,现场递交的地点为＿＿＿＿＿＿；网上提交的投标文件应在投标截止时间前上传至电子采购平台。

　　在投标截止时间前,现场递交的投标文件未送达到指定地点或者网上提交的投标文件未成功上传至电子采购平台，招标人不予受理。

你单位收到本投标邀请书后，请于 ＿＿＿年＿＿＿月＿＿＿日＿＿＿时整前以传真或电子邮件方式予以确认。

招　标　人：＿＿＿＿＿＿＿＿＿＿＿＿＿　　　招标代理机构：＿＿＿＿＿＿＿＿＿＿＿

地　　　址：＿＿＿＿＿＿＿＿＿＿＿＿＿　　　地　　　址：＿＿＿＿＿＿＿＿＿＿＿

邮　　　编：＿＿＿＿＿＿＿＿＿＿＿＿＿　　　邮　　　编：＿＿＿＿＿＿＿＿＿＿＿

联　系　人：＿＿＿＿＿＿＿＿＿＿＿＿＿　　　联　系　人：＿＿＿＿＿＿＿＿＿＿＿

电　　　话：＿＿＿＿＿＿＿＿＿＿＿＿＿　　　电　　　话：＿＿＿＿＿＿＿＿＿＿＿

传　　　真：＿＿＿＿＿＿＿＿＿＿＿＿＿　　　传　　　真：＿＿＿＿＿＿＿＿＿＿＿

电子邮箱：＿＿＿＿＿＿＿＿＿＿＿＿＿　　　电子邮箱：＿＿＿＿＿＿＿＿＿＿＿

招标采购监督：＿＿＿＿＿＿＿＿＿＿＿＿＿

联　系　人：＿＿＿＿＿＿＿＿＿＿＿

电　　　话：＿＿＿＿＿＿＿＿＿＿＿

传　　　真：＿＿＿＿＿＿＿＿＿＿＿

＿＿＿ 年＿＿＿月＿＿＿日

附表　集中招标项目资格条件汇总表（格式）

序号	标段编号	标段名称	招标范围	资格条件要求	标书款金额	保证金金额	备注

第二章　投标人须知

投标人须知前附表

条款号	条 款 名 称	编列内容
1.1.2	招标人	名称： 地址： 联 系 人： 电话： 电子邮箱：
1.1.3	招标代理机构	名称：三峡国际招标有限责任公司 地址： 联 系 人： 电话： 电子邮箱：
1.1.4	项目名称	
1.1.5	项目概况	
1.2.1	资金来源	
1.2.2	出资比例	
1.2.3	资金落实情况	
1.3.1	招标范围	本项目招标范围如下：
1.3.2	交货要求	交货批次和进度： 交货地点： 交货条件：
1.3.3	质量要求	
1.4.1	投标人资质条件、能力和信誉	资质条件： 业绩要求： 信誉要求： 财务要求： 其他要求：
1.4.2	是否接受联合体投标	□不接受 □接受，应满足下列要求：
1.4.5	是否接受代理商投标	□不接受 □接受，应满足下列要求：
1.5	费用承担	其中中标服务费用： □由中标人向招标代理机构支付，适用于本须知 1.5 款_____ 类招标收费标准。 □其他方式：_____

条款号	条 款 名 称	编 列 内 容
1.9.1	踏勘现场	□不组织 □组织，踏勘时间： 踏勘集中地点：
1.10.1	投标预备会	□不召开 □召开，召开时间： 召开地点：
1.10.2	投标人提出问题的截止时间	投标预备会＿＿＿天前
1.10.3	招标人书面澄清的时间	投标截止日期＿＿＿天前
1.12.2	实质性偏差的内容	招标文件中规定的标有星号（＊）的技术性能要求、支付、质量保证、索赔、约定违约金、税费、适用法律、争议的解决、保函①
2.2.1	投标人要求澄清招标文件的截止时间	投标截止日期前＿＿＿天
2.2.2	投标截止时间	＿＿＿年＿＿＿月＿＿＿日＿＿＿时整
2.2.3	投标人确认收到招标文件澄清的时间	收到通知后 24 小时内
2.3.2	投标人确认收到招标文件修改的时间	收到通知后 24 小时内
3.1.1	构成投标文件的其他材料	
3.3.1	投标有效期	自投标截止之日起＿＿＿天
3.4.1	投标保证金	□不要求递交投标保证金 ☑要求递交投标保证金 投标文件应附上一份符合招标文件规定的投标保证金，金额为人民币＿＿＿万元/标段。 **1. 递交形式** 通过在线支付或线下支付递交的投标保证金或由国内银行的省、地市级分行出具的银行保函，不接受汇票、支票或现钞等其他方式。 **2. 递交办法** **2.1 使用在线支付或线下支付缴纳投标保证金** 潜在投标人须登录电子采购平台，于投标截止时间前在"投标管理—投标"菜单中选择项目并点击"支付保证金"，并在"支付管理"模块勾选对应条目完成支付操作。潜在投标人可以选择在线支付或线下支付进行缴纳： （1）在线支付（通过"B2B"即企业银行对公支付）保证金时，请根据页面提示选择支付银行进行支付； （2）线下支付投标保证金时，潜在投标人须通过银行汇款至招标代理，汇款成功后，再次登录电子采购平台，依次填写支付信息、上传汇款底单并保存提交； **2.2 使用银行保函缴纳投标保证金** 潜在投标人须开具有效的银行保函，登录电子采购平台，在线下支付付款方式中选"保函"，并上传银行保函彩色扫描件。 **3. 递交时间** 潜在投标人选择在线支付方式缴纳投标保证金时，须确保在投标截止时间前投标保证金被扣款成功，否则其投标文件将被否决；选择线下支付缴纳投标保证金时，在投标截止时间前，投标保证金须成功汇至招标代理银行账户上，否则其投标文件将被否决；选择银行保函作为投标保证金时，在投标截止时间前，银行保函原件必须随纸质投标文件一起递交招标代理机构，否则其投标将被否决。

---

① 根据项目具体情况调整偏差内容。

条款号	条 款 名 称	编 列 内 容
3.4.1	投标保证金	**4. 退还信息** 《投标保证金退还信息及中标服务费交纳承诺书》原件应单独密封，并在封面注明"投标保证金退还信息"，随投标文件一同递交。 **5. 投标保证金收款信息** 开户银行：工商银行北京中环广场支行 账号：0200209519200005317 行号：20956 开户名称：三峡国际招标有限责任公司 汇款用途：BZJ
3.4.3	投标保证金的退还	**1. 使用在线支付或线下支付投标保证金方式** 未中标投标人的投标保证金，将在中标人和招标人签订书面合同后5日内予以退还，并同时退还投标保证金利息；中标人的投标保证金将在其与招标人签订书面合同并提供履约担保（如招标文件有要求）、由招标代理机构扣除中标服务费用后5日内将余额退还（如不足，需在接到招标代理机构通知后5个工作日内补足差额）。 投标保证金利息按收取保证金之日的中国人民银行同期活期存款利率计息，遇利率调整不分段计息。存款利息计算时，本金以"元"为起息点，利息的金额也算至元位，元位以下四舍五入。按投标保证金存放期间计算利息，存放期间一律算头不算尾，即从开标日起算至退还之日前一天止；全年按360天，每月均按30天计算。 **2. 使用银行保函方式** 未中标投标人的银行保函原件，将在中标人和招标人签订书面合同后5日内退还；中标人的保函将在中标人和招标人签订书面合同、提供履约担保（如招标文件有要求）且支付中标服务费后5日内无息退还。
3.5.3	近年财务状况	＿＿年至＿＿年
	近年完成的类似项目	＿＿年＿＿月＿＿日至＿＿年＿＿月＿＿日
	近年发生的重大诉讼及仲裁情况	＿＿年＿＿月＿＿日至＿＿年＿＿月＿＿日
	……	
3.6	是否允许递交备选投标方案	□不允许 □允许
3.7.2	现场递交投标文件份数	现场递交纸质投标文件正本1份、副本＿＿份和电子版＿＿份（U盘）。
3.7.3	纸质投标文件签字或盖章要求	按招标文件第八章"投标文件格式"要求，签字或盖章。
3.7.4	纸质投标文件装订要求	纸质投标文件应按以下要求装订：装订应牢固、不易拆散和换页，不得采用活页装订。
3.7.5	现场递交的投标文件电子版（U盘）格式	投标报价应使用.xlsx进行编制，其他部分的电子版文件可用.docx、.xlsx或PDF等格式进行编制。

续表

条款号	条 款 名 称	编 列 内 容
3.7.6	网上提交的电子投标文件格式	第八章"投标文件格式"中的投标函和授权委托书采用签字盖章后的彩色扫描件，其他部分的电子版文件应采用 .docx、.xlsx 或 PDF 格式进行编制。
4.1.2	封套上写明	项目名称：＿＿＿＿＿＿＿＿＿＿＿ 招标编号：＿＿＿＿＿＿＿＿＿＿＿ 在＿＿年＿＿月＿＿日＿＿时＿＿分（投标文件截止时间）前不得开启。 投标人名称：＿＿＿＿＿＿＿＿＿＿＿
4.2	投标文件的递交	本条款补充内容如下： 投标文件分为网上提交和现场递交两部分。 （1）网上提交 应按照中国长江三峡集团公司电子采购平台（以下简称"电子采购平台"）的要求将编制好的文件加密后上传至电子采购平台（具体操作方法详见 http：//epp. ctg. com. cn 网站中"使用指南"）。 （2）现场递交 投标人应将纸质投标文件的正本、副本、电子版、投标保证金退还信息和银行保函原件（如有）分别密封递交。纸质版、电子版应包含投标文件的全部内容。
4.2.2	投标文件网上提交	网上提交：中国长江三峡集团公司电子采购平台（http：//epp. ctg. com. cn/） （1）电子采购平台提供了投标文件各部分内容的上传通道，其中： "投标保证金支付凭证"应上传投标保证金汇款凭证、"投标保证金退还信息及中标服务费交纳承诺书"以及银行保函（如有）彩色扫描件； "评标因素应答对比表"本项目不适用。 （2）电子采购平台中的"商务文件"（2 个通道）、"技术文件"（2 个通道）、"投标报价文件"（1 个通道）和"其他文件"（1 个通道），每个通道最大上传文件容量为 100M。商务文件、技术文件超过最大上传容量时，投标人可将资格审查资料、图纸文件从"其他文件"通道进行上传；若容量仍不能满足，则将未上传的部分在投标文件格式文件十中进行说明，并将未上传部分包含在现场提交的电子文件中。
4.2.3	投标文件现场递交地点	现场递交至：
4.2.4	是否退还投标文件	□否 □是
4.5.1	是否提交投标样品	□否 □是，具体要求：＿＿＿＿＿＿＿＿＿＿＿
5.1	开标时间和地点	开标时间：同投标截止时间 开标地点：同递交投标文件地点

续表

条款号	条 款 名 称	编 列 内 容
7.2	中标候选人公示	招标人在中国招标投标公共服务平台（http：//www.cebpub-service.com）、中国长江三峡集团有限公司电子采购平台（ht-tp：//epp.ctg.com.cn/）网站上公示中标候选人，公示期 3 个工作日。
7.4.1	履约担保	履约担保的形式：银行保函或保证金 履约担保的金额：签约合同价的＿＿＿％ 开具履约担保的银行：须招标人认可，否则视为投标人未按招标文件规定提交履约担保，投标保证金将不予退还。 （备注：300 万元及以上的合同，签订前必须提供履约担保；300 万元以下的合同，可按项目实际情况明确是否需要履约担保。）
10		**需要补充的其他内容**
10.1	知识产权	构成本招标文件各个组成部分的文件，未经招标人书面同意，投标人不得擅自复印和用于非本招标项目所需的其他目的。招标人全部或者部分使用未中标人投标文件中的技术成果或技术方案时，需征得其书面同意，并不得擅自复印或提供给第三人。
10.2	电子注册	投标人必须登录中国长江三峡集团公司电子采购平台（http：//epp.ctg.com.cn）进行免费注册。 未进行注册的投标人，将无法参加投标报名并获取进一步的信息。 本项目投标文件的网上提交部分需要使用电子身份认证（CA）加密后上传至本电子采购平台（标书购买阶段不需使用电子钥匙），本电子采购平台的相关电子身份认证（CA）须在指定网站办理（http：//sanxia.szzsfw.com/），请潜在投标人及时办理，并在投标截止时间至少 3 日前确认电子钥匙的使用可靠性，因此导致的影响投标或投标文件被拒收的后果，由投标人自行承担。 具体办理方法：一、请登录电子采购平台（http：//epp.ctg.com.cn/）在右侧点击"使用指南"，之后点击"CA 电子钥匙办理指南 V1.1"，下载 PDF 文件后查看办理方法；二、请直接登录指定网站（http：//sanxia.szzsfw.com/），点击右上角用户注册，注册用户名及密码，之后点击"立即开始数字证书申请"，按照引导流程完成办理。（温馨提示：电子钥匙办理完成网上流程后需快递资料，办理周期从快递到件计算 5 个工作日完成。已办理电子钥匙的请核对有效期，必要时及时办理延期！）
10.3		**投标人须遵守的国家法律法规和规章，及中国长江三峡集团有限公司相关管理制度和标准**
10.3.1	国家法律法规和规章	投标人在投标活动中须遵守包括但不限于以下法律法规和规章： （1）《中华人民共和国合同法》 （2）《中华人民共和国民法通则》 （3）《中华人民共和国招标投标法》 （4）《中华人民共和国招标投标法实施条例》 （5）《工程建设项目货物招标投标办法》（国家计委令第 27 号） （6）《工程建设项目招标投标活动投诉处理办法》（国家发改委等 7 部门令第 11 号） （7）《关于废止和修改部分招标投标规章和规范性文件的决定》（国家发改委等 9 部门令第 23 号）

条款号	条款名称	编列内容
10.3.2	中国长江三峡集团有限公司相关管理制度	投标人在投标活动中须遵守以下中国长江三峡集团有限公司相关管理制度： (1)《中国长江三峡集团公司供应商信用评价管理办法》 (2) 中国长江三峡集团有限公司供应商信用评价结果的有关通知（登录中国长江三峡集团公司电子采购平台 http：//epp. ctg. com. cn 后点击"通知通告"）
10.3.3	中国长江三峡集团有限公司相关企业标准	三峡企业标准：_____ 查阅网址：_____
10.4	投标人和其他利害关系人认为本次招标活动中涉及个人违反廉洁自律规定的，可通过招标公告中的招标采购监督电话等方式举报。	

1 总则

1.1 项目概况

1.1.1 根据《中华人民共和国招标投标法》等有关法律、法规和规章的规定，本招标项目已具备招标条件，现对本招标项目进行招标。

1.1.2 本招标项目招标人：见投标人须知前附表。

1.1.3 本招标项目招标代理机构：见投标人须知前附表。

1.1.4 本招标项目名称：见投标人须知前附表。

1.1.5 本招标项目概况：见投标人须知前附表。

1.2 资金来源和落实情况

1.2.1 本招标项目的资金来源：见投标人须知前附表。

1.2.2 本招标项目的出资比例：见投标人须知前附表。

1.2.3 本招标项目的资金落实情况：见投标人须知前附表。

1.3 招标范围、交货批次和进度、质量要求

1.3.1 本次招标范围：见投标人须知前附表。

1.3.2 本招标项目的交货批次和进度：见投标人须知前附表。

1.3.3 本招标项目的质量要求：见投标人须知前附表。

1.4 投标人资格要求（适用于已进行资格预审的）

投标人应是收到招标人发出投标邀请书的单位。

1.4 投标人资格要求（适用于未进行资格预审的）

1.4.1 投标人应具备承担本招标项目的资质条件、能力和信誉。相关资格要求如下：

（1）资质条件：见投标人须知前附表；

（2）财务要求：见投标人须知前附表；

（3）业绩要求：见投标人须知前附表；

（4）信誉要求：见投标人须知前附表；

（5）其他要求：见投标人须知前附表。

1.4.2 投标人须知前附表规定接受联合体投标的，除应符合本章第1.4.1项和投标人须知前附表的要求外，还应遵守以下规定：

（1）联合体各方应按招标文件提供的格式签订联合体协议书，明确联合体牵头人和各成员方权利义务；

（2）由同一专业的单位组成的联合体，按照资质等级较低的单位确定联合体资质等级；

（3）联合体各方不得再以自己名义单独或参加其他联合体在同一标段中投标。

1.4.3 投标人不得存在下列情形之一：

（1）为招标人不具有独立法人资格的附属机构（单位）；

（2）被责令停业的；

（3）被暂停或取消投标资格的；

（4）财产被接管或冻结的；

（5）在最近三年内有骗取中标或严重违约或投标设备存在重大质量问题的；

（6）投标人处于中国长江三峡集团有限公司限制投标的专业范围及期限内。

1.4.4 投标人不能作为其他投标人的分包人同时参加投标；单位负责人为同一人或者存在控股、管理关系的不同单位，不得参加同一标段投标或者未划分标段的同一招标项目投标。

1.4.5 投标人须知前附表规定接受代理商投标的，应符合本章第1.4.1项和投标人须知前附表的要求。

1.5 费用承担

投标人在本次投标过程中所发生的一切费用，不论中标与否，均由投标人自行承担，招标人和招标代理机构在任何情况下均无义务和责任承担这些费用。本项目招标工作由三峡国际招标有限责任公司作为招标代理机构负责组织，中标服务费用由中标人向招标代理机构支付，具体金额按照下表（中标服务费收费标准）计算执行。投标人投标费用中应包含拟支付给招标代理机构的中标服务费，该费用在投标报价表中不单独出项。收费类型见投标人须知前附表。

中标服务费用在合同签订后5日内，由招标代理机构直接从中标人的投标保证金中扣付。投标保证金不足支付招标代理费用时，中标人应补足差额。招标代理机构收取中标服务费用后，向中标人开具相应金额的服务费发票。

中标服务费收费标准

中标金额（万元）	工程类招标费率	货物类招标费率	服务类招标费率
100 以下	1.00%	1.50%	1.50%
100—500	0.70%	1.10%	0.80%
500—1000	0.55%	0.80%	0.45%
1000—5000	0.35%	0.50%	0.25%
5000—10000	0.20%	0.25%	0.10%
10000—50000	0.05%	0.05%	0.05%
50000—100000	0.035%	0.035%	0.035%
100000—500000	0.008%	0.008%	0.008%
500000—1000000	0.006%	0.006%	0.006%
1000000 以上	0.004%	0.004%	0.004%

注：中标服务费按差额定率累进法计算，例如：某货物类招标代理业务中标金额为 900 万元，计算招标代理服务收费额如下：

$100 \times 1.5\% = 1.5$ 万元

$(500 - 100) \times 1.1\% = 4.4$ 万元

$(900 - 500) \times 0.80\% = 3.2$ 万元

合计收费 $= 1.5 + 4.4 + 3.2 = 9.1$ 万元

1.6 保密

参与招标投标活动的各方应对招标文件和投标文件中的商业和技术等秘密保密，违者应对由此造成的后果承担法律责任。

1.7 语言文字

1.7.1 招标投标文件使用的语言文字为中文。专用术语使用外文的，应附有中文注释。

1.7.2 投标人与招标人之间就投标交换的所有文件和来往函件，均应用中文书写。

1.7.3 如果投标人提供的任何印刷文献和证明文件使用其他语言文字，则应将有关段落译成中文一并附上，如有差异，以中文为准。投标人应对译文的正确性负责。

1.8 计量单位

所有计量均采用中华人民共和国法定计量单位。

1.9 踏勘现场

1.9.1 投标人须知前附表规定组织踏勘现场的，招标人按投标人须知前附表规定的时间、地点组织投标人踏勘项目现场。

1.9.2 投标人踏勘现场发生的费用自理。

1.9.3 除招标人的原因外，投标人自行负责在踏勘现场中所发生的人员伤亡和财产损失。

1.9.4 招标人在踏勘现场中介绍的工程场地和相关的周边环境情况，供投标人在编制投标文件时参考，招标人不对投标人据此作出的判断和决策负责。

1.10　投标预备会

1.10.1　投标人须知前附表规定召开投标预备会的，招标人按投标人须知前附表规定的时间和地点召开投标预备会，澄清投标人提出的问题。

1.10.2　投标人应在投标人须知前附表规定的时间前，在电子采购平台上以电子文件的形式将提出的问题送达招标人，以便招标人在会议期间澄清。

1.10.3　投标预备会后，招标人在投标人须知前附表规定的时间内，将对投标人所提问题的澄清，在电子采购平台上以电子文件的形式通知所有购买招标文件的投标人。该澄清内容为招标文件的组成部分。

1.10.4　招标人在会议期间的澄清仅供投标人在编制投标文件时参考，招标人不对投标人据此作出的判断和决策负责。

1.11　外购与分包制造

1.11.1　投标人选择的原材料供应商、部件制造的分包商应具有相应的制造经验，具有提供本招标项目所需质量、进度要求的合格产品的能力。

1.11.2　投标人需按照投标文件格式的要求，提供有关原材料供应商和部件分包商的完整的资质文件。

1.11.3　投标人应提交与其选定的分包商草签的分包意向书。分包意向书中应明确拟分包项目内容、报价、制造厂名称等主要内容。

1.12　提交偏差表

1.12.1　投标人应对招标文件的要求做出实质性的响应。如有偏差，应逐条提出，并按投标文件的格式要求提出商务、技术偏差。

1.12.2　投标人对招标文件前附表中规定的内容提出负偏差将被认为是对招标文件的非实质性响应，其投标文件将被否决。

1.12.3　按投标文件格式提出偏差仅仅是为了招标人评标方便，但未在其投标文件中提出偏差的条款或部分，应视为投标人完全接受招标文件的规定。

2　招标文件

2.1　招标文件的组成

2.1.1　本招标文件包括：

第一章　招标公告/投标邀请书；

第二章　投标人须知；

第三章　评标办法；

第四章　合同条款及格式；

第五章　设备采购清单；

第六章　图纸；

第七章　技术标准和要求；

第八章　投标文件格式。

2.1.2　根据本章第 1.10 款、第 2.2 款和第 2.3 款对招标文件所作的澄清、修改，构成招标文件的组成部分。

2.2　招标文件的澄清

2.2.1　投标人应仔细阅读和检查招标文件的全部内容。如发现缺页或附件不全，应及时向招标人提出，以便补齐。如有疑问，应在投标人须知前附表规定的时间前在电子采购平台上以电子文件形式，要求招标人对招标文件予以澄清。

2.2.2　招标文件的澄清将在投标人须知前附表规定的投标截止时间 15 天前在电子采购平台上以电子文件形式发给所有购买招标文件的投标人，但不指明澄清问题的来源。如果澄清发出的时间距投标截止时间不足 15 天，并且澄清内容影响投标文件编制的，招标人相应延长投标截止时间。

2.2.3　投标人在收到澄清后，应在投标人须知前附表规定的时间内以书面形式通知招标人，确认已收到该澄清。未及时确认的，将根据电子采购平台下载记录默认潜在投标人已收到该澄清文件。

2.3　招标文件的修改

2.3.1　在投标截止时间 15 天前，招标人可在电子采购平台上以电子文件形式修改招标文件，并通知所有已购买招标文件的投标人。如果修改招标文件的时间距投标截止时间不足 15 天，并且修改内容影响投标文件编制的，招标人相应延长投标截止时间。

2.3.2　投标人收到修改内容后，应在投标人须知前附表规定的时间内以书面形式通知招标人，确认已收到该修改。未及时确认的，将根据电子采购平台下载记录默认潜在投标人已收到该修改文件。

2.4　对招标文件的异议

2.4.1　潜在投标人或者其他利害关系人对招标文件及其修改和补充文件有异议的，应在投标截止时间 10 日前提出。

2.4.2　对招标文件及其修改和补充文件的异议由招标代理机构受理。具体要求见本章第 9.5 款规定。

3　投标文件

3.1　投标文件的组成

3.1.1　投标文件应包括下列内容：

　　（1）投标函；

　　（2）授权委托书、法定代表人身份证明；

　　（3）联合体协议书（如果有）；

（4）投标保证金；

（5）投标报价表；

（6）技术方案；

（7）偏差表；

（8）拟分包（外购）部件情况表；

（9）资格审查资料；

（10）构成投标文件的其他材料。

3.1.2 投标人须知前附表规定不接受联合体投标的，或投标人没有组成联合体的，投标文件不包括本章第 3.1.1（3）目所指的联合体协议书。

3.2 投标报价

3.2.1 投标人应按第五章"设备采购清单"的要求填写相应表格。

3.2.2 投标人若在投标截止时间前修改投标函中的投标总报价，应同时修改第五章"设备采购清单"中的相应报价，投标报价总额为各分项金额之和。此修改须符合本章第 4.3 款的有关要求。

3.2.3 投标人应在投标文件中的投标报价上标明本合同拟提供的合同设备及服务的单价和总价。每种投标设备只允许有一个报价，采用可选择报价提交的投标将被视为非响应性投标而予以否决。

3.2.4 报价中必须包括设计、制造和装配投标设备所使用的材料、部件，试验、运输、保险、技术文件和技术服务费等及合同设备本身已支付或将支付的相关税费。

3.2.5 对于投标人为实现投标设备的性能及为保证投标设备的完整性和成套性所必需却没有单独列项和投标的费用，以及为完成本合同责任与义务所需的所有费用等，均应视为已包含在投标设备的报价中。

3.2.6 投标报价应为固定价格，投标人在投标时应已充分考虑了合同执行期间的所有风险，按可调整价格报价的投标文件将被否决。

3.3 投标有效期

3.3.1 在投标人须知前附表规定的投标有效期内，投标人不得要求撤销或修改其投标文件。

3.3.2 出现特殊情况需要延长投标有效期的，招标人应在电子采购平台上以电子文件形式通知所有投标人延长投标有效期。投标人同意延长的，应相应延长其投标保证金的有效期，但不得要求或被允许修改或撤销其投标文件；投标人拒绝延长的，其投标失效，但投标人有权收回其投标保证金。

3.4 投标保证金

3.4.1 投标人在递交投标文件的同时，应按投标人须知前附表规定的金额、担保形式和第八章"投标文件格式"规定的投标保证金格式递交投标保证金，并作为其投标文件的组成部分。联合体投标的，其投标保证金由牵头人递交，并应符合投标人须知前附表的规定。

3.4.2 投标人不按本章第3.4.1项要求提交投标保证金的，其投标将被否决。

3.4.3 招标代理机构按投标人须知前附表的规定退还投标保证金。

3.4.4 有下列情形之一的，投标保证金将不予退还：

（1）投标人在规定的投标有效期内撤销或修改其投标文件；

（2）中标人在收到中标通知书后，无正当理由拒签合同协议书或未按招标文件规定提交履约担保。

3.5 资格审查资料（适用于已进行资格预审的）

投标人在编制投标文件时，应按新情况更新或补充其在申请资格预审时提供的资料，以证实其各项资格条件仍能继续满足资格预审文件的要求，具备承担本招标项目的资质条件、能力和信誉。

3.5 资格审查资料（适用于未进行资格预审的）

3.5.1 证明投标人合格和资格的文件

（1）投标人应提交证明其有资格参加投标且中标后有能力履行合同的文件，并作为其投标文件的一部分。

（2）投标人提交的投标合格性的证明文件应使招标人满意。

（3）投标人提交的中标后履行合同的资格证明文件应使招标人满意，包括但不限于投标人已具备履行合同所需的财务、技术、设计、开发和生产能力。

3.5.2 证明投标设备的合格性和符合招标文件规定的文件：

（1）投标人应提交根据合同要求提供的所有合同货物及其服务的合格性以及符合招标文件规定的证明文件，并作为其投标文件的一部分。

（2）合同货物和服务的合格性的证明文件应包括投标表中对合同货物和服务来源地的声明。

（3）证明投标设备和服务与招标文件的要求相一致的文件可以是文字资料、图纸和数据，投标人应提供：

A）投标设备主要技术指标和产品性能的详细说明；

B）逐条对招标人要求的技术规格进行评议，指出自己提供的投标设备和服务是否已做出实质性响应。同时应注意：投标人在投标中可以选用替代标准、牌号或分类号，但这些替代要实质上优于或相当于技术规格的要求。

3.5.3 投标人为了具有被授予合同的资格，应提供投标文件格式要求的资料，用以证明投标人的合法地位及具有足够的能力和充分的财务能力来有效地履行合同。为此，投标人应按投标人须知前附表中规定的时间区间提交相关资格审查资料，供评标委员会审查。

3.6 备选投标方案

除投标人须知前附表另有规定外，投标人不得递交备选投标方案。允许投标人递交备选投标方案的，只有中标人所递交的备选投标方案方可予以考虑。评标委员会认为中标人的备选投标方案优于其按照招标文件要求编制的投标方案的，招标人可以接受该备选投标方案。

3.7 投标文件的编制

3.7.1 投标文件应按第八章"投标文件格式"进行编写，如有必要，可以增加附页，作为投标文件的组成部分。其中，投标函附录在满足招标文件实质性要求的基础上，可以提出比招标文件要求更有利于招标人的承诺。

3.7.2 投标文件包括网上提交的电子文件、纸质文件和现场递交的投标文件电子版（U盘），具体数量要求见投标人须知前附表。

3.7.3 纸质投标文件应用不褪色的材料书写或打印，并由投标人的法定代表人或其委托代理人签字或盖单位章。委托代理人签字的，投标文件应附法定代表人签署的授权委托书。投标文件应尽量避免涂改、行间插字或删除。如果出现上述情况，改动之处应加盖单位章或由投标人的法定代表人或其授权的代理人签字确认。所有投标文件均需使用阿拉伯数字从前至后逐页编码。签字或盖章的具体要求见投标人须知前附表。

3.7.4 现场递交的纸质投标文件的正本与副本应分别装订成册，具体装订要求见投标人须知前附表规定。

3.7.5 现场递交的投标文件电子版（U盘）应为未加密的电子文件，并应按照投标人须知前附表规定的格式进行编制。

3.7.6 网上提交的电子投标文件应按照投标人须知前附表规定格式进行编制。

4 投标

4.1 投标文件的密封和标记

4.1.1 投标文件现场递交部分应进行密封包装，并在封套的封口处加盖投标人单位章；网上提交的电子投标文件应加密后递交。

4.1.2 投标文件现场递交部分的封套上应写明的内容见投标人须知前附表。

4.1.3 未按本章第4.1.1项或第4.1.2项要求密封和加写标记的投标文件，招标人不予受理。

4.2 投标文件的递交

4.2.1 投标人应在投标人须知前附表规定的投标截止时间前分别在网上和现场递交投标文件。

4.2.2 投标文件网上提交：投标人应按照投标人须知前附表要求将编制好的投标文件

加密后上传至电子采购平台（具体操作方法详见 http：//epp.ctg.com.cn 网站中"使用指南"）。

4.2.3 投标人现场递交投标文件（包括纸质版和电子版）的地点：见投标人须知前附表。

4.2.4 除投标人须知前附表另有规定外，投标人所递交的投标文件不予退还。

4.2.5 在投标截止时间前，现场递交的投标文件未送达到指定地点或者网上提交的投标文件未成功上传至电子采购平台，招标人不予受理。

4.3 投标文件的修改与撤回

4.3.1 在本章第2.2.2项规定的投标截止时间前，投标人可以修改或撤回已递交的投标文件。

4.3.2 投标人如要修改投标文件，必须在修改后重新上传电子文件；现场递交的投标文件相应修改。投标人修改或撤回已递交投标文件的书面通知应按照本章第3.7.3项的要求签字或盖章。招标人收到书面通知后，向投标人出具签收凭证。

4.3.3 修改的内容为投标文件的组成部分。修改的投标文件应按照本章第3条、第4条规定进行编制、密封、标记和递交，并标明"修改"字样。

4.3.4 投标人撤回投标文件的，招标人自收到投标人书面撤回通知之日起5日内退还已收取的投标保证金。

4.4 投标文件的有效性

4.4.1 当网上提交和现场递交的投标文件内容不一致时，以网上提交的投标文件为准。

4.4.2 当现场递交的投标文件电子版与投标文件纸质版正本内容不一致时，以投标文件纸质版正本为准。

4.4.3 当电子采购平台上传的投标文件全部或部分解密失败或发生第5.3款紧急情形时，经监督人或公证人确认后，以投标文件纸质版正本为准。

4.5 投标样品

4.5.1 除投标人须知前附表另有规定外，投标人应提交能反映货物材质或关键部分的样品，同时应提交《样品清单》。

4.5.2 为方便评标，投标人在提供样品时，应使用透明的外包装或尽量少用外包装，但必须在所提供的样品表面显著位置标注投标人的名称、包号、样品名称、招标文件规定的货物编号。

4.5.3 样品作为投标文件的一部分，除非另有说明，中标单位的样品不再退还，未中标单位须在中标公告发布后五个工作日内，前往招标机构领取投标样品，逾期不领，招标机构将不承担样品的保管责任，由此引发的样品丢失、毁损，招标机构不予负责。

5　开标

5.1　开标时间和地点

招标人在本章第2.2.2项规定的投标截止时间（开标时间）和投标人须知前附表规定的地点公开开标，并邀请所有投标人的法定代表人或其委托代理人参加。

5.2　开标程序（适用于电子开标）

招标人在规定的时间内，通过电子采购平台开评标系统，按下列程序进行开标：

（1）宣布开标程序及纪律；

（2）公布在投标截止时间前递交投标文件的投标人名称，并点名确认投标人是否派人到场；

（3）宣布开标人、监督或公证人等人员姓名；

（4）监督或公证人检查投标文件的递交及密封情况；

（5）根据检查情况，对未按招标文件要求递交投标文件的投标人，或已递交了一封可接受的撤回通知函的投标人，将在电子采购平台中进行不开标设置；

（6）设有标底的，公布标底；

（7）宣布进行电子开标，显示投标总价解密情况，如发生投标总价解密失败，将对解密失败的按投标文件纸质版正本进行补录；

（8）显示开标记录表（如果投标人电子开标总报价明显存在单位错误或数量级差别，在投标人当场提出异议后，按其纸质投标文件正本进行开标，评标时评标委员会根据其网上提交的电子投标文件进行总报价复核）；

（9）公证人员宣读公证词（如有）；

（10）宣布评标期间注意事项；

（11）投标人代表等有关人员在开标记录上签字确认（有公证时，不适用）；

（12）开标结束。

5.2　开标程序（适用于纸质投标文件开标）

主持人按下列程序进行开标：

（1）宣布开标纪律；

（2）公布在投标截止时间前递交投标文件的投标人名称，并点名确认投标人是否派人到场；

（3）宣布开标人、唱标人、记录人、监督或公证人等有关人员姓名；

（4）监督或公证人检查投标文件的密封情况；

（5）确定并宣布投标文件开标顺序；

（6）设有标底的，公布标底；

（7）按照宣布的开标顺序当众开标，公布投标人名称、项目和标段名称、投标报价及其他内容，并记录在案；

（8）投标人代表、招标人代表、监督人、记录人等有关人员在开标记录表上签字确认；

（9）公证人员宣读公证词；

（10）宣布评标期间注意事项；

（11）开标结束。

5.3 电子招投标的应急措施

5.3.1 开标前出现以下情况，导致投标人不能完成网上提交电子投标文件的紧急情形，招标代理机构在开标截止时间前收到电子钥匙办理单位书面证明材料时，采用纸质投标文件正本进行报价补录。

（1）电子钥匙非人为故意损坏；

（2）因电子钥匙办理单位原因导致电子钥匙来不及补办。

5.3.2 当电子采购平台出现下列紧急情形时，采用纸质投标文件正本进行开标：

（1）系统服务器发生故障，无法访问或无法使用系统；

（2）系统的软件或数据库出现错误，不能进行正常操作；

（3）系统发现有安全漏洞，有潜在的泄密危险；

（4）病毒发作或受到外来病毒的攻击；

（5）投标文件解密失败；

（6）其他无法进行正常电子开标的情形。

5.4 开标异议

如投标人对开标过程有异议的，应在开标会议现场当场提出，招标人现场进行答复，由开标工作人员进行记录。

5.5 开标监督与结果

5.5.1 开标过程中，各投标人应在开标现场见证开标过程和开标内容；开标结束后，将在电子采购平台上公布开标记录表，投标人可在开标当日登录电子采购平台查看相关开标结果。

5.5.2 无公证情况时，不参加现场开标仪式或开标结束后拒绝在开标记录表上签字确认的投标人，视为默认开标结果。

5.5.3 未在开标时开封和宣读的投标文件，不论情况如何均不能进入下一步的评审。

6 评标

6.1 评标委员会

6.1.1 评标由招标人依法组建的评标委员会负责。评标委员会由招标人或其委托的招标代理机构熟悉相关业务的代表，以及有关技术、经济等方面的专家组成。

6.1.2 评标委员会成员有下列情形之一的，应当回避：

（1）投标人或投标人的主要负责人的近亲属；

（2）项目主管部门或者行政监督部门的人员；

（3）与投标人有经济利益关系，可能影响投标公正评审的；

（4）曾因在招标、评标以及其他与招标投标有关活动中从事违法行为而受过行政处罚或刑事处罚的；

（5）与投标人有其他利害关系。

6.2 评标原则

评标活动遵循公平、公正、科学和择优的原则。

6.3 评标

评标委员会按照第三章"评标办法"规定的方法、评审因素、标准和程序对投标文件进行评审。第三章"评标办法"没有规定的方法、评审因素和标准，不作为评标依据。

7 合同授予

7.1 定标方式

招标人依据评标委员会推荐的中标候选人确定中标人。

7.2 中标候选人公示

招标人在投标人须知前附表规定的媒介公示中标候选人。

7.3 中标通知

在本章第 3.3 款规定的投标有效期内，招标人以书面形式向中标人发出中标通知书，同时将中标结果通知未中标的投标人。

7.4 履约担保

7.4.1 中标人应按投标人须知前附表规定的金额、担保形式和招标文件第四章"合同条款及格式"规定的履约担保格式及时间要求向招标人提交履约担保。联合体中标的，其履约担保由牵头人递交，并应符合投标人须知前附表规定的金额、担保形式和招标文件第四章"合同条款及格式"规定的履约担保格式要求。

7.4.2 中标人不能按本章第 7.4.1 项要求提交履约担保的，视为放弃中标，其投标保证金不予退还，给招标人造成的损失超过投标保证金数额的，中标人还应当对超过部分予以赔偿。

7.5 签订合同

7.5.1 招标人和中标人应当自中标通知书发出之日起 30 天内，根据招标文件和中标人的投标文件订立书面合同。中标人无正当理由拒签合同的，招标人取消其中标资格，其投标保证金不予退还；给招标人造成的损失超过投标保证金数额的，中标人还应当对超过部分予以赔偿。

7.5.2 发出中标通知书后，招标人无正当理由拒签合同的，招标人向中标人退还投标保证金；给中标人造成损失的，还应当赔偿损失。

8 重新招标和不再招标

8.1 重新招标

有下列情形之一的依法必须招标的项目，招标人将重新招标：

（1）投标截止时间止，投标人少于3个的；

（2）经评标委员会评审后否决所有投标的；

（3）国家相关法律法规规定的其他重新招标情形。

8.2 不再招标

重新招标后投标人仍少于3个或者所有投标被否决的，不再进行招标。

9 纪律和监督

9.1 对招标人的纪律要求

招标人不得泄露招标投标活动中应当保密的情况和资料，不得与投标人串通损害国家利益、社会公共利益或者他人合法权益。

9.2 对投标人的纪律要求

投标人不得相互串通投标或者与招标人串通投标，不得向招标人或者评标委员会成员行贿谋取中标，不得以他人名义投标或者以其他方式弄虚作假骗取中标；投标人不得以任何方式干扰、影响评标工作。

如果投标人存在失信行为，招标人除报告国家有关部门由其进行处罚外，招标人还将根据《中国长江三峡集团公司供应商信用评价管理办法》中的相关规定对其进行处理。

9.3 对评标委员会成员的纪律要求

评标委员会成员不得收受他人的财物或者其他好处，不得向他人透漏对投标文件的评审和比较、中标候选人的推荐情况以及与评标有关的其他情况。在评标活动中，评标委员会成员不得擅离职守，影响评标程序正常进行，不得使用第三章"评标办法"没有规定的评审因素和标准进行评标。

9.4 对与评标活动有关的工作人员的纪律要求

与评标活动有关的工作人员不得收受他人的财物或者其他好处，不得向他人透漏对投标文件的评审和比较、中标候选人的推荐情况以及与评标有关的其他情况。在评标活动中，与评标活动有关的工作人员不得擅离职守，影响评标程序正常进行。

9.5 异议处理

9.5.1 异议必须由投标人或者其他利害关系人以实名提出，在下述异议提出有效期间内以书面形式按照招标文件规定的联系方式提交给招标人。为保证正常的招标秩序，异议人须按本章第 9.5.2 项要求的内容提交异议。

（一）对招标文件及其修改和补充文件有异议的，应在投标截止时间 10 日前提出；

（二）对开标有异议的，应在开标现场提出；

（三）对依法必须进行招标的项目的评标结果有异议的，应在中标候选人公示期间提出；

为保证正常的招标秩序，异议人须按本章第 9.5.2 项要求提交异议。

9.5.2 异议书应当以书面形式提交（如为传真或者电邮，需将异议书原件同时以特快专递或者派人送达招标人），异议书应当至少包括下列内容：

（1）异议人的名称、地址及有效联系方式；

（2）异议事项的基本事实（异议事项必须具体）；

（3）相关请求及主张（主张必须明确，诉求清楚）；

（4）有效线索和相关证明材料（线索必须有效且能够查证，证明材料必须真实有效，且能够支持异议人的主张或者诉求）。

9.5.3 异议人是投标人的，异议书应由其法定代表人或授权代理人签订并盖章。异议人若是其他利害关系人，属于法人的，异议书必须由其法定代表人或授权代理人签字并盖章；属于其他组织或个人的，异议书必须由其主要负责人或异议人本人签字，并附有效身份证明扫描件。

9.5.4 招标人只对投标人或者其他利害关系人提交了合格异议书的异议事项进行处理，并于收到异议书 3 日内做出答复。异议书不是投标人或者其他利害关系人提出的，异议书内容或者形式不符合第 9.5.2 项要求的，招标人可不受理。

9.5.5 招标人对异议事项做出处理后，异议人若无新的证据或者线索，就所提异议事项再提出异议，招标人将不予受理。

9.5.6 经招标人查实，若异议人以提出异议为名进行虚假、恶意异议的，阻碍或者干扰了招标投标活动的正常进行，招标人将对异议人作出如下处理：

（1）如果异议人为投标人，将异议人的行为作为不良信誉记录在案。如果情节严重，给招标人带来重大损失的，招标人有权追究其法律责任，并要求其赔偿相应的损失，自异议处理结束之日起 3 年内禁止其参加招标人组织的招标活动。

（2）对其他利害关系人，招标人将保留追究其法律责任的权利，并记录在案。

9.5.7 除开标外，异议人自收到异议答复之日起 3 日内应进行确认并反馈意见，若超过此时限，则视同异议人同意答复意见，招标及采购活动可继续进行。

9.6 投诉

投标人和其他利害关系人认为本次招标活动违反法律、法规和规章规定的，有权向有关行政监督部门投诉。

10 需要补充的其他内容

需要补充的其他内容：见投标人须知前附表。

附件一：开标记录表

_____ （项目名称）
开标一览表

招标编号：　　　　　　　　　　　　标段名称：
开标时间：　　　　　　　　　　　　开标地点：

序号	投标人名称	投标报价（元）	备注
1			
2			
3			
4			
5			
6			
7			
8			
9			
......			

备注：
记录人：　　　　　　　　监督人：　　　　　　　　公证人：

附件二：问题澄清通知

致：	自：三峡国际招标有限责任公司
收件人：	发件人：
传真：	传真：
电话：	电话：

主题：＿＿＿＿＿＿＿＿＿＿＿＿＿＿＿＿＿＿＿项目问题澄清通知

编号：＿＿＿＿＿＿＿

＿＿＿＿＿＿＿＿（投标人名称）：

现将本项目评标委员会在审查贵单位投标文件后所提出的澄清问题以传真（邮件）的形式发给贵方，请贵方在收到该问题清单后逐一作出相应的书面答复，澄清答复文件的签署要求与投标文件相同，并请于＿＿年＿＿月＿＿日＿＿时＿＿分前将澄清答复文件传真至三峡国际招标有限责任公司。此外，该澄清答复文件电子版还应以电子邮件的形式传给我方，邮箱地址：＿＿＿＿＿＿＿＿。未按时送交澄清答复文件的投标人将不能进入下一步评审。

附：澄清问题清单

1.

2.

……

＿＿＿＿＿＿＿＿招标评标委员会

＿＿＿＿＿年＿＿月＿＿日

附件三：问题的澄清

_____（项目名称）问题的澄清

编号：_____

_____（项目名称）招标评标委员会：

问题澄清通知（编号：_____）已收悉，现澄清如下：

1.

2.

……

投标人：_____（盖单位章）

法定代表人或其委托代理人：_____（签字）

_____年___月___日

附件四：中标候选人公示和中标结果公示

（项目及标段名称）中标候选人公示
（招标编号：）

招标人		招标代理机构	三峡国际招标有限责任公司	
公示开始时间		公示结束时间		
内容		第一中标候选人	第二中标候选人	第三中标候选人
1. 中标候选人名称				
2. 投标报价				
3. 质量				
4. 工期（交货期）				
5. 评标情况				
6. 资格能力条件				
7. 项目负责人情况	姓名			
	证书名称			
	证书编号			
8. 提出异议的渠道和方式（投标人或其他利害关系人如对中标候选人有异议，请在中标候选人公示期间以书面形式实名提出，并应由异议人的法定代表人或其授权代理人签字并盖章。对于无异议人名称和地址及有效联系方式、无具体异议事项、主张不明确、诉求不清楚、无有效线索和相关证明材料的异议将不予受理）。	电话			
	传真			
	Email			

（项目及标段名称）中标结果公示

（招标人名称）根据本项目评标委员会的评定和推荐，并经过中标候选人公示，确定本项目中标人如下：

招标编号	项目名称	标段名称	中标人名称

招标人：

招标代理机构：三峡国际招标有限责任公司

日期：

附件五：中标通知书

致：	自：三峡国际招标有限责任公司
收件人：	发件人：
传真：	传真：
电话：	电话：

主题：_____项目问题澄清通知

_____（中标人名称）：

在_____（招标编号：_____）招标中，根据《中华人民共和国招标投标法》等相关法律法规和此次招标文件的规定，经评定，贵公司中标第_____标段。请在接到本通知后的____日内与_____联系合同签订事宜。

请在收到本传真后立即向我公司回函确认。谢谢！

合同谈判联系人：

联系电话：

三峡国际招标有限责任公司

_____年___月___日

附件六：确认通知

确认通知

_____（招标人名称）：

我方已接到你方_____年___月___日发出的_____（项目名称）_____标段招标关于_____的通知，我方已于_____年___月___日收到。

特此确认。

投标人：_____（盖单位章）

_____年___月___日

第三章 评标办法（综合评估法）

评标办法前附表

条款号		评审因素	评审标准
2.1.1	形式评审标准	投标人名称	与营业执照、税务机关登记证一致
		投标函签字盖章	须有法定代表人或其委托代理人签字或加盖单位章
		投标文件格式	符合第八章"投标文件格式"的要求
		联合体投标人（如有）	提交联合体协议书，并明确联合体牵头人
		报价唯一	只能有一个有效报价
		……	……
2.1.2	资格评审标准	营业执照	具备有效的营业执照
		资质等级	符合第二章"投标人须知"第1.4.1项规定
		财务状况	符合第二章"投标人须知"第1.4.1项规定
		类似项目业绩	符合第二章"投标人须知"第1.4.1项规定
		信誉	符合第二章"投标人须知"第1.4.1项规定
		联合体投标人	符合第二章"投标人须知"第1.4.2项规定（如有）
		……	……
2.1.3	响应性评审标准	投标内容	符合第二章"投标人须知"第1.3.1项规定
		交货进度	符合第二章"投标人须知"第1.3.2项规定
		投标有效期	符合第二章"投标人须知"第3.3.1项规定
		投标保证金	符合第二章"投标人须知"第3.4.1项规定
		权利义务	符合第四章"合同条款及格式"规定
		技术标准和要求	符合第七章"技术标准和要求"的规定
		投标报价表	符合第五章"设备采购清单"给出的范围及数量
		……	……

条款号	条款内容	编列内容
2.2.1	评分权重构成（100%）	商务部分：15% 技术部分：40% 投标报价：45%

条款号	条款内容	编列内容	
2.2.2	评标价基准值计算方法	以所有进入详细评审的投标人评标价算术平均值×0.95 作为本次评审的评标价基准值 B，并应满足计算规则： （1）当进入详细评审的投标人超过 5 家时去掉一个最高价和一个最低价； （2）当同一企业集团多家所属企业（单位）参与本项目投标时，取其中最低评标价参与评标价基准值计算，无论该价格是否在步骤（1）中被筛选掉。	
2.2.3	偏差率（D_i）计算公式	偏差率 $D_i=100\% ×$（投标人评标价－评标价基准值）/评标价基准值	

条款号	评分因素		评分标准	权重
2.2.4（1）	商务部分评分标准（15%）	投标文件的符合性	商务部分的完整性和响应性；商务偏差，交货进度。评分结果分为 A～D 四个档次。	5%
		财务状况	近三年财务状况（依据近三年经审计过的财务报表），评分结果分为 A～D 四个档次。	3%
		履约信誉	根据三峡集团最新发布的年度供应商信用评价结果进行统一评分，A、B、C 三个等级信用得分分别为 100、85、70 分。如投标人初次进入三峡集团投标或报价，由评标委员会根据其以往业绩及在其他单位的合同履约情况合理确定本次评审信用等级。	4%
		业绩	以往类似项目数量、规模、完成情况及施工经验（满足资格条件要求的业绩和经验得 60 分，每增加一项加 10 分，加满为止）。	3%
2.2.4（2）	技术部分评审标准（40%）	技术能力	包含对试验、测试、认证等进行评审。评分结果分为 A～D 四个档次。	5%
		主要技术方案	主要技术方案及技术符合性评审。评分结果分为 A～D 四个档次。	5%
		技术性能	对主要技术性能等进行评审。评分结果分为 A～D 四个档次。	15%
		零部件配置质量保证	对主要零部件、材料选择及其行业信誉进行评审。评分结果分为 A～D 四个档次。	10%
		技术服务	质量保证期及质量保证措施，售后服务保障措施。评分结果分为 A～D 四个档次。	5%
2.2.4（3）	投标报价评分标准（45%）	价格得分	P_i 计作投标人报价，D_i 为偏差率； （1）$D_i=0$ 时，得 88 分。 （2）当 $0<D_i≤3\%$ 时，每高 1% 扣 1 分； 　　当 $3\%<D_i≤5\%$ 时，每高 1% 的扣 2 分； 　　当 $5\%<D_i$ 时，每高 1% 扣 4 分； 　　扣分分段累计，最低得 60 分。 （3）当 $-8\%≤D_i<0$ 时，每低 1% 加 1.5 分，最多加 12 分； 　　当 $D_i<-8\%$，每低 1% 扣 3 分，最低得 60 分。 上述计分按分段累进计算，当入围投标人评标价与评标价基准值 B 比例值处于分段计算区间内时，分段计算按内插法等比例计扣分。	45%

条款号	条款内容	编列内容
3.1.1	初步评审短名单的确定	按照投标人的报价由低到高排序，当投标人少于 10 名时，选取排序前 5 名进入短名单；当投标人为 10 名及以上时，选取排序前 6 名进入短名单。若进入短名单的投标人未能通过初步评审，或进入短名单投标人有算术错误，经修正后的报价高于其他未进入短名单的投标人报价，则依序递补。如果数量不足 5 名时，按照实际数量选取。
3.2.1	详细评审短名单确定	通过初步评审的投标人全部进入详细评审
3.2.2	投标报价的处理规则	（1）对于投标人未做说明的报价修改，评标委员会将把修改后的报价按比例分摊到投标报价的相关各项，调整后的报价对投标人具有约束力。投标人不接受修正价格的，其投标将被否决。 （2）对于投标人未按招标文件规定进行报价的漏报项目应被视为含在所报价格中，但评标时评标委员会将把所有进入详细评审的投标人中对该项目的最高报价计入此投标人的此项评标价格。按此款所做的评标价格调整仅用于评标使用。 （3）对于投标人未按招标文件的要求选择规定档次的元器件、配套件或附属设备等但不构成重大偏差的情况，评标委员会将按进入详细评审的投标人中该项目的最高报价计入该投标人的评标价。按此款所做的评标价格调整仅用于评标使用。

1 评标方法

本次评标采用综合评估法。评标委员会对满足招标文件实质性要求的投标文件，按照本章第 2.2 款规定的评分标准进行打分，并按综合得分由高到低顺序推荐不超过3名中标候选人，或根据招标人授权直接确定中标人，但投标报价低于其成本的除外。综合评分相等时，以投标报价低的优先；投标报价也相等时，技术得分高的优先；当技术得分也相等时，由招标人自行确定。

2 评审标准

2.1 初步评审标准

2.1.1 形式评审标准：见评标办法前附表。

2.1.2 资格评审标准：见评标办法前附表。

2.1.3 响应性评审标准：见评标办法前附表。

2.2 详细评审标准

2.2.1 分值构成

（1）商务部分：见评标办法前附表；

（2）技术部分：见评标办法前附表；

（3）投标报价：见评标办法前附表。

2.2.2 评标价基准值计算

评标价基准值计算方法：见评标办法前附表。

2.2.3 投标报价的偏差率计算

投标报价的偏差率计算公式：见评标办法前附表。

2.2.4 评分标准

（1）商务部分评分标准：见评标办法前附表；

（2）技术部分评分标准：见评标办法前附表；

（3）投标报价评分标准：见评标办法前附表。

3 评标程序

3.1 初步评审

3.1.1 初步评审短名单的确定：见评标办法前附表。若进入短名单的投标人未能通过初步评审，则依序递补。当按照3.1.5款修正的价格高于没进入短名单的其他投标人，则选取较低报价的投标人替补该投标人进入短名单。

3.1.2 评标委员会依据本章第2.1款规定的标准对投标文件进行初步评审。有一项不符合评审标准的，其投标将被否决。

3.1.3 投标人有以下情形之一的，评标委员会应当否决其投标：

（1）第二章"投标人须知"第1.4.3项规定的任何一种情形的；

（2）串通投标或弄虚作假或有其他违法行为的；

（3）不按评标委员会要求澄清、说明或补正的。

3.1.4 技术评议时，存在下列情况之一的，评标委员会应当否决其投标：

（1）投标文件不满足招标文件技术规格中加注星号（"*"）的主要参数要求或加注星号（"*"）的主要参数无技术资料支持；

（2）投标文件技术规格中一般参数超出允许偏离的最大范围；

（3）投标文件技术规格中的响应与事实不符或虚假投标；

（4）投标文件中存在的按照招标文件中有关规定构成否决投标的其他技术偏差情况。

3.1.5 投标报价有算术错误的，评标委员会按以下原则对投标报价进行修正，修正的价格经投标人书面确认后具有约束力。投标人不接受修正价格的，其投标将被否决。

（1）投标文件中的大写金额与小写金额不一致的，以大写金额为准；

（2）总价金额与依据单价计算出的结果不一致的，以单价金额为准修正总价，但单价金额小数点有明显错误的除外。

3.1.6 评标委员会将参考中国长江三峡集团有限公司供应商信用评价结果和招标人现阶段掌握的投标人不良行为记录进行评审。

3.1.7 经初步评审后合格投标人不足3名的，评标委员会应对其是否具有竞争性进行评审；因有效投标不足3个使得投标明显缺乏竞争的，评标委员会可以否决全部投标。

3.2 详细评审

3.2.1 详细评审短名单确定：见评标办法前附表。

3.2.2 投标报价的处理规则：见评标办法前附表。

3.2.3 评分按照如下规则进行。

（1）评分由评标委员会以记名方式进行，参加评分的评标委员会成员应单独打分。凡未记名、涂改后无相应签名的评分票均作为废票处理。

（2）评分因素按照A～D四个档次评分的，A档对应的分数为95，B档对应的分数为85分，C档对应的分数为75分，D档对应的分数为60分。评标委员会成员讨论各进入详细评审投标人在各个评审因素上的档次，评标委员会成员根据讨论后决定的评分档次对应打分，如评标委员会成员对评分结果有不同看法，也可超档次范围打分，但应在意见表中陈述理由。

（3）评标委员会成员打分汇总方法，参与打分的评标委员会成员超过5名（含5名）时，汇总时去掉单项评价因素的一个最高分和一个最低分，以剩余样本的算术平均值作为投标人的得分。

（4）评分分值的中间计算过程保留小数点后三位，小数点后第四位四舍五入；评分分值计算结果保留小数点后两位，小数点后第三位四舍五入。

3.2.4 评标委员会按本章第2.2款规定的量化因素和分值进行打分，并计算出综合评估得分。

（1）按本章第2.2.4（1）目规定的评审因素和分值对商务部分计算出得分A；

（2）按本章第2.2.4（2）目规定的评审因素和分值对技术部分计算出得分B；

（3）按本章第2.2.4（3）目规定的评审因素和分值对投标报价计算出得分C；

（4）投标人综合得分＝A＋B＋C。

3.2.5 评标委员会发现投标人的报价明显低于其他投标人的报价，或者在设有标底时明显低于标底，使得其投标报价可能低于其成本的，应当要求该投标人作出书面说明并提供相应的证明材料。投标人不能合理说明或者不能提供相应证明材料的，由评标委员会认定该投标人以低于成本报价竞标，否决其投标。

3.3 投标文件的澄清和补正

3.3.1 在评标过程中，评标委员会可以书面形式要求投标人对所提交的投标文件中不明确的内容进行书面澄清或说明，或者对细微偏差进行补正。评标委员会不接受投标人主动提出的澄清、说明或补正。

3.3.2　澄清、说明和补正不得改变投标文件的实质性内容（算术性错误修正的除外）。投标人的书面澄清、说明和补正属于投标文件的组成部分。

3.3.3　评标委员会对投标人提交的澄清、说明或补正有疑问的，可以要求投标人进一步澄清、说明或补正。

3.4　评标结果

3.4.1　除第二章"投标人须知"前附表授权直接确定中标人外，评标委员会按照综合得分由高到低的顺序推荐不超过3名中标候选人。

3.4.2　评标委员会完成评标后，应当向招标人提交书面评标报告。

3.4.3　中标候选人在信用中国网站（http：//www.creditchina.gov.cn/）被查询出存在与本次招标项目相关的严重失信行为，评标委员会认为可能影响其履约能力的，有权取消其中标候选人资格。

第四章　合同条款及格式

1　定义

1.1　"合同"：系指买卖双方达成一致并签署的符合合同格式要求的协议，包括所有的附件、附录和上述文件提到的属于合同组成部分的所有文件。

1.2　"买方"：系指购买本合同项下货物和服务的_____（公司名称），或其继任人和受让人。

1.3　"卖方"：系指提供本合同项下货物和服务的_____（公司名称），或其继任人和受让人。

1.4　"合同价"：系指根据合同规定，在卖方正确全面履行合同义务后，买方应支付给卖方的价款。

1.5　"合同条款"：系指本合同条款。

1.6　"货物"：系指卖方按照合同规定的义务应当提供的下列项目：（A）所有的多晶硅光伏电池组件及附属设备；（B）备品备件和安装维修工具；（C）其他设备。

1.7　"技术服务"：系指由卖方提供的与本合同设备有关的工程设计、设备监造、检验、土建、安装、调试、验收、性能验收试验、运行、检修时相应的技术指导、技术配合、技术培训等全过程的服务。

1.8　"技术培训"：系指就合同设备的设计、制造、试验、检验、安装、调试、试运行、验收试验、操作、维护保养等方面的作业以及本合同中所规定的卖方向买方人员提供的指导、讲解、示范和讲座，并提供培训场所。

1.9　"项目现场"：系指合同项下货物安装、运行的现场，即_____光伏电站。

1.10　"本地化"：系指光伏组件或其部件实现在中国境内生产和制造的过程。"属地化"：系指光伏组件在项目所在地区实现总装。

1.11　"总装"：系指将光伏组件各个部件总成，连接组装成一体，以达到所规定的产品技术要求的过程，该过程应包括但不限于：部件的进货检验、储存、装配、调试、出厂性能试验、包装等。

1.12　"技术资料"：系指与合同设备及光伏电场相关的设计、制造、监造、检验、安装、调试、验收、性能试验验收和技术指导等文件（包括图纸、各种文字说明、标准、各种软件）。

1.13 "试运行"：是指光伏发电工程安装调试完毕后，按照《光伏发电工程验收规范》（GBT 50796—2012）的要求进行试运行，以验证光伏发电工程能够达到本合同及"技术标准和要求"章节附件五的要求。

1.14 "预验收"：系指卖方提供的设备经安装、调试和试运行，达到合同规定的预验收标准而进入质量保证期的验收。预验收证书是表明买方接受预验收结果的证明，证书由买方和卖方共同签字。

1.15 "质量保证期"：系指合同设备签发预验收证书之日起整五年。在此期间内，卖方负责保证合同设备的正常稳定运行并负责处理合同设备的任何缺陷。

1.16 "最终验收"：系指合同设备从签发预验收证书之日起按合同要求通过了60个月的质量保证期后的验收。

1.17 "日"：系指日历天。

2 适用性

所有各条款的标题只是为了查阅，不具有解释或理解本合同的意义。

3 原产地

3.1 本合同项下拟供的货物和服务都应来自于中华人民共和国或与中华人民共和国有正常贸易往来的国家和地区（以下简称"合格来源地"）。

3.2 "原产地"是指合同设备生产、提供有关服务的来源地。

3.3 "货物"系指通过设计、试验、制造、加工或装配而成的从商业角度上公认的最新产品，在基本特征、功能和效用等方面被业界公认与单纯的元部件存在实质性差别。

4 合同标的

4.1 合同设备

（1）卖方提供的合同设备的供货范围列在合同附件一中，其技术经济指标和有关技术条件的内容列在技术标准和要求中，其交货批次和进度列在合同附件四中。

（2）卖方所提供的所有合同设备的技术性能和卖方对合同设备的技术保证详见本合同附件三。卖方提供的合同设备应满足当地电网公司的要求，若不满足，应按上述要求自行承担费用采取措施予以满足，不论所另行补充的设备及措施是否含在本合同供货范围内。

（3）卖方应按第15条对合同设备提供质量保证。

4.2　技术文件

卖方应根据合同技术规范的规定向买方提供技术文件。

4.3　服务

（1）卖方应负责合同设备交货至买方现场指定地点以前的运输和保险，使合同设备的交货批次和进度符合合同附件四的要求。

（2）卖方应派遣数量足够的、有经验的、健康的和称职的并且具有相关技术专业工作经验的技术人员到工地提供技术服务，并在工地及卖方工厂提供技术培训。

（3）卖方应对在其指导、监督下的合同设备安装、调试、验收试验和试运行的设备质量负责，使其符合技术要求和有关标准的要求。

4.4　在本合同有效期内，卖方有义务向买方免费提供与本合同设备有关的最新运行经验，以及技术和安全方面的改进资料。

4.5　接口

（1）卖方应负责协调所提供的合同设备与其他相关设备制造厂商和分包商的接口，包括供货、设计、微观选址、性能参数匹配、项目管理和电网调度等。

（2）卖方负责对合同设备范围内有关系统和部件接口的设计、安装、调试、试运行中的协调。

5　标准

5.1　交付的本合同项下货物应符合技术规范规定的标准。如果技术规范没有规定应适用的标准，交付的本合同项下货物应符合货物来源国的官方标准。这些标准必须是有关机构发布的有效的最新版本。

5.2　除非本合同另有规定，计量单位均采用中华人民共和国法定计量单位。

6　合同价格

6.1　本合同总价为￥_____（大写：人民币_____元整）。其中，不含税价：_____，增值税税额：_____，增值税税率：_____。

6.2　本合同总价包括了本合同项下所有光伏电池组件设备费（包含备品备件和安装维修工具，以及全部设备运至本项目施工现场内买方指定地点的运输费、保险费、杂费和合同设备所需进口配套设备进口关税、增值税、进口环节相关费用等）、技术资料、大件运输措施费、卖方提供的技术服务费和买方在卖方工作时卖方的配合费、国际认可组件标准性能担保保险费用以及相关的税费等。

6.3　合同的分项价格见附件一。

6.4　在合同执行过程中同一批次的货物价格是固定不变。

7 支付

7.1 本合同项下买方对卖方、卖方对买方的支付均采用银行电汇、银行承兑汇票或三峡财务公司开具的承兑汇票等方式，其中承兑汇票比例不超过合同总额的30%。

7.2 本合同项下的所有款项均以人民币进行支付。

7.3 本合同项下的光伏组件设备费支付方式如下：_____。

项目光伏组件设备为分批供货，每批设备生产供货前买方向卖方发送"生产供货通知"，明确该批次生产供货的规模。每批设备实施生产供货时付款方式按以下方式实施：

7.3.1 预付款的支付

合同生效日期后20天内，买方凭卖方提交的下列单据并经买方审核无误后15天内，支付给卖方批次设备总价格的15%作为预付款。

（1）由银行开具的金额为合同总价格10%的不可撤销的以买方为受益人的履约保函，格式见本合同附件五。

（2）由银行开具的金额为批次设备总价格15%的不可撤销的以买方为受益人的预付款保函，格式见本合同附件六。

（3）金额为本次实际支付价款等额的财务收据。

履约保函格式见本合同附件五，保函须保证自合同签订日期起至设备通过预验收后30日内有效；若保函到期30日前设备未通过预验收，卖方须就履约保函办理续保手续，否则买方有权从任何一笔付款中扣留相应金额履约保证金，同时买方保留采用其他方式追索的权利。

预付款保函格式见本合同附件六，保函须保证自卖方收到预付款起至预付款扣除完毕后30日内有效；若保函到期30日前预付款未全部扣回，卖方须就预付款保函办理续保手续，否则买方有权从任何一笔付款中一次性扣回相应金额预付款，同时买方保留采用其他方式追索的权利。

在预付款保函有效期内，因卖方违反合同约定的义务，买方要求收回预付款时，预付款保函担保的金额为预付款金额减去买方按合同约定在向卖方签发的进度付款证书中扣除的金额，同时卖方应向买方支付从卖方收到预付款之日起至银行退回预付款担保金额之日止按照同期贷款年利率计算的利息。

7.3.2 设备交付后的支付

在卖方批次全部设备交货完成后，买方及监理在合同现场经清点无误并验收合格，凭卖方提交的下列单据并经买方及监理审核无误签字后30天内，向卖方支付批次设备总价格的70%，同时以本批设备总价格的30%扣除预付款，预付款全部扣除为止，预付款全部扣除后 30 日内买方退还卖方预付款保函。

（1）买方代表签署的"设备验收（收货）证明"。

（2）详细装箱单。

（3）质量证书。

（4）金额为本次实际支付价款等额的财务收据。

（5）金额为本批设备总价格 100％的增值税专用发票。

7.3.3　安装和调试完成后的支付

在卖方批次设备安装和调试完成，达到本合同规定要求后，凭卖方提交的下列单据并经买方及监理审核无误签字后 30 天内，向卖方支付批次设备总价格的 10％。

（1）买方代表签署的"试运行申请书"。

（2）金额为本次实际支付价款等额的财务收据。

7.3.4　预验收款的支付

预验收通过且买方取得符合要求的第三方检测或认证报告后，买方凭卖方提交的下列单据并经买方及监理审核无误签字后 30 天内，支付给卖方批次设备总价格的 20％作为预验收款，同时扣留本批次设备总价格的 10％作为质量保证金。

（1）买卖双方代表签署的预验收证书。

（2）金额为本次实际支付价款等额的财务收据。

7.3.5　质量保证金的支付

在签发批次设备预验收证书之日两年后，买方凭卖方提交的下列单据并经买方审核无误后 30 日内，支付给卖方批次设备总价格的 10％作为质保期付款。

（1）金额为本次实际支付价款等额的财务收据。

（2）同等金额且有效期至质量保证期满后 30 日的质量保函，质量保函格式见本合同附件七。

（3）为本项目购买的国际认可组件标准性能担保保险。

7.3.6　质量保函的退还

在签发批次设备预验收证书之日起 5 年后，买方凭卖方提交的下列单据并经买方审核无误后 30 日内退还。

7.4　违约金的扣除与支付

在卖方有义务向买方支付合同项下的违约金和/或赔偿金时，买方有权从上述任何一笔应付款或保函中予以扣除。

7.5　主要分包和外购设备的付款

7.5.1　由于买方与卖方的合同分包商和外购设备供货商没有直接的合同关系，故本合同设备的卖方的分包和外购设备的付款由卖方负责。但如果发生由于个别原因（买方虽按时向卖方付款而卖方没有按时向其分包商或外购设备供货商付款）导致卖方的分包和外购设备有可能不被按时交货以至于影响施工进度的情况，买方有权暂时中止向卖方付款。在卖方向其分包商或外购设备供货商支付相关款项后，买方将继续向卖方付款，但此时买方将追究卖方延误工期的责任。

7.5.2　如果卖方仍未向其分包商或外购设备供货商付款，买方将出于保障工程进度的目的，有权直接向其分包商或外购设备供货商付款。但在此情况下，卖方必须协助买方同卖方的分包商或外购设备供货商另行签订转付款协议书，同时该协议书中此转付款连同买方发生的贷款利息将从下一笔买方向卖方的付款中扣除。卖方应按照本条约定开具相应的发票。

7.5.3　如果卖方既不及时向其分包商或外购设备供应商付款，也不配合签署转付款协议书，致使买方无法直接向卖方的分包商或外购设备供应商付款，因此而影响设备制造进度或者供货进度达到30天以上的，视为卖方没有继续履约的诚意，买方有权单方面解除合同，并按本协议第24.1条追究卖方的违约责任。

7.6　买方与银行发生的与执行合同有关的银行费用由买方负担，卖方与银行发生的与执行合同有关的银行费用由卖方负担。

7.7　增值税专用发票

（1）实行"先票后款"。买方取得合规的增值税专用发票后才支付款项。

（2）合同变更如涉及增值税专用发票记载项目发生变化的，则应作废、重开、补开、红字开具增值税专用发票。如果买方取得增值税专用发票尚未认证抵扣，则可以由卖方作废原发票，重新开具增值税专用发票；如果原增值税专用发票已经认证抵扣，则由卖方就合同增加的金额补开增值税专用发票，就减少的金额开具红字增值税专用发票。

（3）变更索赔支付，卖方应提供增值税专用发票。

8　包装

8.1　太阳能电池组件背面统一位置粘贴产品标签和条形码，标签上注明的产品商标、规格、型号、产品参数、产品出厂试验数据、出厂日期、IEC认证标识及条形码等应清晰便于追溯，标签保证能够抵抗五年以上自然环境的侵害而不脱落、标签上的字迹不能轻易抹掉。

8.2　太阳能电池组件产品包装符合相应国标要求，外包装坚固，内部对组件有牢靠的加固措施及防撞措施。全包装箱在箱面上标出中心位置、装卸方式、储运注意标志等内容。

8.3　卖方应对每个不同的包装或容器的内部和外部应用供货商订单号、货签号和重量等区分。每个配件的包装或容器都应附一个材料的清单。每包装箱组件数量不得超过22块，包装满足装卸要求。

8.4 卖方交付的所有货物符合通用的包装储运指示标志的规定（GB/T13384标准）及具有适合长途运输、多次搬运和装卸的坚固包装。包装保证在运输、装卸过程中完好无损，并有防雨、减震、防冲击的措施。包装能防止运输、装卸过程中垂直、水平加速度引起的设备损坏。包装按设备特点，按需要分别加上防潮、防霉、防锈、防腐蚀的保护措施，保证货物在没有任何损坏和腐蚀的情况下安全运抵指定现场。产品包装前，卖方负责检查清理，不留异物，并保证零部件齐全。

8.5 卖方对包装箱内的各散装部件在装配图中的部件号、零件号标记清楚。

8.6 卖方在组件货品外包装上标明每块电池板的编号、参数和主要性能指标。

8.7 卖方在每件包装箱的两个侧面上，采用不褪色的油漆以明显易见的中文印刷文字，文字有以下内容：

(1) 收货单位名称；

(2) 发货单位名称；

(3) 设备名称或代号；

(4) 箱号；

(5) 毛重/净重（公斤）；

(6) 体积（长×宽×高，以毫米表示）。

注：凡重量为两吨或两吨以上的货物，在包装箱的侧面以运输常用的标记和图案标明重心位置及起吊点，以便装卸搬运。按照货物特点及装卸和运输上的不同要求，包装箱上相应明显地印有"轻放""勿倒置"和"防雨"字样。

8.8 每件包装箱内，附有包装分件名称、图号、数量的详细装箱单、合格证。外购件包装箱内有产品出厂质量合格证明书、技术说明书各一份。

8.9 各种设备的松散零星部件采用好的包装方式，装入尺寸适当的箱内。

8.10 卖方或其分包商不用同一箱号标明任何两个箱件。

8.11 卖方交付的技术资料使用适合于长途运输、多次搬运、防雨和防潮的包装。每包技术资料注明收货单位，每包资料内附有技术资料的详细清单一份。

8.12 凡由于卖方包装或保管不善致使货物遭到损坏或丢失时，不论在何时何地发现，一经证实，卖方均应按本合同第16条的规定负责及时更换、修理或赔偿。在运输中如发生货物损坏和丢失时，卖方应在24小时以内通知买方，并负责与承运部门及保险公司交涉，同时卖方应尽快向买方补供货物以满足工期需要。

卖方应避免发生为节省运输费用而过多装载，使设备发生挤压、碰撞导致包装破损的现象。如发生类似情况，卖方应承担相应责任。

9 交货和运输

9.1 卖方负责设备和材料的供货和运输及货物的现场保管，应按合同规定的交货进度有序地组织设备交货，交货进度见附件。本合同设备的到货期及到货顺序应满足工程建设设备安装进度和顺序的要求，应保证部套的及时和完整。

9.2 合同生效后 5 日内卖方应向买方提供每批货物名称、总重量、总体积和到货日期的初步到货计划及本合同项下的货物总清单和装箱总清单。

9.3 卖方应根据运输的线路及运输方式，对沿途所经过的涵洞、桥梁等构、建筑物进行充分的调查和论证，并提出运输的方案，确保设备运至现场指定交货地点。

9.4 交货地点

9.4.1 合同设备的交货地点为：<u>买方光伏电站施工现场指定位置</u>。

9.4.2 卖方应按合同的规定，向买方提供技术资料。技术资料应采用专人或特快专递的方式提交，邮寄地址为：_____。技术资料送达买方签收的时间为技术资料的交付时间，此时技术资料的交付风险由卖方转移至买方。

9.5 技术资料中应注明技术资料的详细清单、件数、重量、合同号等。如果技术资料经买方或买方代表检查后发现有缺少或损坏，且非买方原因，卖方应在收到买方通知后 7 日内（紧急情况下 3 日内）免费向项目现场补充提供缺少或损坏的部分。如卖方不能在规定时间内提供要求的技术资料，将按本合同第 23 款规定处理。如因买方原因发生缺少、丢失或损坏，卖方应在收到买方通知后 7 日内（紧急情况下 3 日内）向项目现场补充提供缺少、丢失或损坏的部分，费用由买方承担。

9.6 在质量保证期内由于卖方的过失或疏忽造成了供应设备（或部件）的损坏或潜在缺陷，而动用了买方库存中的备品备件以调换损坏的设备或部件，则卖方应负责免费将动用的备品备件补齐，最迟不得超过 30 日运抵买方仓库。

9.7 买方可派遣代表到卖方工厂及装货地点检查包装质量和监督装货情况。卖方应提前 15 日通知买方装运日期。如果买方代表不能及时参加检验时，卖方有权发货。上述买方代表的检查与监督不能免除卖方应负的责任。

9.8 货物到达项目现场后，卖方在接到买方通知后应及时到现场，与买方一起根据运输单据和装箱单对货物的包装、外观及件数进行清点检验。如发现有任何不符之处，经双方代表确认属卖方责任后，由卖方处理解决。卖方应及时通知保险公司和承运部门，并应尽快补齐所缺货物。

9.9 在每批设备达到工地买方指定地点后，买方将通知卖方共同进行现场开箱检验。在确定所交货物完整无误后，买方的授权代表将与卖方的现场代表签署该批设备的"收货证明"一式四份，双方各执两份。直接运到项目现场的进口配套设备开箱检验时，卖方的现场代表应提供给买方进口配套设备的商检证明复印件两份。

如果发生包装破损导致设备/部件丢失或损坏，则卖方应在买方规定的时限内补充齐全并承担相应的合同责任。

如果发现所交货物与实际交货清单不符，双方应视情节轻重协商解决。确属情节严重的，买方有权拒签。待此问题解决后，再签署"收货证明"。

9.10　卖方应严格按合同交货进度交货。如果由于买方原因要求卖方提前或推迟交货，卖方应尽力予以合作，但买方必须提前通知卖方，以便卖方有必要的生产和运输时间来满足实际交货。

9.11　为实现对设备及材料的计算机管理，卖方应在每批货物交运后向买方发送一份装箱清单的电子邮件，并应在每批货物交运时随货提供一张装箱清单的计算机光盘（文档应采用 Microsoft Office 软件编制）。

9.12　卖方装运的货物不应超过合同规定的数量或重量，否则，卖方对由此产生的一切费用和后果承担全部责任。

9.13　货物由于包装不当或在运输过程中发生损坏/灭失，除风险由卖方承担外，卖方还应赔偿买方因此蒙受的全部损失。

10　保险

10.1　卖方应以卖方为受益人对合同设备根据水运、陆运和空运等运输方式，向保险公司投保发运合同设备价格110％的运输一切险。保险区段为：卖方仓库至项目施工现场指定地点；保险时段为：货物发运日至货物运抵施工现场完成验收、卸货日止。

10.2　卖方应当在每一批货物发运 7 日前将该批货物的运输保险合同副本递交给买方；如果卖方未按时递交运输保险合同副本或未办理货物运输保险，由此产生的风险或损失（损害）由卖方承担。

10.3　卖方应在履行合同期间为其人员和物资财产的损失或损害，或第三方人员的伤亡办理相关保险。

10.4　卖方必须购买国际认可的组件标准性能担保保险。该担保保险应保证在卖方提供的太阳能组件不能达到预计的输出功率的情况下，为组件买方提供为期 25 年的赔偿支付。

11　技术服务和联络

11.1　卖方应及时提供与本合同设备有关的工程设计、检验、土建、安装、调试、验收、性能验收试验、运行、检修等相应的技术指导、技术配合、技术培训等全过程服务。

11.2 卖方需派代表到项目现场进行技术服务，并负责解决合同设备在安装调试、试运行及其他试验或验收过程中发现的制造质量缺陷，协调交货进度相关问题。

11.3 卖方应在合同生效后 7 日内向买方提交执行前两款规定的服务工作的组织计划一式两份。

11.4 在合同生效后 10 日内，双方确定技术联络会的时间。

11.5 卖方有义务在必要时邀请买方参与卖方的技术设计，并向买方解释技术设计有关问题。

11.6 如遇有重大问题需要双方立即研究协商时，任何一方均可建议召开会议，在一般情况下，另一方应同意参加。

11.7 各次会议及其他联络方式双方均应签订会议或联络纪要，所签纪要双方均应执行。如涉及合同条款有修改时，需经双方法定代表人或授权代表批准。

11.8 卖方提出并经双方在会议上确定的安装、调试和运行技术服务方案，卖方如有修改，须以书面形式通知买方，经买方确认后方可进行。为适应现场条件的要求，买方有权提出变更或修改意见，并书面通知卖方，除非卖方有合理的解释和说明，卖方应满足买方要求。

11.9 买方有权将卖方所提供的一切与本合同设备有关的资料分发给与本工程有关的各方，并不由此而构成任何侵权，但买方不得向任何与本工程无关的第三方提供这些资料。

11.10 对盖有"密件"印章的买方、卖方资料，双方都有为其保密的义务。

11.11 卖方须对一切与本合同有关的供货、设备及技术接口、技术服务等问题负全部责任。

11.12 凡与本合同设备相连接的其他设备装置，卖方有提供接口和技术配合的义务，并不由此而发生合同价格以外的任何费用。

11.13 卖方派到现场服务的技术人员应是有类似工程实践经验、可胜任此项工作的人员。买方有权提出更换不符合要求的卖方现场服务人员，卖方应根据现场需要，重新选派买方认可的服务人员。如果在买方书面提出该项要求 7 日内卖方没有答复，将按本合同有关规定视为延误工期等同处理。

11.14 由于卖方技术服务人员对安装、调试的技术指导的疏忽和错误以及卖方未按要求派人指导而造成的损失应由卖方承担。

11.15 技术服务和联络的具体要求见"技术标准和要求"章节中的附件六。

11.16 卖方所需（当地或外地的）全部职工的雇用，以及所需职工的工资、住宿、膳食和交通工具，均应由卖方自行负责安排。

11.17 卖方应与买方安全部门签订安全合同。负责采取预防措施以保证其职工的健康与安全。卖方应与当地卫生部门合作并按其要求，保证在住地和现场始终配有医务人员、急救设施和救护设施；保证按照福利与卫生方面的要求以及预防流行性传染病的需要，作出适当安排。卖方应对现场人员的人身安全与事故预防工作采取保护性措施，以防止事故发生。一旦发生了事故，卖方应尽快将事故详情报告送交买方代表。

11.18　卖方应随时采取各种合理的预防措施，防止其职工或职工内部发生非法行为、暴乱行为或扰乱社会治安的行为，并维持好治安，防止上述行为殃及本工程附近的人员和财产。

11.19　卖方须在设备安装前 60 天向买方提供光伏组件设备安装作业计划书，并进行光伏组件安装指导。

12　质量监造与检验

12.1　监造

12.1.1　买方将派驻监造代表进行设备监造、出厂前及电站施工现场的检验，从人员、设备、原材料、外购件、制造加工工艺、出厂检验、试验等方面了解设备组装、检验、试验和设备包装质量情况。监造的标准为技术规范书所列的相应标准。卖方配合监造代表，在监造中及时提供相应资料和标准，由此而发生的任何费用由卖方承担。

12.1.2　监造检验的标准为技术规范所列的相应标准，监造的范围及具体监造检验/见证项目见技术规范中监造要求。

12.1.3　卖方必须为监造代表的监造检验提供：

（1）本合同设备生产计划及检验计划。

（2）提前 15 天提供设备的监造内容和检验时间。

（3）与本合同设备监造有关的资料以供查验，资料至少应包括：标准（包括工厂标准）、图纸、工艺规程和细则、工艺流程、生产技术准备状况、关键工艺保证措施、重点试验大纲、工艺检验标准、分包商的能力和资质状况。提供检验记录（包括中间检验记录和/或不一致性报告）及技术规范书的有关文件以及复印件。

（4）向监造代表提供工作、生活方便。

12.1.4　监造检验/见证应尽量结合卖方工厂实际生产过程，一般不得影响工厂的正常生产进度（不包括发现重大问题时的停工检验）。若监造代表不能按卖方通知时间及时到场，卖方工厂的试验工作可正常进行，试验结果有效，但监造代表有权事后了解、查阅、复印检查报告和结果（转为文件见证）。若卖方未及时通知监造代表而单独检验，买方将不承认该检验结果，卖方应在买方代表在场的情况下重新进行该项检验。

12.1.5　监造代表在监造中如发现设备和材料存在质量问题或不符合规定的标准或包装要求时，有权提出意见，卖方必须采取相应改进措施，以保证交货质量。无论监造代表是否要求和是否知道，卖方应主动及时提供合同设备制造过程中发现的质量缺陷和问题，不得隐瞒；在监造代表不知道的情况下，卖方不得擅自处理。在生产过程控制中，发现不合格工序后，卖方应对出现不合格工序的产线所生产的产品进行追溯。追溯范围应包括，不合格生产点到上次检查合格点期间的产品。买方有权要求卖方对不合格工序进行整改并拒收不合格品。

12.1.6 不论监造代表是否参与监造与出厂检验，均不能被视为卖方按合同规定应承担的质量保证责任的解除，也不能免除卖方对质量应负的责任。

12.1.7 卖方（包括技术支持方）对所提供设备的质量负有全部责任。由此而发生的任何费用由卖方承担。买方监造代表有权随时查阅技术支持方的监造记录，如果买方监造代表要求复印，卖方必须提供复印件。买方对设备质量的监造不解除卖方对合同设备质量所负的责任。

12.2 抽查检验

买方将派遣代表进行出厂前的抽查检验，在成品中随机抽取一定数量的组件进行生产现场抽检和实验室检验。抽检的标准为技术规范书所列的相应标准。卖方积极配合买方监造代表：在抽检中及时提供相应资料和标准；对相关试验设备进行校准；在抽检过程中协调试验室及时安排抽查样品的相关试验，由此而发生的任何费用由卖方承担。抽查检验内容详见"技术标准和要求"章节附件四中抽检项目和设备型式试验项目（抽查检验内容，按照采购合同中的规定执行）。

12.3 包装和运输

卖方在每次发货前，应将发货数量、出厂检验数据、包装和运输方案提交给买方或买方监造代表，在经过买方或买方监造代表允许后，才能进行发货，否则视为无效发货，买方有权拒收。

卖方应在发货结束后5日内，向买方或买方监造代表提交发货报告，发货报告应至少包括发货数量、发货批次、出厂检验数据等信息。

13 检验、安装调试和验收

13.1 工厂检验

（1）工厂检验是质量控制的一个重要组成部分。卖方需严格进行厂内各生产环节的检验和试验。卖方提供的合同设备需签发质量证明、检验记录和测试报告，并且作为交货时质量证明文件的组成部分。

（2）检查的范围包括原材料和元器件的进厂试验，部件的加工、组装、试验和出厂试验。

（3）卖方检验的结果要满足附件的要求，如有不符之处或达不到标准要求，卖方要采取措施直至满足要求，同时向买方提交不一致性报告。卖方发生重大质量问题时应将情况及时通知买方。

（4）工厂检查的所有费用包括在合同设备总价中。

13.2 现场开箱检验

（1）现场开箱检验时，如发现设备由于卖方原因（包括运输）有任何损坏、缺陷、短少或不符合合同中规定的质量标准和规范时，应做好记录，并由双方代表签字，各执一份，作为买方向卖方提出修理、更换或索赔的依据；如果卖方委托买方修理损坏的设备，所有修理设备的费用由卖方承担。如果由于买方原因造成损坏或遗失，卖方在接到买方通知后，应尽快提供或替换相应的部件，但费用由买方承担。

（2）卖方如对上述买方提出修理、更换、索赔的要求有异议，应在接到买方书面通知后7日内提出，否则上述要求即告成立。如有异议，卖方在接到通知后2日内，自费派代表赴现场同买方代表共同复验。

（3）如双方代表在会同检验中对检验记录不能取得一致意见时，可由双方委托权威的第三方检验机构/双方权威检验机构联合进行检验。检验结果对双方都有约束力，检验费用由责任方负担。

（4）卖方在接到买方按照本合同规定提出的索赔后，应在接到索赔通知后的7日内尽快完成修理、更换或补发短缺部分，由此产生的制造、修理和运费及保险费均应由责任方负担。对于上述索赔，如责任在卖方，由买方从下次付款中扣除。

（5）由于卖方原因而引起的设备或部件的修理或更换的时间，以不影响光伏电场建设进度为原则，但最迟不得晚于发现缺陷、损坏或短缺等之后1个月，否则按本合同有关条款处理。

（6）上述各项检验仅是现场的到货检验，无论是否发现设备质量缺陷或损坏或短缺，或卖方已按索赔要求予以更换或修理，均不能免除卖方按本合同有关规定应承担的质量保证责任。

（7）在确定所交货物完整无误后，买方的授权代表将与卖方的现场代表签署该批设备的"收货证明"。

13.3 安装调试

（1）本合同设备由买方根据卖方提供的技术资料、检验标准、图纸及说明书进行安装、调试、运行和维修。整个安装、调试过程须在卖方现场技术服务人员指导下进行。重要工序须经卖方现场技术服务人员签字确认。重要工序应由卖方在安装作业指导书中详细说明。

（2）在安装调试之前，卖方应提供安装作业指导书，且卖方技术人员应现场详细讲解安装方法和要求。在安装过程中，卖方技术人员应对安装工作给予技术指导和监督服务，参加为满足保证指标和安全稳定运行所需的合同设备安装质量的检验和测试，并应尽快解决调试中出现的设备问题，其所需时间应满足现场安装的需要，否则将按本合同有关规定视为延误工期等同处理。

（3）安装、调试过程中，若买方未按卖方的技术资料规定和现场技术服务人员指导进行工作或未经卖方现场技术服务人员签字确认进入下道工序而出现问题，买方自行负责（除设备自身缺陷外）；若因按卖方技术资料或卖方现场技术人员的指导导致错误，则卖方承担责任及相关费用。

（4）在安装调试过程中，卖方每周一向买方提供上周安装调试周报，卖方技术人员离开安装现场需征得买方批准。

13.4 试运行

13.4.1 为证实合同设备能够按照合同规定的运行方式安全、可靠地运行，在调试结束后，在自然条件适合运行的情况下，每发电单元开始试运行。如果无法通过试运行，必须进行消缺。如果在限期内无法通过试运行，卖方无条件更换产品，由此产生的费用由卖方负担。试运行在买方的配合下由卖方负责进行。

13.4.2 卖方应在单阵列具备试运行条件前3天向买方提交"试运行申请书"，经买方同意后，从计划进入试运行的当天光伏阵列正常并网时刻开始计量。试运行工作在合同双方代表共同监督下进行，并在"试运行申请书"中记录光伏阵列试运行过程，在试运行结束后由买方签署试运行结论意见。

13.4.3 如光伏阵列在试运行过程中出现故障，卖方应在第一时间通知买方，并尽快进行消缺，在消缺完成正常并网时刻开始重新计量。试运行期限为6个月。如果在限期内无法通过试运行，买方有理由要求卖方更换光伏组件，由此产生的费用由卖方负担。

13.4.4 卖方在试运行开始前30天将试运行的详细程序提交给买方现场代表，并经双方批准。

13.5 卖方不负责由于下列原因造成的质量保证及担保指标未达到。

13.5.1 采用非卖方认可的材料、设计或其他供货。

13.5.2 经双方认可由于买方运行不当或失误。

13.5.3 未按照卖方技术人员或手册要求运行和维护。

13.5.4 由于电网故障和不可抗力因素等非卖方原因造成的。

13.6 预验收

进行预验收之前必须具备如下条件：

（1）单元光伏阵列全部安装完毕；

（2）单元内光伏组件都已通过了试运行，具备移交生产的条件；

（3）试运行出现的问题都已得到妥善处理；

（4）单元阵列通过试运行，并达到了合同规定的指标，由卖方向买方提交预验收申请，双方签署预验收证书一式四份。

13.7 最终验收

质量保证期结束后，设备运行达到技术规范书中的规定，双方签署最终验收证书一式四份。

13.8 出具的验收证书，只是证明卖方所提供的合同设备性能和参数截至出具预验收证书时可以按合同要求予以接收，但不能免除本合同规定的卖方责任。

14 备品备件/消耗品

14.1 根据规定，卖方可能被要求提供下列与备品备件有关的材料、通知和资料：

（1）在备品备件停止生产的情况下，卖方应提前将停止生产的计划通知买方使买方有足够的时间采购所需的备品备件；

（2）在备品备件停止生产后，如果买方要求，卖方应免费向买方提供备品备件的图纸和规格。

14.2 卖方应按照附件中的规定提供保证五年正常运行所需的备品备件，并在最终验收证书签订前按清单补齐。

14.3 卖方应按照附件中的规定提供保证五年正常运行所需的消耗品，并在最终验收证书签订前按清单补齐。

14.4 在全部合同设备最终验收后五年内，在买方需要购买任何一种备品备件和消耗品时，卖方须按不高于其合同备品备件清单的价格提供给买方。

14.5 在设备寿命期内，卖方欲停止或不能制造某些备品备件，应及时向买方推荐此类备品备件的升级和替代产品。但如果无升级和替代产品，卖方应提前 6 个月通知买方，以便买方有足够的时间从卖方处对所需的备品备件做最后一次订货，并且卖方有义务免费提供制造这些备品备件的图纸、样板、工具、模具及技术说明等，使买方能够为合同设备制造所需的备品备件，且买方制造这些备品备件不构成对专利及工业设计权的侵权。

14.6 自本合同生效之日起至光伏组件寿命期结束，卖方有义务提供与本项目有关的所有的新的或经改进的运行经验、技术和安全方面的改进资料。卖方提供这些文件资料不存在任何专利、技术和生产许可的转让，买方使用上述资料也不构成任何侵权，但买方不得向任何与本项目无关的第三方提供。

15 保证

15.1 卖方应保证合同项下所供货物是全新的。除非合同另有规定，货物应含有设计和材料的全部最新改进。卖方保证所提供合同项下的全部货物没有设计、材料或工艺上的缺陷（由于按买方的要求设计或按买方的规格提供的材料导致的缺陷除外），没有因卖方的行为或疏忽而导致的缺陷，这些缺陷是所供货物在最终使用地正常运行条件下合理使用可能产生的。

15.2 卖方应当保证本合同项下的设备满足使用寿命二十五年的要求，在使用寿命期内，主要部件不应损坏；合同设备的元件或部件，其质保期不短于十年，从验收之日起计算，在质保期内任何部件出现故障，卖方应保证在 48 小时之内解决；合同设备运行性能应符合附件三的要求。

15.3 买方将尽快以书面形式通知卖方保证期内所发现的货物缺陷，卖方收到通知后应在五日内采取措施尽快免费维修或更换存在缺陷的货物或部件。

15.4 卖方收到通知后应在规定的时间内免费维修或更换有缺陷的合同设备或部件（由卖方列出承诺的时间表），如需更换，卖方应负担由此产生的到安装现场更换的一切费用，更换或修理期限应不迟于证实属卖方责任之日起 60 日内。

15.5 如果卖方收到通知后在合同规定的时间内没有以合理的速度弥补缺陷，买方可以采取必要的补救措施，由此产生的风险和费用由卖方承担，买方根据合同规定享有的其他权利或权力不受影响。

15.6 卖方应保证，其所提供的合同设备或技术资料（包括其整体及其所包含的所有组成部分），均已合法地获得并有效适用于买方所在国家和地区的所有有关知识产权规定，若买方因购买和使用卖方所提供的合同设备或技术资料而遭受任何第三方的追索、诉讼或仲裁，或受到买方所在国的国家政府部门、行政机关、司法机关的处罚、判决、执行，卖方应补偿买方因此而遭受的一切损失。

15.7 如果对货物的缺陷存在争议，卖方首先应按买方要求采取有效措施更换或处理缺陷设备，直至满足合同要求。争议的解决可以通过协商或索赔等方式处理。

16 索赔

16.1 如果卖方提供的货物不满足合同要求且责任在卖方，卖方应按照买方同意的下列方式中的一种或几种方式结合起来解决索赔事宜。

（1）根据合同设备的偏差情况、损坏程度以及买方所遭受损失的金额，经买卖双方商定降低合同设备的价格。

（2）用符合合同规定的规格、质量和性能要求的新零件、部件和/或设备替换存在缺陷的零件、部件和/或设备，或者对存在缺陷的零件、部件和/或设备进行修复，卖方应承担一切费用和风险，并赔偿买方蒙受的全部直接损失。同时，卖方应相应延长所更换货物的质量保证期。

（3）如果买方提出退货要求并向卖方发出书面通知，卖方必须在收到书面通知后一个月内，根据买方要求办理退货手续，将书面通知中要求的货物运出项目施工现场，将相应的货款退还给买方，并且承担由此造成的全部损失和费用（包括利息、银行手续费、运杂费、保险费、检验费、仓储费、装卸费、买方及其人员因退货造成的误工损失、买方因为退货导致工程延期产生的损失、为看管和保护退回合同设备所需的其他必要费用等）。

16.2 如果在买方发出索赔通知后 14 日内，卖方没有书面答复买方，索赔通知的内容视为已被卖方接受。在买方发出索赔通知后 14 日内或买方同意的延长期限内，如果卖方未能按照合同条款规定的方法解决索赔事宜，买方将从应支付合同款或从卖方开具的履约保证金中扣回索赔金额，不足部分将继续向卖方追索，必要时将通过法律程序追索。

17 使用合同文件和资料

17.1 未经对方当事人书面同意，合同当事人不得将对方当事人提供的合同条文、规格、计划、图纸、模型、样品或与合同有关的资料泄露给予履行合同无关的第三方。

18 知识产权

18.1 卖方应保证买方不承受由于使用了卖方提供的合同设备的设计、工艺、方案、技术资料、商标、专利等而产生侵权，若有任何侵权行为，卖方必须承担由此产生的一切索赔和责任。

19 变更指令

19.1 根据合同条款的有关规定，买方可以在任何时候向卖方发出书面指令，在本合同范围内变更下列内容中的一项或几项：

（1）专为买方制造的货物的图纸、设计或规格；

（2）货物运输或包装的方法；

（3）交货地点或交货进度；

（4）卖方提供的服务；

（5）货物的原产地。

19.2 如果上述变更使卖方履行合同义务的费用或时间发生变化，卖方可以要求对合同价和/或交货时间或两者同时进行合理的调整，同时修改合同中的相关内容。卖方根据本条进行调整的要求必须在收到买方的变更指令后 30 日内提出。但因卖方自身原因导致的上述变更，卖方无权提出合同价或交货时间的调整。

19.3　如果卖方提出第 19.1 中的变更，必须获得买方同意，如果导致合同价格增加，增加的款项由卖方承担；如果导致合同价格减少，减少的款项由买方扣回。

20　合同的修改

除合同条款第 19 条规定的情况外，合同条款不得变更或修改，除非双方同意并签订书面的补充协议。

21　转让

未经买方书面许可，卖方不得转让其应履行的全部或部分合同义务。

22　分包与外购

22.1　卖方未经买方同意不得将本合同范围内的组件设备/零部件进行分包（包括主要部件外购）。卖方需分包的内容和比例应在不影响供货进度和质量要求的前提下，事先征得买方签字确认。分包必须按合同规定进行，如需变更，须经买方事先同意。分包并不解除卖方履行本合同的义务和应承担的责任。分包及外购内容见本合同附件一。

22.2　卖方须按合同规定进行材料或设备部件的采购，如需变更，须经买方同意。

22.3　卖方对所有分包设备、部件承担本合同项下的全部责任。

23　卖方履约延误

23.1　卖方应按照合同规定的时间表交货和提供服务。

23.2　在履行合同过程中，如果卖方及其分包人遇到妨碍按时交货和提供服务的情况，应及时以书面形式将延误的事实、原因、预计延误的时间通知买方。买方在收到卖方通知后，将对情况进行评估，确定是否同意延长交货时间以及是否收取误期赔偿费。延期应通过修改合同的方式由双方认可。

23.3　除了合同条款第 24 条的情况外，除非拖延是根据合同条款的规定取得买方同意而不收取误期赔偿费之外，卖方延误交货，买方将按合同条款的规定收取误期赔偿费。

24　误期赔偿和违约赔偿

24.1　除合同条款第 23 条规定的情况外，如果卖方未能按照合同规定的时间交货和提供服务，买方有权从付款中或履约保证金中扣除相应金额用于支付误期赔偿费。迟交货的宽限期为 3 天，迟交货 3 天以内（含 3 天），卖方无须支付违约金；迟交 4—7 天，则每天扣除的违约金额为该批次交货设备金额的 1%；迟交 8—10 天，则每天罚款金额为该批次交货设备金额的 2%；迟交 10 天以上，则每天罚款金额为该批次交货设备金额的 4%。误期赔偿费的最高限额为合同总价的 5%。卖方向买方支付误期赔偿费不能免除其继续提供迟交合同设备和服务的责任和义务。任何一批货物的交付误期超过 28 日的，买方可以终止合同，并且卖方仍有义务支付上述误期赔偿费。

24.2 卖方应严格按照附件的规定提供技术资料。如果卖方不能在规定的时间内提供要求的技术资料，卖方有责任向买方支付每日五千元人民币的误期赔偿费。卖方向买方支付误期赔偿费不能免除其继续提供迟交技术资料的责任和义务。

24.3 卖方应保证所提供的合同项下的合同设备满足附件中性能保证值的要求。如果由于卖方的责任，有合同设备不满足附件三规定的性能保证值，卖方应支付违约赔偿金。

（1）质量保证期内的设备可利用率的考核

晶体硅组件衰减率在首年内不高于 2%，2 年内不高于 3.2%，5 年内不高于 5%，10 年内不高于 8.8%，25 年内不高于 20%。质保期内光伏组件的年故障率不得高于 0.1%。

若卖方在投标文件中承诺的可利用率高于上述标准时，以承诺的可利用率为准。若当年考核不合格，则视为卖方违约，并赔偿买方实际损失发电量的售电收入。

（2）功率曲线的考核

卖方应提供由权威机构认证的合同设备的标准功率曲线，并保证功率曲线的真实正确。保证功率曲线符合合同指标，卖方提供的功率曲线与现场实测功率曲线的误差不得大于 5%。若达不到合同的要求，将按违约处理，并赔偿买方的实际电量损失的售电收入。如果组件单元功率曲线负偏差超过 10%，买方有权利要求卖方更换该单元组件，由此产生的费用由卖方负担。

（3）其他指标的考核

在质量保证期内，若设备未达到质量保证指标，将按下列方式计算罚金数额（以下指标按年度考核）。

表 4-1 其他指标的考核

保证内容	保证指标	罚金
故障率	≤0.01%	保证值 0.01%，每大于保证值 0.01 个百分点赔偿全场组件价格的 1%。
组件转换效率	≥（卖方填写）%	抽检率为 3‰，每小于保证值 1 个百分点赔偿全场组件价格的 1%。
入库抽检不合格率	0%	抽检率为 3‰。性能保证值合格率应为 100%，每项低于保证值，赔偿全场组件价格的 0.1%。

由买方提出，买方和卖方共同进行性能保证值的考核，卖方在买方提出要求后 30 日内不进行考核的，买方有权自行进行考核，考核结果对卖方有约束力。双方共同考

核的情况下，如果对考核结果有异议，双方共同请第三方来验证。如果30日内无法确定一个共同认可的第三方，买方有权自行聘请有资质的第三方，第三方的考核是最终的考核。聘请第三方的费用双方分担。

24.4 如果合同设备的可靠性运行被延误，合同双方应作详细记录，分清责任。如果延误由卖方原因造成，卖方应按下述比例支付工期延误违约金：

（1）从延误的第一周到第四周，每天违约金为合同设备金额的0.03%；

（2）从延误的第五周到第八周，每天违约金为合同设备金额的0.06%；

（3）从延误的第九周起，每天违约金为合同设备金额的0.08%。

违约金的支付不能免除卖方继续履行合同项下在安装、调试、性能试验、可靠性运行期间的义务。买方将根据卖方要求协助卖方补救工期的延误，因此所产生的成本和费用将由卖方负担。

24.5 买卖双方约定本合同违约金数额最高为合同总价的15%。

24.6 卖方未履行合同、严重违约，发生质量、安全事故或其他重大事件，买方及上级单位可根据内部管理制度将其列入不合格供货商。

25 违约终止合同

25.1 买方对卖方违约而采取的任何补救措施并不影响买方在出现下述情况之一时向卖方发出书面违约通知书提出终止部分或全部合同。

（1）卖方未能在合同规定的期限内或买方根据合同同意延长的期限内提供部分或全部货物。

（2）卖方未能履行合同规定的其他义务。

（3）卖方在本合同的竞争和实施过程中有贿赂、欺诈等不正当行为。前述“贿赂”是指提供、给予、接受或索取任何有价值的物品试图影响买方在采购过程或合同实施过程中的决策或行为；“欺诈”是指为了影响采购过程或合同实施过程而虚假陈述或隐瞒重要事实，损害买方利益的行为。

25.2 如果买方终止了部分或全部合同，买方可以依其认为适当的条件和方法购买与未交合同设备类似的替代的合同设备或服务，卖方应承担买方因购买替代设备或服务而发生的额外费用，并且卖方应继续执行合同中未终止的部分。

25.3 买卖双方当事人任何一方违约，对方当事人都可以要求违约方承担违约责任。

26 不可抗力

26.1 如发生不可抗力事件，受事件影响的一方应在3天以内将所发生的不可抗力事件的情况以传真通知另一方，并在7天内通过邮件特快专递将有关当局出具的证明文件提交给另一方审阅确认。

26.2　如不可抗力事件延续到 60 天以上时，双方应通过友好协商解决合同继续履行的问题。

26.3　发生事件的一方应采取一切合理的措施以减少由于不可抗力所导致的拖期。

26.4　当不可抗力事件终止或事件消除后，受事件影响的一方应尽快以传真通知另一方，并以邮件特快专递证实。

27　因破产而终止合同

27.1　如果卖方破产或无清偿能力时，买方可在任何时候用书面通知卖方终止合同而不对卖方进行任何补偿。但上述合同的终止并不损坏或影响买方采取或将采取行动或补救措施的任何权力。

28　因买方的便利而终止合同

28.1　任何时候，买方都可以出于自身的便利而向卖方书面通知终止全部或部分合同，终止合同的书面通知应明确该合同终止是出于买方的便利，并明确合同终止的具体内容以及终止的生效日期。

28.2　对卖方在收到终止通知后 30 日内已完成并准备装运的货物，买方应按合同价格和条款接收。其余货物的采购，买方可以取消并按双方商定的金额向卖方支付部分完成的合同设备和服务以及卖方以前已经采购的材料和部件的费用，或者买方仅对部分合同设备按照原来的合同价格和条款予以接受。

29　争议的解决

29.1　合同双方在履行合同中发生争议的，友好协商解决。协商不成的，诉讼解决。

29.2　在诉讼期间，除正在进行诉讼的部分外，本合同的其他部分应继续执行。

30　合同语言

本合同语言为中文。

31　适用法律

本合同适用中华人民共和国的法律。

32　通知

32.1　本合同一方当事人发给对方当事人的通知，应采用书面形式送达对方当事人。

32.2 通知书注明生效日期的以通知书记载的日期为生效日期，没有注明生效日期的以通知到达对方当事人的日期为生效日期。

33 税费

33.1 中国政府根据现行税法对买方征收的与本合同有关的一切税费均由买方承担，中国政府根据现行税法对卖方征收的与本合同有关的一切税费均由卖方承担。

33.2 本合同价格为含税价格。卖方提供的设备、技术资料、服务、运输、保险、进口设备/部件等所有税费（含进口环节税费）已经全部包含在合同价格内，由卖方承担。

33.3 增值税专用发票

（1）乙方应按照结算款项金额向甲方提供符合税务规定的增值税专用发票，甲方在收到乙方提供的合格增值税专用发票后支付款项。

（2）乙方应确保增值税专用发票真实、规范、合法，如乙方虚开或提供不合格的增值税专用发票，造成甲方经济损失的，乙方承担全部赔偿责任，并重新向甲方开具符合规定的增值税专用发票。

（3）合同变更如涉及增值税专用发票记载项目发生变化的，应当约定作废、重开、补开、红字开具增值税专用发票。如果收票方取得增值税专用发票尚未认证抵扣，收票方在开票之日起180天内退回原发票，则可以由开票方作废原发票，重新开具增值税专用发票；如果原增值税专用发票已经认证抵扣，则由开票方就合同增加的金额补开增值税专用发票，就减少的金额依据收票方提供的红字发票信息表开具红字增值税专用发票。

34 履约担保

34.1 卖方应在合同签订前（中标通知书发出后30天内）向买方提交总额为合同总价百分之十（10%）的履约保证金。

34.2 履约担保用于补偿买方因卖方未完成其合同义务而蒙受的损失。

34.3 履约担保的款项采用人民币，可以是买方接受的在中华人民共和国注册和营业的银行采用招标文件提供的格式或买方接受的其他格式出具的银行保函、银行汇票、保兑支票或现金。

34.4 在卖方全面履行合同，签发预验收证书后30日内，买方将退还履约担保。

35 合同生效及其他

35.1 本合同在双方法定代理人或者委托代理人签字、盖章，且买方收到卖方提交的履约保证金后生效。

35.2　本合同有效期：从合同生效之日起到签发"最终验收证书"，且双方全部义务履行完毕为止。

35.3　本合同正本一式两份，买卖双方各执一份，副本十份，买卖双方各执五份。

35.4　法定地址

买方：_____　　卖方：_____

地址：_____　　地址：_____

传真：_____　　传真：_____

电话：_____　　电话：_____

附件一：供货范围和价格表

根据第八章"投标文件格式"中的文件五"投标报价表"的内容填写。

附件二：合同设备描述概要表

序号	名称	主要技术规范	数量	包装	每件尺寸（cm³）（长×宽×高）	每件重量（t）	总重量（t）	交货时间
1								
2								
3								
4								
5								
6								
7								
8								
……								

附件三：设备特性和性能保证值

根据第八章"投标文件格式"中文件六"技术方案"的附件一的内容编写。

附件四：交货批次及进度要求

1. 交货说明

（1）设备交货顺序要满足工程进度的要求。

（2）卖方在投标时可根据自己的实际情况，提出详细的供货顺序和进度。

（3）交货进度表中序号应与供货清单序号一致。

（4）为了使交货便于工地的储存保管，除非经过买方批准，所有交货不得比规定交货日期提前15天。

2. 交货批次

根据第八章"投标文件格式"中文件六"技术方案"的附件五的内容填写下表。

序号	批次	名称	型号及规格	单位	数量	交货时间	交货地点
1	第一批						
2	第二批						
3	第三批						
……	……						

附件五：履约保函格式

履约保函

致：（受益人）

鉴于本保函的申请人（以下简称"申请人"）与贵方于＿＿＿＿年＿＿＿＿月＿＿＿＿日签订了编号为＿＿＿＿的《＿＿＿》（或申请人收到项目的《中标通知书》，即将与贵方签订）（以下简称"基础合同"）。

为了保证申请人充分履行其在基础合同项下的义务，应申请人的申请和指示，我行，即＿＿＿＿（以下简称"本行"），兹出具以贵方为受益人的本履约保函，其性质为见索即付的独立保函，适用国际商会《见索即付保函统一规则》。本行于此无条件地、不可撤销地保证本行向贵方承担偿付总额最高不超过人民币（大写）＿＿＿＿元（￥＿＿＿）（此数额即为本保函的担保限额）的担保责任，并约定如下：

一、本行无条件且不可撤销地承诺：一旦贵方向本行提交符合下列条件的索偿通知，本行将在收到该索偿通知后＿＿＿＿个银行工作日内无条件地将贵方索偿的款项一次性付往贵方在该索偿通知中指定的贵方账户：（1）贵方在索偿通知中声明申请人未能完全适当地履行基础合同项下的义务及/或责任，并引述申请人所违反的基础合同条款原文；（2）索偿通知由贵方以书面信函（须注明作成日期并加盖贵方公章）方式出具，注明基础合同的编号（如有）和名称及本保函的编号。

二、索偿通知应在本保函的有效期内送达本行。索偿款项应以人民币计算并表示为确定不变的数额。在本保函的有效期内及担保限额内，贵方可以一次或分多次提出索偿，但贵方提出索偿的累计金额不得超过本保函的担保限额。本保函的担保限额根据本行向贵方履行的偿付金额而自动递减。

三、本保函项下已签订基础合同的，自开立之日起生效（即将签订基础合同的，自签订基础合同之日起生效），至＿＿＿＿年＿＿＿＿月＿＿＿＿日（该日为非银行营业日时则以该日之前的最后一个银行营业日为准）本行对公营业时间结束时或正本退回我行之日（以两者之较早的日期为准）有效期届满。在有效期届满时本保函即自动失效，对本行不再具有任何约束力。

四、本保函的效力以及本行在本保函项下对贵方承担的义务和责任是完全独立的，并不取决于任何交易、合同/协议、承诺（包括但不限于基础合同）的存在或有效性，也不取决于本保函中未列明的任何条款或条件，并且不受对基础合同及/或贵方与申请人之间的任何协议所作的任何变更、补充、终止或提前/延迟终止的影响。

五、本保函项下的任何权利、利益和收益均不得转让，也不得转移。

备注：卖方在获得买方书面同意后，可采用银行提供的保函格式，其主要内容须与本保函内容原则一致，且必须保证保函为无条件的、不可撤销的保函。

保函开立银行：（盖单位章）

法定代表人/主要负责人（或其委托代理人）：（签字）

保函开立日期：　　年　月　日

附件六：预付款保函格式

预付款保函

致：（受益人）

鉴于本保函的申请人（以下简称"申请人"）与贵方于＿＿＿＿＿年＿＿＿＿＿月＿＿＿＿＿日签订了编号为＿＿＿＿＿的《＿＿＿＿＿》（以下简称"基础合同"）。根据基础合同约定的条件，贵方将在收到向贵方出具的银行保函后向申请人预付相当于合同总价之＿＿＿＿＿％的款项人民币（大写）＿＿＿＿＿元（￥＿＿＿＿＿）（即预付款）。

为了保证申请人按照基础合同约定使用预付款，应申请人的申请和指示，我行，即＿＿＿＿＿（以下简称"本行"），兹出具以贵方为受益人的本预付款保函，其性质为见索即付的独立保函，适用国际商会《见索即付保函统一规则》。本行于此无条件地、不可撤销地保证本行向贵方承担偿付总额最高不超过人民币（大写）＿＿＿＿＿元（￥＿＿＿＿＿）（此数额即为本保函的担保限额）的担保责任，并约定如下：

一、本行无条件且不可撤销地承诺：一旦贵方向本行提交符合下列条件的索偿通知，本行将在收到该索偿通知后＿＿＿＿＿个银行工作日内无条件地将贵方索偿的款项一次性付往贵方在该索偿通知中指定的贵方账户：（1）贵方在索偿通知中声明申请人未按照基础合同约定使用预付款，也未退回预付款；（2）索偿通知由贵方以书面信函（须注明作成日期并加盖贵方公章）方式出具，注明基础合同的编号（如有）和名称及本保函的编号。

二、索偿通知应在本保函的有效期内送达本行。索偿款项应以人民币计算并表示为确定不变的数额。在本保函的有效期内及担保限额内，贵方可以一次或分多次提出索偿，但贵方提出索偿的累计金额不得超过本保函的担保限额。本保函的担保限额根据本行向贵方履行的偿付金额而自动递减。

三、本保函自贵方将预付款支付给申请人之日起生效，至＿＿＿＿＿年＿＿＿＿＿月＿＿＿＿＿日（该日为非银行营业日时则以该日之前的最后一个银行营业日为准）本行对公营业时间结束时或正本退回我行之日（以两者之较早的日期为准）有效期届满。在有效期届满时本保函即自动失效，对本行不再具有任何约束力。

四、本保函的效力以及本行在本保函项下对贵方承担的义务和责任是完全独立的，并不取决于任何交易、合同/协议、承诺（包括但不限于基础合同）的存在或有效性，也不取决于本保函中未列明的任何条款或条件，并且不受对基础合同及/或贵方与申请人之间的任何协议所作的任何变更、补充、终止或提前/延迟终止的影响。

五、本保函项下的任何权利、利益和收益均不得转让，也不得转移。

备注：卖方在获得买方书面同意后，可采用银行提供的保函格式，其主要内容须与本保函内容原则一致，且必须保证保函为无条件的、不可撤销的保函。

保函开立银行：（盖单位章）

法定代表人/主要负责人（或其委托代理人）：（签字）

保函开立日期：　　年　月　日

附件七：质量保函格式

质量保函

致：（受益人）

鉴于本保函的申请人（以下简称"申请人"）与贵方于＿＿＿＿年＿＿＿＿月＿＿＿＿日签订了编号＿＿＿＿为的《＿＿＿》（以下简称"基础合同"）。为了保证申请人充分履行其在基础合同项下的质量保证义务，应申请人的申请和指示，我行，即＿＿＿（以下简称"本行"），兹出具以贵方为受益人的本履约保函，其性质为见索即付的独立保函，适用国际商会《见索即付保函统一规则》。本行于此无条件地、不可撤销地保证本行向贵方承担偿付总额最高不超过人民币（大写）＿＿＿＿元（¥＿＿＿＿）（此数额即为本保函的担保限额）的担保责任，并约定如下：

一、本行无条件且不可撤销地承诺：一旦贵方向本行提交符合下列条件的索偿通知，本行将在收到该索偿通知后＿＿＿个银行工作日内无条件地将贵方索偿的款项一次性付往贵方在该索偿通知中指定的贵方账户：（1）贵方在索偿通知中声明申请人未能履行或者承担合同质量保证期内的任何义务或任何责任，并引述申请人所违反的基础合同条款原文；（2）索偿通知由贵方以书面信函（须注明作成日期并加盖贵方公章）方式出具，注明基础合同的编号（如有）和名称及本保函的编号。

二、索偿通知应在本保函的有效期内送达本行。索偿款项应以人民币计算并表示为确定不变的数额。在本保函的有效期内及担保限额内，贵方可以一次或分多次提出索偿，但贵方提出索偿的累计金额不得超过本保函的担保限额。本保函的担保限额根据本行向贵方履行的偿付金额而自动递减。

三、本保函自开立之日起生效，至＿＿＿＿年＿＿＿＿月＿＿＿＿日（该日为非银行营业日时则以该日之前的最后一个银行营业日为准）本行对公营业时间结束时或正本退回我行之日（以两者之较早的日期为准）有效期届满。在有效期届满时本保函即自动失效，对本行不再具有任何约束力。

四、本保函的效力以及本行在本保函项下对贵方承担的义务和责任是完全独立的，并不取决于任何交易、合同/协议、承诺（包括但不限于基础合同）的存在或有效性，也不取决于本保函中未列明的任何条款或条件，并且不受对基础合同及/或贵方与申请人之间的任何协议所作的任何变更、补充、终止或提前/延迟终止的影响。

五、本保函项下的任何权利、利益和收益均不得转让，也不得转移。

保函开立银行：（盖单位章）

法定代表人/主要负责人（或其委托代理人）：（签字）

保函开立日期：　　年　　月　　日

附件八：廉洁协议格式

廉洁协议

甲方（发包人）：＿＿＿＿＿＿＿＿＿＿＿＿

乙方（承包人）：＿＿＿＿＿＿＿＿＿＿＿＿

为了防范和控制＿＿＿＿＿＿＿＿＿＿＿合同（合同编号：＿＿＿＿＿＿＿＿）商订及履行过程中的廉洁风险，维护正常的市场秩序和双方的合法权益，根据反腐倡廉相关规定，经双方商议，特签订本协议。

一、甲乙双方责任

1. 严格遵守国家的法律法规和廉洁从业有关规定。

2. 坚持公开、公正、诚信、透明的原则（国家秘密、商业秘密和合同文件另有规定的除外），不得损害国家、集体和双方的正当利益。

3. 定期开展党风廉政宣传教育活动，提高从业人员的廉洁意识。

4. 规范招标及采购管理，加强廉洁风险防范。

5. 开展多种形式的监督检查。

6. 发生涉及本项目的不廉洁问题，及时按规定向双方纪检监察部门或司法机关举报或通报，并积极配合查处。

二、甲方人员义务

1. 不得索取或接受乙方提供的利益和方便。

（1）不得索取或接受乙方的礼品、礼金、有价证券、支付凭证和商业预付卡等（以下简称礼品礼金）。

（2）不得参加乙方安排的宴请和娱乐活动，不得接受乙方提供的通信工具、交通工具及其他服务。

（3）不得在个人住房装修，婚丧嫁娶，配偶、子女和其他亲属就业、旅游等事宜中索取或接受乙方提供的利益和便利；不得在乙方报销任何应由甲方负担或支付的费用。

2. 不得利用职权从事各种有偿中介活动，不得营私舞弊。

3. 甲方人员的配偶、子女、近亲属不得从事与甲方项目有关的物资供应、工程分包、劳务等经济活动。

4. 不得违反规定向乙方推荐分包商或供应商。

5. 不得有其他不廉洁行为。

三、乙方人员义务

1. 不得以任何形式向甲方及相关人员输送利益和方便。

（1）不得向甲方及相关人员行贿或馈赠礼品礼金。

（2）不得向甲方及相关人员提供宴请和娱乐活动，不得为其购置或提供通信工具、交通工具及其他服务。

（3）不得为甲方及相关人员在住房装修，婚丧嫁娶，配偶、子女和其他亲属就业、旅游等事宜中提供利益和便利；不得以任何名义报销应由甲方及相关人员负担或支付的费用。

2. 不得有其他不廉洁行为。

3. 积极支持配合甲方调查问题，不得隐瞒、祖护甲方及相关人员的不廉洁问题。

四、责任追究

1. 按照国家、上级机关和甲乙双方的有关制度和规定，以甲方为主、乙方配合，追究涉及本项目的不廉洁问题。

2. 建立廉洁违约罚金制度。廉洁违约罚金的额度为合同总额的 1％（不超过 50 万元）。如违反本协议，根据情节、损失和后果按以下规定在合同支付款中进行扣减。

（1）造成直接损失或不良后果，情节较轻的，扣除 10％～40％廉洁违约罚金；

（2）情节较重的，扣除 50％廉洁违约罚金；

（3）情节严重的，扣除 100％廉洁违约罚金。

3. 廉洁违约罚金的扣减：由合同管理单位根据纪检监察部门的处罚意见，与合同进度款的结算同步进行。

4. 对积极配合甲方调查，并确有立功表现或从轻、减轻违纪违规情节的，可根据相关规定履行审批手续后酌情减免处罚。

5. 上述处罚的同时，甲方可按照中国长江三峡集团有限公司有关规定另行给予乙方暂停合同履行、降低信用评级、禁止参加甲方其他项目等处理。

6. 甲方违反本协议，影响乙方履行合同并造成损失的，甲方应承担赔偿责任。

五、监督执行

1. 本协议作为项目合同的附件，由甲乙双方纪检监察部门联合监督执行。

2. 甲方举报电话：＿＿＿＿＿＿＿＿；乙方举报电话：＿＿＿＿＿＿＿＿。

六、其他

1. 因执行本协议所发生的有关争议，适用主合同争议解决条款。

2. 本协议作为＿＿＿＿＿＿＿＿合同的附件，一式四份，双方各执两份。

3. 双方法定代表人或授权代表在此签字并加盖公章，签字并盖章之日起本协议生效。

甲方：（盖章）　　　　　　　　　　乙方：（盖章）

法定代表人（或授权代表）：　　　　法定代表人（或授权代表）：

附件九：卖方须遵守的中国长江三峡集团有限公司有关管理制度

卖方应该本着诚实信用的原则履行合同，并遵守以下中国长江三峡集团有限公司有关管理制度：

1. ……

2. ……

……

附件十：合同协议书格式

合同协议书

合同号：＿＿＿＿＿＿＿＿

日　期：＿＿＿＿＿＿＿＿

中　国：＿＿＿＿＿＿＿＿

　　＿＿＿＿＿＿公司（以下简称"买方"）为一方和＿＿＿＿＿＿公司（以下简称"卖方"）为另一方同意按下述条款签署本合同（以下简称"合同"）：

1. 合同文件

下述文件组成本合同不可分割的部分，合同中的词语和术语的含义与合同条款中的定义相同。

1）合同协议书及附件（含评标和合同签订期间的澄清文件，如果有）。

2）合同条款。

3）合同技术标准和要求。

4）合同附件：

（1）供货范围和价格表；

（2）合同设备描述概要表；

（3）设备特性和性能保证值；

（4）交货批次及进度要求；

（5）履约保函；

（6）预付款保函；

（7）质量保函；

（8）廉洁协议。

5）中标通知书。

6）招标文件。

7）投标文件。

8）组成合同的其他文件。

上述文件应认为是互为补充和解释的，但如有模棱两可或互相矛盾处，以上面所列顺序在前的为准，当顺序相同时以时间在后的为准。

2. 合同范围和条件

本合同范围和条件应与上述规定的合同文件一致。

3. 合同设备和数量

本合同项下所供合同设备和数量详见<u>附件一价格表</u>及<u>附件二合同设备描述概要表</u>。

4. 合同金额

合同总金额为_____。其分项价格详见附件一。

5. 合同设备的支付条件、交货时间和交货地点以及合同生效等详见合同文件。

6. 本合同用中文书写，正本两份，买方、卖方各执一份；副本十份，买方五份，卖方五份。

7. 本合同附件一至附件九为本合同不可分割的组成部分，与合同正文具有同等效力。

8. 双方任何一方未取得另一方同意前，不得将本合同项下的任何权利和义务转让给第三方。

买方名称（签章）：_____　　　　卖方名称（签章）：_____

买方授权代表（签字）：_____　　　　卖方授权代表（签字）：_____

　　　　日期：_____年___月___日　　　　　　　签约地点：_____

第五章　设备采购清单

1　设备采购清单说明

本设备采购清单应与招标文件中的投标人须知、合同条款、合同附件、技术标准和要求等一起阅读和理解。

2　投标报价说明

投标人应按本招标文件规定及本清单的内容和格式要求，结合本招标文件所有条款及条件的要求，完整填写报价表中各项目的工地交货单价、工地交货合价、小计、合计等所有要求填写的内容。凡未填写单价和合价的项目，则认为完成该项目所需一切费用（包括全部成本、合理利润、税费及风险等）均已包含在报价表的有关项目单价、合价及总报价中。

按本招标文件的规定，投标人的总报价应包括投标人中标后为提供所有合同设备、技术文件和服务及全面履行合同规定的否决责任和义务所需发生的全部费用，包括设计、制造及所需材料和部件的采购，成套，工厂检验，包装，保管，运输及保险，交货，工地开箱检验，技术文件，设计联络会，工厂见证，出厂验收，工厂培训，质量保证，技术服务，协调、配合项目主管部门主持的工程专项验收、竣工验收等费用，并包括除合同另有规定以外的应由卖方承担的一切风险（包括物价和汇率等的变化）所需全部费用。

报价表中的出厂价中均已包含其相应设备的制造及所需材料和部件的采购、成套、工厂检验、包装、技术文件等全部成本，合理利润和税费，以及合同规定应由卖方承担的其他义务、责任和风险（包括物价和汇率等的变化风险）等所需全部费用。

投标人应将所有报价表文字说明附在报价表中一并提交。

对于报价表中单位为"套"的设备、专用工器具、备品备件或部件等，应对每套中所包含的所有组成部分分项列出，并报出各分项所对应的价格。

本项目适用一般计税方法，增值税税率为 16％；投标人应按照"价税分离"方式进行报价；投标人应按照国家有关法律、法规和"营改增"政策的相关规定计取、缴纳税费，应缴纳的税费均包括在报价中；含增值税价格作为投标人评标价。

3　其他说明

4　设备采购清单及报价汇总表

表 5-1　设备采购清单及报价汇总表

序号	名称	规格型号	单位	数量	质量标准	工地交货单价（元）	工地交货合价（元）	备注
1	电池组件		块					
2	备品备件		块					
2.1	太阳能电池组件		块					
2.3	专用组件接插头		套					
2.4	……							
3	专用工具							
3.1	MC4 专用压线钳		把					
3.2	Fluke 数字万用表		个					
3.3	Fluke 钳形电流表		个					
3.3	Fluke 手持式红外线成像测温仪		个					
3.4	……							
4	技术服务							
5	……							
合计								

第六章　图纸

光伏场区地理位置图等（如有）。

第七章 技术标准和要求

（本技术标准和要求为多晶硅太阳电池组件技术规范，其他型式太阳电池组件技术标准及要求参照本章节内容修改）。

1 总则

1.1 本技术标准和要求提出了光伏发电设备的供货范围、设备的技术规格、遵循的技术标准以及其他方面的内容，适用于_____ 工程所需的光伏组件及其附属设备。投标人提供的设备技术规格须响应本技术规范所提出的技术规定和要求。

1.2 本招标书中提出了最低限度的技术要求，并未对一切技术细节规定所有的技术要求和适用的标准，投标人应保证提供符合本招标书和有关最新工业标准的优质产品及其相应服务。对国家有关安全、健康、环保等强制性标准，必须满足其要求。投标人提供的产品必须满足本招标书的要求。

1.3 投标人执行的标准与本规范所列标准有矛盾时，按较高标准执行。

1.4 中标后投标人应协同设计方完成深化方案设计、配合施工图设计，配合逆变器厂家进行系统调试和验收，并承担培训及其他附带服务。合同签订后 10 天内，投标人提出合同设备的设计、制造、检验/试验、装配、安装、调试、试运行、验收、运行和维护等采用的标准目录给招标人，由招标人确认。

1.5 本规范书要求投标人提供的文件和资料为中文版本。

2 技术标准和要求

2.1 概述

2.1.1 光伏组件采购清单

本技术标准和要求的目的是为满足 _____ 光伏组件设备采购及服务，采购范围见设备采购清单。

2.1.2 项目概况及运输条件

（1）概述

见招标公告和投标人须知。

（2）交通运输条件

见招标公告和投标人须知。

2.1.3 规范和标准

本技术规范书中设备的设计、制造应符合（但不限于）下列规范与标准：

（1）GB/T 11010－1989 光谱标准太阳电池；

（2）GB12632－90 单晶硅太阳能电池总规范；

（3）GB/T 16422.3－1997 塑料试验室光源暴露试验方法 第 3 部分：荧光紫外灯；

（4）GB/T 18912－2002 光伏组件盐雾腐蚀试验；

（5）GB/T 20047.1－2006 光伏（PV）组件安全鉴定 第 1 部分：结构要求；

（6）GB/T 2828.1－2012 计数抽样检验程序 第 1 部分：按接收质量限（AQL）检索的逐批检验抽样计划；

（7）GB/T 6495.1－1996 光伏器件 第 1 部分：光伏电流—电压特性的测量；

（8）GB/T 6495.2－1996 光伏器件 第 2 部分：标准太阳电池的要求；

（9）GB/T 6495.3－1996 光伏器件 第 3 部分：地面用光伏器件的测量原理及标准光谱辐照度数据；

（10）GB/T 6495.4－1996 晶体硅光伏器件的 I－V 实测特性的温度和辐照度修正方法；

（11）GB/T 6495.5－1997 光伏器件 第 5 部分：用开路电压法确定光伏（PV）器件的等效电池温度（ECT）；

（12）GB/T 6495.7－2006 光伏器件 第 7 部分：光伏器件测量过程中引起的光谱失配误差的计算；

（13）GB/T 6495.8－2002 光伏器件 第 8 部分：光伏器件光谱响应的测量；

（14）GB/T 6495.9－2006 光伏器件 第 9 部分：太阳模拟器性能要求；

（15）GB/T 6495.10－2012 光伏器件 第 10 部分：线性特性测量方法；

（16）GB/T 6497－1986 地面用太阳电池标定的一般规定；

（17）GB/T 9535－1998 地面用晶体硅光伏组件 设计鉴定和定型；

（18）GB/T 14007－1992 陆地用太阳能电池组件总规范；

（19）GB/T 14009－1992 太阳能电池组件参数测量方法；

（20）IEC 61345－1998 太阳能电池组件的紫外试验；

（21）SJ/T 9550.29－1993 地面用晶体硅太阳电池单体 质量分等标准；

（22）SJ/T 9550.30－1993 地面用晶体硅太阳能电池组件 质量分等标准；

（23）SJ/T 11061－1996 太阳电池电性能测试设备检验方法

（24）SJ/T 11209－1999 光伏器件第 6 部分 标准太阳能电池组件的要求；

（25）IEC 60068－2－68－1994 环境试验 第 2 部分：试验．试验 L：防尘和防砂；

（26）IEC 61215－2005 地面用晶体硅光伏组件设计鉴定和定型；

（27）IEC 61701－2011 光伏组件盐雾腐蚀试验；

（28）IEC 61730－2：2004 光伏组件安全鉴定 第 2 部分：试验要求；

（29）IEC 62716 光伏组件氨气试验；

（30）IEC 62759 光伏组件运输震动试验；

（31）IEC 62782 动态载荷试验；

（32）IEC 62804 晶体硅组件系统电压耐久测试。

当上述标准及行业其他标准更新时，按照最新标准执行。其他未注标准按国际、国内行业标准执行。投标人应将采用的相应标准和规范的名称及版本在标书中注明。

2.2 技术要求

2.2.1 一般要求

太阳能电池组件作为光伏电站的主要设备，应不低于 Q/CTG 45—2015《地面用晶体硅光伏组件选型技术规范》（附录 A）中外观要求，性能要求，测试认证要求，寿命、故障及衰减要求，关键原材料和零部件要求及制造工厂要求等具体要求，以及《光伏制造行业规范条件（2015 年本）》的要求。如附录 A、企业内控标准、《光伏制造行业规范条件（2015 年本）》要求不一致时，按照较高标准实施，质保期按照标书执行，对其他未提及的工艺均按照企业内控最高标准实施。

电池组件须分别按照 IEC 61215/IEC 61730 的标准要求，通过国家批准的认证机构和国际权威认证机构的认证，如果光伏组件原材料和零部件与获得认证产品不一致，须重新认证。

投标人应严格按照不低于 Q/CTG 46—2015《地面用晶体硅光伏组件监造技术规范》（附录 B）的基本要求对所提供的设备生产全过程进行质量监控和检测，保证投标人提供的设备功能完整、技术先进成熟，并能满足人身安全和劳动保护条件，在投标人提供的各种工况下均能满足安全和持续运行的要求。投标人用于生产和测试的设备必须处于正常工作状态，校准设备应有国家计量单位出具的计量证书；企业内部校准的设备，应能溯源到国家计量机构的计量结果。相关校准人员必须具有校准资质。如企业内控标准与附录 A 和附录 B 要求不符合时，按照较高标准实施，质保期按照标书执行，对其他未提及的工艺均按照企业内控最高标准实施。

投标人应按技术要求供应原厂制造、封装的成型产品。所供设备、材料必须是该品牌注册工厂根据该设备、材料的标准和规范进行设计，采用最先进的技术制造的未使用过的全新合格产品，是在投标时该生产厂家近年来定型投产的该规格型号最新的成熟产品。招标人不接受带有试制性质的太阳能电池组件及其组成部件。

以下技术条款（参数）是重要内容，不满足任何一条，将导致投标文件被否决。

*（1）初始安装的多晶硅组件在标准条件（大气质量 AM1.5、$1000W/m^2$ 的辐照度、25℃的电池工作温度）的全光照面积下（含组件边框面积）光电转换效率应不低于 15.5%。

*（2）要求晶体硅组件衰减率在首年内不高于 2%，2 年内不高于 3.2%，5 年内不高于 5%，10 年内不高于 8.8%，25 年内不高于 20%。

*（3）组件使用寿命不低于 25 年，质保期不少于 10 年。

2.2.2 其他要求

以下关键设备应按下述标准选择：

*（1）背板：背板满足双面氟膜的复合背板材料结构，背板材料至少为三层结构，氟膜厚度不低于 30 微米，PET 层厚度不低于 250 微米。厂家应在肯博（Krempel）、伊索（Isvoltaic）、台虹、SFC、康维明（COVERMES.P.A.）中选择。

（2）玻璃：非镀膜玻璃或不以二氧化硅为膜层主要成分的镀膜玻璃。

3 随机备品备件和专用工具

3.1 随机备品备件

供应光伏电池组件的同时，投标人应提供在品种上和数量上足够使用五年的随机备品备件，提供的备品备件的数量和品种应根据本项目的规模、项目所在地的自然环境特点以及投标人对合同设备的经验来确定。该备品备件及相应的清单应与光伏电池组件同时交付，并应按与投标书同时提交的备品备件价格表（含易耗品）实施。此备品备件作为采购人的存货。

3.2 随机备品备件的使用

投标人应及时负责免费更换质保期内的损坏部件。如果投标人用了采购人的随机备品备件存货，投标人应当对此及时补足，确保在质保期末，业主的备品备件存货得到充分补足。

对于五年内实际使用的随机备品备件品种和数量，超出清单范围的，也应在质保期末按实际用掉的数量免费补足。

3.3 备品备件额外的供应

五年后，业主如有需要，可按合同协议书附件提供的主要备品备件、工具和服务的单价向投标人购买。这些单价将被认作固定价格，但在质保期结束后可能增长，其最大增长率将按照价格调整公式（如果有）计算，如此计算所得的价格应看作是今后订货的最高单价。

在质保期结束后，如果投标人将停止生产这些零备件，应提前 6 个月通知业主，以便使业主做最后一次采购。在停产后，如果业主要求，投标人应在可能的范围内免费帮助业主获得备品备件的蓝图、图纸和技术规范。

3.4　随机备品备件的品质

所提供的全部备品备件应能与原有部件互相替换，其材料、工艺和构造均应相同。

备件应当是新的，而不是修理过的或翻新过的旧产品，投标人应当在五年末提供一份备品备件清单（带部件号，部件中、英文名称，部件型号，数量，单价），以便业主采购。

所有随机备品备件的包装和处理都要适用于工地长期贮存。每个备品备件的包装箱上都应有清楚的标志和编号。每一个箱子里都应有设备清单。当几个备品备件装在一个箱里时，则应在箱外给出目录，箱内附有详细清单。

4　技术性能保证值（投标人细化填写）

投标人可根据自己的情况，充分提供能够说明投标人的光伏电池组件技术性能的资料。

表 7 - 1　性能保证值（不仅限于以下数据）

序号	部件	单位	单晶数值	多晶数值
1	组件数据			
1.1	制造厂家/型号			
1.2	峰值功率	Wp		
1.3	功率公差	Wp		
1.4	组件转换效率	%		
1.5	开路电压	V		
1.6	短路电流	A		
1.7	工作电压	V		
1.8	工作电流	A		
1.9	串联电阻	Ω		
1.10	填充因数	%		
1.11	组件功率温度系数	%/K		
1.12	组件电压温度系数	%/K		
1.13	组件电流温度系数	%/K		
1.14	工作温度范围	℃		
1.15	工作湿度	%		
1.16	1 年功率衰减	%		
1.17	2 年功率衰降	%		
1.18	5 年功率衰降	%		
1.19	10 年功率衰降	%		

序号	部件	单位	单晶数值	多晶数值
1.20	25年功率衰降	%		
1.21	耐雹撞击性能	m/s		
1.22	耐风压	Pa		
1.23	静态荷载	Pa		
1.24	光伏组件尺寸结构	mm		
1.25	组件重量	kg		
1.26	最大系统电压	V		
1.27	组件使用年限	年		
2	玻璃数据			
2.1	生产厂家及型号			
2.2	玻璃厚	mm		
2.3	透光率	%		
2.4	含铁量	%		
2.5	耐静压	kg/m²		
3	电池片数据			
3.1	生产厂家及型号			
3.2	电池功率	Wp		
3.3	转化率	%		
3.4	短路电流	A		
3.5	开路电压	mV		
3.6	工作电流	A		
3.7	工作电压	mV		
3.8	少子寿命	μs		
3.9	氧浓度	atoms/cm³		
3.10	碳浓度	atoms/cm³		
3.11	电池尺寸	mm		
3.12	并联电阻	Ω		
3.13	漏电流电池片在承受反向12V电压时，反向漏电流	A		
3.14	电池片使用的浆料			
4	EVA数据			
4.1	生产厂家及型号			
4.2	密度	g/cm²		
4.3	交联度	%		
4.4	拉伸强度	MPa		
4.5	对玻璃剥离强度	N/cm²		

续表

序号	部件	单位	单晶数值	多晶数值
4.6	对背板剥离强度	N/cm²		
4.7	收缩率	%		
4.8	体电阻率	Ω·cm		
5	背板数据			
5.1	生产厂家及型号			
5.2	背板结构类型	/		
5.3	厚度	mm		
5.4	分层剥离强度	N/cm		
5.5	水蒸气透过率	g/m²d		
5.6	断裂伸长率（纵向和横向）	%		
5.7	击穿电压	V		
5.8	体电阻率	Ω·cm		
5.9	层间剥离强度	N/10mm		
5.10	背板/EVA剥离强度	N/10mm		
6	接线盒数据			
6.1	接线盒生产厂家及型号			
6.2	连接器生产厂家及型号			
6.3	导线生产厂家及型号			
6.4	最大承载工作电流	A		
6.5	最大耐压	V		
6.6	使用温度	℃		
6.7	最大工作湿度	%		
6.8	防护等级			
6.9	连接线规格	mm		
6.10	接触电阻	Ω		
6.11	二极管最大结温	℃		
7	涂锡带			
7.1	生产厂家及规格型号			
7.2	镀层成分			
7.3	铜基材电阻率	Ω·cm		
7.4	拉伸强度	MPa		
8	密封材料（含所有使用部位）			
8.1	生产厂家及型号			
8.2	表干时间	s		
8.3	固化速度	mm/h		

序号	部件	单位	单晶数值	多晶数值
8.4	拉伸强度	MPa		
8.5	体积电阻率	Ω·cm		
8.6	击穿电压强度	kV/mm		
8.7	剪切强度	MPa		
9	边框			
9.1	生产厂家及型号			
9.2	氧化膜厚度	mm		

表 7-2 光伏组件不同辐照度、不同温度下的功率（W）

辐照度	光谱	组件温度			
W/m²		15℃	25℃	50℃	75℃
1100	AM 1.5	N/A			
1000	AM 1.5				
800	AM 1.5				
600	AM 1.5				
400	AM 1.5				N/A
200	AM 1.5			N/A	N/A
100	AM 1.5			N/A	N/A

附件一：供货范围

1 一般要求

1.1 提供光伏电池组件设备及其所有附属设备和附件。

1.2 卖方应满足下列所述及本章第 2 条"技术标准和要求"中所提供货要求，但不局限于下列设备。

1.3 卖方应提供详细供货清单，清单中依次说明型号、数量、产地、生产厂家等内容。对于属于整套设备运行和施工所必需的部件，即使本附件未列出和/或数目不足，卖方仍须在执行合同时补足，且不发生费用问题。

1.4 卖方在交付光伏电池组件的同时应移交：每块光伏电池组件应有工厂测试数据，报告中必须标示出该板光伏组件的产品参数表、产品 I—V 特性曲线图、产品 EL 检测图像等资料。

1.5 卖方应在投标书中详细列出所供随机备品备件、专用工具清单。卖方承诺质保期满后，优惠服务五年，被更换备品备件的价格在五年内不提价，提供五年内的备品备件价格清单作为投标附件，但遇市场降价应随之降价。

1.6 卖方应向买方提供进口及外购设备的范围及清单，供买方审阅。买方有权决定进口或外购设备的范围。

1.7 投标书供货范围和设备配置如与采购文件要求不一致，应在差异表中明确，否则认为完全满足采购文件要求。

1.8 如需要，卖方应提供用以说明其供货范围的相关图纸资料。

1.9 卖方提供终身维修。买方发现问题通知卖方后，维修人员 48 小时内抵达现场。缺陷处理后，半个月内向买方提交分析报告。

2 工作范围

卖方应当完成下列工作：

1）生产和交货情况月报和工厂试验计划；

2）设计、制作、工厂试验、装箱、运输至项目场地（运输目的地的要求详见各电站的特殊要求）、交付、开箱检查；

3）提交设计、制造、运输、安装、使用、维护、维修的有关技术文件、资料和试验记录；

4）编制和提交工厂培训和现场培训的计划，并按计划对采购方人员进行安装、调试、运行和维护的培训；

5）编制和提交所供应的设备安装手册和运行维护手册；

6）编制和提交委派责任人实施的安装指导、现场试验、试运行和调试的工作计划，完成所有合同规定的试运行和调试工作，提交完整的试验和调试报告；

7）编制和提交所供设备相关的服务计划，并提供计划内的和非计划内的维护以及维修；

8）对业主负责安装的低压电缆的工作进行指导；

9）对设计、交付、检查和验收进行协调，以确保施工进度。

3 供货范围

3.1 整套光伏电池组件及组件间连接电缆和电连接器。

3.2 用于安装、调试、试运行、运行所供设备的专用工具及材料等。

3.3 用于五年质保期的备品备件（具体数量）和消耗品（质保责任期内卖方对所有消耗掉的随机备品备件和易耗部件全面补足）。提供推荐的清单和单价。

3.4 提供组件设备施工安装、调试、运行、维护所需要的全部技术文件资料、图纸。

3.5 提供光伏电池组件产品参数表、产品 I－V 特性曲线图、产品缺陷 EL 检测图像等资料。

3.6 提供光伏电池组件安装指导、调试等技术服务，以及运行人员的培训、质保期内的计划和非计划维修和保养等。

附件二：技术资料及交付进度

1 一般要求

1.1 卖方提供的资料应使用国家法定单位制即国际单位制，语言为中文，进口部件的外文图纸及文件应由卖方翻译成中文（免费）。

1.2 资料的组织结构清晰、逻辑性强。资料内容要正确、准确、一致、清晰完整，满足工程要求。

1.3 卖方提供的技术资料一般可分为投标报价阶段，配合工程设计阶段，设备监造检验，施工调试试运行、性能验收试验和运行维护等四个方面。卖方须满足以上四个方面的具体要求。

1.4 对于其他没有列入合同技术资料清单，却是工程所必需的文件和资料，一经发现，卖方也应及时免费提供。

1.5 卖方提供的图纸应清晰，不得提供缩微复印的图纸。

1.6 卖方提供资料的电子版本应为当时通用的成熟版本。

2 文件资料和图纸要求

卖方提供的资料应包括：光伏电池组件设计文件、产品质量保证、全部交付产品的电性能参数和组件产品 EL 检测图像资料以及控制文件、储运指导、安装文件、运行和维护手册、光伏组件的备品备件清单、培训计划和培训材料、调试计划、试验和调试报告、竣工资料、计划内的维护报告和特别维修报告、结束时的最终检查报告。所有的图纸都应是标准尺寸的，如：A0、A1、A2、A3 或 A4，并提供电子文档，电子文档应为 WORD2003、EXCEL、AUTOCAD。

3 投标报价阶段应提供的技术资料

卖方应与投标报价文件一起提交如下文件：

（1）光伏电池组件的说明；

（2）光伏电池组件性能参数文件；

（3）材料及零部件相关的文件；

（4）主要备品备件、工具和消耗品清单；

（5）安装、临时储存、施工场地等要求；

（6）由国家认定的第三方检测或认证机构提供的试验报告，应至少包括 IEC61215：2005 和 IEC61730－1：2004、IEC61730－2：2004 全项测试内容。

4 合同实施应提供的文件（2 份电子版＋2 份正本＋6 份副本）

合同实施过程中，中标人应提交如下文件（所有文件应采用中文版式）：

光伏电池组件设计、制造说明和用户使用手册，包括生产商、特性、型号和数量。

5 储运指导（2 份电子版＋2 份正本＋6 份副本）

中标人应提交在现场搬运、贮存和保管设备的详细说明文件，并附有图解、图纸和重量标示，应包括：

（1）各部件要求户外、户内、温度或湿度控制、长期或短期贮存的专门标志；

（2）户外、户内、温度或湿度控制、长期或短期贮存的空间要求；

（3）设备卸货、放置、叠放和堆放所要遵守的程序；

（4）长期和短期维护程序，包括户外贮存部件推荐的最长存期。

6　安装文件（10 套文件以及 2 套电子文档）

中标人应提供设备安装所需的所有资料，如（不仅限于此）：

（1）安装图纸和技术要求，安装步骤说明及安装材料清单；

（2）安装工具，分专用工具和一般工具；

（3）电缆布置图，包括端子图和外部连接图；

（4）设备安全预防措施。

7　随机备品备件清单（2 份电子版＋2 份正本＋6 份副本）

中标人应提供详细的备品备件清单，并给出订货时必需的数据，包括规格和价格。另外，还应提供一份能从独立的供应点获得的备品备件清单和/或消耗品清单，清单应提供直接购买所需的足够信息。

8　培训计划和培训材料

中标人应提供详细的培训计划，包括时间表和内容，作为草案供业主批复，并作为培训条款的最终版本。另外，适当的培训材料，如手册、图纸和散发材料等应在培训过程中提供。

9　试验和检测报告（2 份电子版＋2 份正本＋6 份副本）

中标人提供的所有要求的试验和调试记录和报告都应编写成试验和检测报告，并提交业主，包含但不限于 IEC61215：2005 和 IEC61730－1：2004、IEC61730－2：2004 全项测试内容。

10　竣工文件（2 份电子版＋2 份正本＋6 份副本）

中标人应在运行验收结束后，提交 10 套竣工文件及 5 套光盘。

竣工文件应包括业主的意见及设备在安装过程中的修改，其详细程度应能使业主对所有的设备进行维护，拆卸，重新安装和调试、运行。

竣工文件中还应有操作和维护手册，为了安全和全面地远程控制设备的运行，必须非常详尽，以能实现数据评价编程和显示图表。

11　资料和图纸交付时间

11.1　设计资料和安装详图及说明应在合同签订后 1 个月内提交。

11.2　每批货随机提交质量保证和组件缺陷测试图像资料、电性能参数资料以及质量控制文件。

11.3　每项培训前 4 周提交培训计划和培训材料。

11.4　在预验收前提交试验和调试报告。

11.5　在预验收后 30 天内提交竣工文件。

11.6　维护和维修报告在每项措施采取后 1 周内提交。

附件三：设备监造

1 概述

1.1 本附件用于合同执行期间对卖方所提供的设备（包括对分包、外购材料）进行工厂检验/试验、监造，确保卖方所提供的设备符合本章第 2 条"技术标准和要求"规定的要求。

2 设备监造

2.1 一般要求

买方监造代表将对卖方的合同设备进行监造。设备监造流程和内容按照不低于 Q/CTG 46—2015《地面用晶体硅光伏组件监造技术规范》（附录 B）的具体要求执行。

卖方应根据附录 B 对工厂质量控制的检查要求、设备包装和运输要求、电站施工现场要求提供监造所需的所有资料、检验/试验条件，并积极配合买方监造代表的监造工作。

买方监造代表的监造并不免除卖方对设备制造质量任何所应负的责任。

2.2 工厂检验

工厂检验是质量控制的一个重要组成部分。卖方必须严格进行厂内各生产环节的检验和试验。卖方提供的合同设备须签发质量证明、检验记录和测试报告，并且作为交货时质量证明文件的组成部分。

卖方检验的范围包括原材料和元器件的进厂，零部件的加工、组装全过程的检验和试验，直至出厂。

卖方检验的结果要满足技术规范书的要求，如有不符之处或达不到标准要求，卖方采取措施处理直至满足要求。如果在原组件规格型号上有设计变更，卖方须在实施前将变更方案书面提供给买方，并书面说明变更的原因、可能达到的效果及投入商业运行后可能造成的后果。卖方发生重大质量问题时将情况及时通知买方。

2.3 设备监造

买方监造代表对卖方工厂质量保证能力、原材料和零部件质量控制、生产工艺质量控制、过程检验和出厂检验质量控制、成品质量控制、包装运输、现场验收等环节进行检查、监督和测试。监造代表通过文件见证、现场见证、现场抽样测试、第三方测试等方式进行设备监造。对于检验测试的内容要求、抽样要求、接收标准、处理原则等，按照不低于附录 B 的要求执行。

卖方应至少在产品投料前 10 个工作日，通知买方监造代表进行驻厂监造，并以文件的形式通知买方及买方监造代表排产和供货计划，按附录 B 的监造要求和流程提供相关文件资料，并在产品投料前至少 5 个工作日召开首次会议，指定买方项目负责人，确定监造方案细节。

监造过程中买方监造代表有权查阅与监造设备有关的技术资料，卖方应积极配合并提供相关资料的复印件。买方监造代表有权随时到车间检查设备生产质量情况。卖方为买方监造代表提供专用办公室及通讯、生活方便。

卖方应严格按照排产和供货计划进行生产和供货。如因卖方原因造成生产及供货期延长，卖方应就延长日期对买方造成的损失进行赔偿，并承担因此造成的监造期延长的损失，监造补偿损失按照 3000 元/人·日计，所有费用应在延长期当日结算。

监造记录中对卖方设备生产、包装、运输等的不合格检验测试记录应被认作是买方向卖方对其负责的部分提出索赔的有效证明。

附件四：性能验收检验

1　概述

1.1　本附件用于对卖方所提供的光伏电池组件（包括分包外购零部件）进行性能验收检验，确保卖方所提供的光伏电池组件符合本章第 2 条"技术标准和要求"规定的要求。

1.2　性能验收检验的目的为了检验合同设备的所有性能是否符合本章第 2 条"技术标准和要求"规定的要求。

1.3　性能验收检验的地点由合同确定，一般为买方现场或卖方工厂。

1.4　性能验收检验由买方主持，卖方参加。检验大纲由买方提供，与卖方讨论后确定。如检验在现场进行，性能验收检验所需的就地仪表、仪器的装设应由委托第三方提供，卖方应派出技术人员配合；如检验在工厂进行，试验所需的人员、仪器和设备等由卖方提供。

1.5　性能验收包括验收检验和试运行两部分。

2　试运行（可靠性运行）

每发电单元组件应当按照《光伏发电工程验收规范》（GBT 50796－2012）的要求进行试运行，以验证光伏发电工程是否能够达到设计和国家行业相关要求。如果发电单元组件的可靠性运行因为某个缺陷而中断，卖方应当对此缺陷立即进行修理，该发电单元的可靠性运行应重新计时，直至满足《光伏发电工程验收规范》（GBT 50796－2012）所规定的试运行要求。

当每单元的最后发电单元通过试运行后，买方签发该电站全部光伏组件的预验收证书，并确认该单元光伏组件开始进入质保期。

3　试运行期的检查

在调试期或试运行期发现设备有缺陷，原因包括但不局限于潜在的缺陷或使用了不当材料，业主或业主委托方应当向权威机构提出要求检验的申请，并有权根据检验证书的效力和保修证明向卖方提出索赔要求。

在整个检验过程中，如果发现卖方提供的技术标准不完整，权威机构有权根据业主方所在国当前有效标准和/或其他被权威机构认为适合的标准实施检验。

4 最终验收

全部光伏电站的质保期满后，并且已满足上述条件，买方签署最终验收的全部文件。

附件五：技术服务和设计联络

1 概述

卖方需对所提供的全部光伏电池组件的设计、制造、运输、安装指导、调试、运行和维护指导负责，并全面负责质保期间的维护和检修，保证在质保期内设备的运行达到保证性能。因此，卖方要提供所有相关的和必需的建议、培训、监督和维护/维修服务，直到结束。

2 支架

卖方签订合同后需配合支架设计，提供所需要的图纸、技术资料等。

3 安装和试运行过程中的责任

为了对整个太阳能光伏电站施工负责，卖方应在设备安装过程中协助提供支持、监督和指导，并负责调试。

业主或其授权的代表作为工程项目经理，只要与卖方责任直接相关的部分，项目经理应听取卖方的建议。

卖方应向项目经理提供建议，与之协调与合作，并完成包括但不限于下述任务。

1）设备安装前准备工作

（1）提供所供设备的安装手册，详细说明设备的卸货、组装、安装和试运行；

（2）对安装人员提供确保安全装配、安装所需的必要培训；

（3）提供安装必需的专用工具；

（4）提供调试计划；

（5）检查安装现场的准备情况（包括基础、自然条件、工器具等）；

（6）对将要安装的设备进行检查和清点。

2）设备安装期间卖方应负责的工作

（1）负责所供设备的安装指导；

（2）与现场其他卖方（如果有的话）协调。

设备安装结束后卖方应负责进行调试，以及对正常运行并达到性能保证值负责。因此，卖方将进行计划内的维护和维修和/或部件的调换。

4 技术联络会

4.1 业主和卖方之间将举行技术联络会议，以讨论有关具体要求、澄清技术规范中的疑问，并进行必要的协调工作。

4.2　技术联络会相关要求

（1）主题：讨论各设备间接口设计、基础施工设计、支架设计，设备生产计划，及相关的设计技术文件。审查卖方的试验计划、工厂试验、工程进度。

（2）地点：工程建设所在地或买方指定的场地。

（3）时间：合同生效后 15 天。

（4）人数：买方 10 人，卖方自定。

（5）会期：4 天。

（6）会议需签署会议纪要，会议纪要由业主方负责，讨论的项目和结论用中文书写，经双方复核签字后给与会者。

4.3　卖方参加会议的费用是合同价的一部分，卖方应在投标报价中列出。

5　培训

5.1　现场培训要求

现场培训应在设备安装和预调试过程中进行，时间为 1 周，经过培训的操作人员应在调试和保证值试验前到位。培训应在教室和现场进行，内容包括光伏组件安装、误差检测、维修、维护和故障检修。业主有权更换卖方不合格的培训师。培训计划必须足够确保业主方人员在调试结束后有能力进行工程运行工作。

除了与报价文件一起提交的资料外，在培训开始前 1 周，卖方还应提供一份培训计划和培训材料，说明怎样完成培训。培训计划应包括：时间、地点和培训类型。培训材料应包括：设备的详细介绍、部件清单以及安装、维修和维护手册。

5.2　培训内容

培训应包括但不限于下列各项。

1）阅读和使用所提供的手册和资料。

2）光伏电池组件的装配、原理和更换方法。

3）备品备件的管理（储存、文档记载和备品备件序号等）。

4）文档记载，指操作监测、维护和修理记录。

5）下列情况的实际演示：

（1）维护手册的正确使用；

（2）故障检修，备品备件识别；

（3）运行监测和光伏电池组件维护/维修文档记载；

（4）操作和维护安全步骤。

6　质保期

在质保期内，卖方应协助业主对所有合同设备进行维护和检修，维护应当是综合性的，包括有缺陷部件的维护和调换。质保期内维护和检修所需费用包含在报价中，如人工、设备更换、安装和运输等。

附件六：投标文件附图

包括本章附件二中提到的所有图纸。

附件七：运行维护手册

1 运行维护手册格式

运行维护手册由卖方提供，格式要求如下：

（1）数量：一式十二套。

（2）纸张：A4。

（3）字体：宋体，小四号。

（4）行间距：1.5 倍。

（5）页边距：上 2.54 厘米，下 2.54 厘米，左 3.18 厘米，右 3.18 厘米。

（6）页眉：_____光伏电站_____期工程光伏电池组件设备运行维护手册。

（7）为便于使用和查阅，手册应分成卷，每一卷包括封面的最大厚度为 50mm，每一卷的版式应尽可能地一致，每一部分的系统、设备等描述顺序也应一致。

2 运行维护手册内容要求

2.1 设备运行和维护手册的目的是能够把全部必要的数据和说明装订成册，以便于运行人员可以较好地查阅和理解最初调试及试运行工作、有效操作以及在正常、事故和异常情况（非设计情况）下怎样正确操作设备。在提交之前，双方应商定操作和维护手册的形式和内容。

2.2 该手册应详细地叙述和说明设备构造，使新来的操作和维护人员能够研究和理解设备功能的控制方法。

2.3 手册中应能够快速查阅运行参数，设备说明书，操作、维护和安全程度。

2.4 运行和维护手册应包括，但不限于下述内容：

（1）设备概述，包括设备、系统说明、设备结构、功能说明、技术规范等。

（2）设备启动、运行和停运的操作程序及注意事项。

（3）设备保护功能说明。

（4）设备安装、拆卸、维护的程序及注意事项。

（5）设备零、部件清单，包括名称、图号、规格、材质、制造厂家全称等。

（6）设备易损件、消耗性材料清单，包括名称、规格、制造厂家全称等。

附件八：卖方关于产品监造的承诺函

卖方须在此承诺同意按照招标文件第七章"技术标准和要求"中附件三设备监造文件的要求配合买方及监造代表对卖方所提供的设备进行监造。

附件九：投标人需要说明的其他内容

附录 A 《地面用晶体硅光伏组件选型技术规范》

另册提供。（单晶硅太阳能电池组件技术标准和要求执行其他规范）

附录 B 《地面用晶体硅光伏组件监造技术规范》

另册提供。

第八章 投标文件格式

_____（项目名称）招标

投 标 文 件

投标人：_____（盖单位章）

法定代表人或其委托代理人：_____（签字）

_____年_____月_____日

目　录

一、投标函

二、授权委托书、法定代表人身份证明

三、联合体协议书（如果有）

四、投标保证金

五、投标报价表

六、技术方案

七、偏差表

八、拟分包（外购）部件情况表

九、资格审查资料

十、构成投标文件的其他材料

一、投标函

致：＿＿＿＿＿＿＿＿（招标人名称）：

1. 我方已仔细研究了＿＿＿＿＿（项目名称）＿＿＿＿标段招标文件的全部内容，愿意以人民币（大写）＿＿＿＿元（￥＿＿＿）的投标总报价，其中，不含税价格：人民币（大写）＿＿＿＿＿（￥＿＿＿＿）、增值税：人民币（大写）＿＿＿＿＿（￥＿＿＿＿）、税率：＿＿％，按照合同的约定交付货物及提供服务。

2. 我方承诺在招标文件规定的投标有效期＿＿天内不修改、撤销投标文件。

3. 随同本投标函提交投标保证金一份，金额为人民币（大写）＿＿＿＿＿＿元（￥＿＿＿＿）。

4. 如我方中标：

（1）我方承诺在收到中标通知书后，在中标通知书规定的期限内与你方签订合同。

（2）我方承诺按照招标文件规定向你方递交履约保证金。

（3）我方承诺在合同约定的期限内交付货物及提供服务。

5. 我方已经知晓中国长江三峡集团有限公司有关投标和合同履行的管理制度，并承诺将严格遵守。

6. 我方在此声明，所递交的投标文件及有关资料内容完整、真实和准确。

7. 我方同意按照你方要求提供与我方投标有关的一切数据或资料，完全理解你方不一定接受最低价的投标或收到的任何投标。

8. ＿＿＿＿＿＿＿＿＿＿＿＿＿＿＿＿＿＿＿＿＿（其他补充说明）。

投 标 人：＿＿＿＿＿＿＿＿＿＿＿＿＿＿（盖单位章）

法定代表人或其委托代理人：＿＿＿＿＿＿＿（签字）

地址：＿＿＿＿＿＿＿＿＿＿＿＿　邮编：＿＿＿＿＿

电话：＿＿＿＿＿＿＿＿＿＿＿＿　传真：＿＿＿＿＿

电子邮箱：＿＿＿＿＿＿＿＿＿＿＿

网址：＿＿＿＿＿＿＿＿＿＿＿＿

＿＿＿＿年＿＿＿＿月＿＿＿＿日

二、授权委托书、法定代表人身份证明

授权委托书

本人_____（姓名）系_____（投标人名称）的法定代表人，现委托_____（姓名）为我方代理人。代理人根据授权，以我方名义签署、澄清、说明、补正、递交、撤回、修改_____（项目名称）_____标段投标文件，签订合同和处理有关事宜，其法律后果由我方承担。

代理人无转委托权。

附：法定代表人身份证明、生产（制造）商出具的授权函（若需要）

投　标　人：_____（盖单位章）
法定代表人：_____（签字）
身份证号码：_____
委托代理人：_____（签字）
身份证号码：_____

　　　　　　　_____年_____月_____日

注：若法定代表人不委托代理人，则只需出具法定代表人身份证明。

附：法定代表人身份证明

投标人名称：_____

单位性质：_____

地址：_____

成立时间：_____年_____月_____日

经营期限：_____

姓名：_____ 性别：_____ 年龄：_____ 职务：_____

系_____（投标人名称）的法定代表人。

特此证明。

附：法定代表人身份证件扫描件

法定代表人身份证件复印件粘贴处

投标人：_____（盖单位章）

_____年_____月____日

附：生产（制造）商出具的授权函

致：＿＿＿＿＿＿＿＿＿（招标人）

我方＿＿＿＿＿＿＿（生产、制造商名称）是按中华人民共和国法律成立的生产（制造）商，主要营业地点设在＿＿＿＿＿＿＿＿＿＿＿＿（生产、制造商地址）。兹指派按中华人民共和国的法律正式成立的，主要营业地点设在＿＿＿＿＿＿＿＿＿＿＿（代理商地址）的＿＿＿＿＿＿＿＿＿（代理商名称）作为我方合法的代理人进行下列有效的活动：

（1）代表我方办理你方＿＿＿＿＿＿＿（项目名称）＿＿＿＿＿＿＿（货物名称及标包号）投标邀请要求提供的由我方生产（制造）的货物的有关事宜，并对我方具有约束力。

（2）作为生产（制造）商，我方保证以投标合作者来约束自己，并对该投标共同和分别承担招标文件中所规定的义务。

（3）我方兹授予＿＿＿＿＿＿＿（代理商名称）全权办理和履行我方为完成上述各项所必需的事宜。对此授权，我方具有替换或撤销的全权。兹确认＿＿＿＿＿＿＿（代理商名称）或其正式授权代表依此合法地办理一切事宜。

我方于＿＿＿年＿＿＿月＿＿＿日签署本文件，＿＿＿＿＿＿＿＿＿（代理商名称）于＿＿＿年＿＿月＿＿＿日接受此件，以此为证。

代理商名称：＿＿＿＿＿（盖单位章）＿＿＿＿　生产（制造）商名称：＿＿（盖单位章）＿＿

签字人职务和部门：＿＿＿＿＿＿＿＿＿＿＿签字人职务和部门：＿＿＿＿＿＿＿＿＿＿

签字人姓名（印刷体）：＿＿＿＿＿＿＿＿＿　签字人姓名（印刷体）：＿＿＿＿＿＿＿＿

签字人签名：＿＿＿＿＿＿＿＿＿＿＿＿＿＿　签字人签名：＿＿＿＿＿＿＿＿＿＿＿＿

三、联合体协议书（如果有）

牵头人名称：

法定代表人：

法定住所：

成员二名称：

法定代表人：

法定住所：

……

鉴于上述各成员单位经过友好协商，自愿组成＿＿＿＿＿＿（联合体名称）联合体，共同参加＿＿＿＿＿＿＿＿＿（招标人名称）（以下简称招标人）＿＿＿＿＿＿＿＿（项目名称）＿＿＿＿＿标段（以下简称本项目）的投标并争取赢得本项目承包合同（以下简称合同）。现就联合体投标事宜订立如下协议：

1. ＿＿＿＿＿＿＿＿（某成员单位名称）为＿＿＿＿＿＿＿＿＿＿＿＿＿（联合体名称）牵头人。

2. 在本项目投标阶段，联合体牵头人合法代表联合体各成员负责本项目投标文件编制活动，代表联合体提交和接收相关的资料、信息及指示，并处理与投标和中标有关的一切事务；联合体中标后，联合体牵头人负责合同订立和合同实施阶段的主办、组织和协调工作。

3. 联合体将严格按照招标文件的各项要求，递交投标文件，履行投标义务和中标后的合同，共同承担合同规定的一切义务和责任；联合体各成员单位按照内部职责的部分，承担各自所负的责任和风险，并向招标人承担连带责任。

4. 联合体各成员单位内部的职责分工如下：＿＿＿＿＿＿＿＿＿＿＿＿＿＿＿＿。按照本条上述分工，联合体成员单位各自所承担的合同工作量比例如下：＿＿＿＿＿＿＿＿。

5. 投标工作和联合体在中标后项目实施过程中的有关费用按各自承担的工作量分摊。

6. 联合体中标后，本联合体协议是合同的附件，对联合体各成员单位有合同约束力。

7. 本协议书自签署之日起生效，联合体未中标或者中标时合同履行完毕后自动失效。

8. 本协议书一式＿＿＿＿＿＿＿＿＿＿份，联合体成员和招标人各执一份。

牵头人名称：＿＿＿＿＿＿＿＿＿＿＿＿＿＿＿＿（盖单位章）

法定代表人或其委托代理人：＿＿＿＿＿＿＿＿（签字）

成员一名称：＿＿＿＿＿＿＿＿＿＿＿＿（盖单位章）

法定代表人或其委托代理人：＿＿＿＿＿＿＿＿（签字）

成员二名称：＿＿＿＿＿＿＿＿＿＿＿＿（盖单位章）

法定代表人或其委托代理人：＿＿＿＿＿＿＿＿（签字）

＿＿＿＿年＿＿月＿＿日

四、投标保证金

（一）采用在线支付（企业银行对公支付）或线下支付（银行汇款）方式

采用在线支付（企业银行对公支付）或线下支付（银行汇款）方式时，提供以下文件：

致：三峡国际招标有限责任公司

鉴于_____（投标人名称）已递交_____（项目名称及标段）招标的投标文件，根据招标文件规定，本投标人向贵公司提交人民币_____万元整的投标保证金，作为参与该项目招标活动，履行招标文件中规定义务的担保。

若本投标人有下列行为，同意贵公司不予退还投标保证金：

（1）投标人在规定的投标有效期内撤销或修改其投标文件；

（2）中标人在收到中标通知书后，无正当理由拒签合同协议书或未按招标文件规定提交履约担保。

附：投标保证金退还信息及中标服务费用交纳承诺书（格式）

投标保证金银行电汇或转账凭证扫描件粘贴处

投标人：_____（加盖投标人单位章）

法定代表人或其委托代理人：_____（签字/盖章）

日　期：_____年_____月_____日

（二）采用银行保函方式

采用银行保函方式时，提供以下文件：

投标保函（格式）

受益人：三峡国际招标有限责任公司

鉴于____（投标人名称）（以下称投标人）于____年____月____日参加____（项目名称及标段）的投标，_____（银行名称）（以下称"本行"）无条件地、不可撤销地具结保证本行或其继承人和其受让人，一旦收到贵方提出的下述任何一种事实的书面通知，立即无追索地向贵方支付总金额为_____的保证金。

（1）在开标之日到投标有效期满前，投标人撤销或修改其投标文件；

（2）在收到中标通知书30日内，投标人无正当理由拒绝与招标人签订合同；

（3）在收到中标通知书30日内，投标人未按招标文件规定提交履约担保；

（4）投标人未按招标文件规定向贵方支付中标服务费。

本行在接到受益人的第一次书面要求就支付上述数额之内的任何金额，并不需要受益人申述和证实他的要求。

本保函自开标之日起_____（投标文件有效期日数）日历日内有效，并在贵方和投标人同意延长的有效期内（此延期仅需通知而无须本行确认）保持有效，但任何索款要求应在上述日期内送到本行。贵方有权提前终止或解除本保函。

银行名称：_____（盖单位章）

许可证号：_____

地　　址：_____

负责人：_____（签字）

日　　期：___年___月___日

注：投标人可参考本格式或使用出具银行的格式提交投标保函。如使用出具银行的格式，对于本格式中所规定的保额、责任条件、有效期等规定不能变更。

附件：投标保证金退还信息及中标服务费交纳承诺书

三峡国际招标有限责任公司：

我单位已按招标文件要求，向贵司递交了投标保证金。信息如下：

序号	名称	内容
1	招标项目名称及标段	
2	招标编号	
3	投标保证金金额	合计：¥_____元，大写_____
4	投标保证金缴纳方式（请在相应的"□"内划"√"）	□4.1 在线支付（企业银行对公支付） 汇款人： 汇款银行：　　　　　　　银行账号： 汇款行所在省市： □4.2 线下支付（银行汇款） 汇款人： 汇款银行：　　　　　　　银行账号： 汇款行所在省市： □4.3 银行投标保函 投标保函开具行：
5	中标服务费发票开具（请在相应的"□"内划"√"）	□5.1 增值税普通发票 □5.2 增值税专用发票（请提供以下完整开票信息）： ● 名称： ● 纳税人识别税号（或三证合一号码）： ● 地址、电话： ● 开户行及账号：

我单位确认并承诺：

1. 若中标，将按本招标文件投标须知的规定向贵司支付中标服务费用，拟支付贵司的中标服务费已包含在我单位报价中，未在投标报价表中单独出项。

2. 如通过方式 4.1 或 4.2 缴纳投标保证金，贵司可从我单位保证金中扣除中标服务费用后将余额退给我单位，如不足，接到贵司通知后 5 个工作日内补足差额；如通过方式 4.3 缴纳投标保证金，将在合同签订并提供履约担保（如招标文件有要求）后 5 日内支付中标服务费，否则贵司可以要求投标保函出具银行支付中标服务费。

3. 对于通过方式 4.1 或 4.2 提交的保证金，请按原汇款路径退回我单位，如我单位账户发生变化，将及时通知贵司并提供情况说明；对于通过方式 4.3 提交的银行投标保函，贵司收到我单位汇付的中标服务费后将银行保函原件按下列地址寄回：

投标人名称（盖单位章）：_____

地址：_____ 邮编：_____ 联系人：_____ 联系电话：_____

法定代表人或委托代理人：_____ 日期：____年___月___日

说明：

1. 本信息由投标人填写，与投标保证金递交凭证或银行投标保函一起密封提交。

2. 本信息作为招标代理机构退还投标保证金和开具中标服务费发票的依据，投标人必须按要求完整填写并加盖单位章（其余用章无效），由于投标人的填写错误或遗漏导致的投标担保退还失误或中标服务费发票开具失误，责任由投标人自负。

五、投标报价表

说明：投标报价表按第五章"设备采购清单"中的相关内容及格式填写。构成合同文件的投标报价表包括第五章"设备采购清单"的所有内容。

六、技术方案

1. 技术方案总体说明

按照招标文件第七章"技术标准和要求"提交相关技术方案文件，文件内容应说明设备性能，拟投入本项目的加工、试验和检测仪器设备情况，质量保证措施等。

2. 附件

投标人还应提交下列附件对技术方案做进一步说明。

附件一　货物特性及性能保证

附件二　投标人提供的图纸和资料

附件三　设计、制造和安装标准

附件四　工厂检验项目及标准

附件五　工作进度计划

附件六　技术服务方案（含质保期运行维护方案）

附件七　合同设备描述概要表

附件八　投标图纸

投标人：_____（盖单位章）

法定代表人或其委托代理人：_____（签字）

日期：_____年____月____日

附件一　特性及性能保证

投标人必须用准确的数据和语言在下表中阐明其拟提供的设备的性能保证，投标人应保证所提供的合同设备特性及性能保证值不低于第七章技术条款参数要求。

投标人一旦被授予合同，所提供的性能保证值经买方认可后将作为合同中设备的性能保证值。

序号	招标文件要求值	投标响应值

投标人：＿＿＿＿＿＿＿＿＿＿＿＿＿＿＿＿＿＿（盖单位章）

法定代表人或其委托代理人：＿＿＿＿＿＿＿＿（签字）

日期：＿＿＿年＿＿＿月＿＿＿日

附件二　投标人提供的图纸和资料

1. 概述

投标人应与其投标文件一起提供与本招标文件技术条款相应的足够详细和清晰的图纸资料和数据，这些图纸资料和数据应详细地说明设备特点，同时对与技术条款有异或有偏差之处应清楚地说明。除非买方批准，设备的最终设计应按照这些图纸、资料和数据的详细说明进行。

2. 随投标文件提供的图纸资料

投标人应根据本招标文件所述的供图要求，提供工厂图纸的目录及供图时间表，图纸应包括招标文件所列的内容和招标人认为应增加的内容。

3. 随投标文件提供的技术文件

设备清单及描述（含设备名称、型号、规格、数量、产地、用途等）。

投标人认为必要的其他技术资料。

投标人：＿＿＿＿＿＿＿＿＿＿＿＿＿＿＿＿＿＿（盖单位章）

法定代表人或其委托代理人：＿＿＿＿＿＿＿＿（签字）

日期：＿＿＿年＿＿月＿＿日

附件三　设计、制造和安装标准

投标人应列明投标设备的设计、制造、试验、运输、保管、安装和运行维护的标准和规范目录。

投标人：＿＿＿＿＿＿＿＿＿＿＿＿＿＿＿＿＿＿（盖单位章）

法定代表人或其委托代理人：＿＿＿＿＿＿＿＿（签字）

日期：＿＿＿年＿＿月＿＿日

附件四　工厂检验项目及标准

投标人应列明工厂制造检查和测试所遵循的最新版本标准。

投标人应指出拟提供设备的初步检查和测试项目。

投标人：＿＿＿＿＿＿＿＿＿＿＿＿＿＿＿＿＿＿（盖单位章）

法定代表人或其委托代理人：＿＿＿＿＿＿＿＿（签字）

日期：＿＿＿年＿＿月＿＿日

附件五　工作进度计划

投标人应按技术条款的要求提出完成本项目的下述计划进度表。

1. 制造进度表

2. 交货批次及进度计划表

序号	批次	名称	型号及规格	单位	数量	交货时间	交货地点
1	第一批						
2	第二批						
3	第三批						
……	……						

3. 其他

投标人：＿＿＿＿＿＿＿＿＿＿＿＿＿＿（盖单位章）

法定代表人或其委托代理人：＿＿＿＿＿＿（签字）

日期：＿＿＿年＿＿月＿＿日

附件六　技术服务方案

投标人应按技术条款的要求提出本项目的技术服务方案，如安装方案（若有），现场调试方案，技术指导、培训和售后服务计划等。

投标人：＿＿＿＿＿＿＿＿＿＿＿＿＿＿（盖单位章）

法定代表人或其委托代理人：＿＿＿＿＿＿（签字）

日期：＿＿＿年＿＿月＿＿日

附件七　合同设备描述概要表

序号	名称	主要技术规范	数量	包装	每件尺寸（cm^3）（长×宽×高）	每件重量（t）	总重量（t）	交货时间
1								
2								
3								
4								
5								
6								
7								
8								
……								

附件八　投标图纸

投标人：_____（盖单位章）

法定代表人或其委托代理人：_____（签字）

日期：_____年____月____日

七、偏差表

表 8-1 商务偏差表

投标人可以不提交一份对本招标文件第四章"合同条款及格式"的逐条注释意见，但应根据下表的格式列出对上述条款的偏差（如果有）。未在商务偏差表中列明的商务偏差，将被视为满足招标文件要求。

项目	条款编号	偏差内容	备注

备注：对投标人须知前附表中规定的实质性偏差的内容提出负偏差，无论是否在本表中填写，将被认为是对招标文件的非实质性响应，其投标文件将被否决。

投标人：_____（盖单位章）

法定代表人或其委托代理人：_____（签字）

日期：_____年____月____日

表 8-2 技术偏差表

投标人可以不提交一份对本招标文件第七章"技术标准和要求"的逐条注释意见，但应根据下表的格式列出对上述条款的偏差（如果有）。未在技术偏差表中列明的技术偏差，将被视为满足招标文件要求。

项目	条款编号	偏差内容	备注

备注：对投标人须知前附表中规定的实质性偏差的内容提出负偏差，无论是否在本表中填写，将被认为是对招标文件的非实质性响应，其投标文件将被否决。

投标人：_____（盖单位章）

法定代表人或其委托代理人：_____（签字）

日期：_____年____月____日

八、拟分包（外购）部件情况表

序号	拟分包（外购）部件	分包（外购）单位	到货时间
1			
2			
3			
……			

投标人：＿＿＿＿＿＿＿＿＿＿＿＿＿＿＿（盖单位章）

法定代表人或其委托代理人：＿＿＿＿＿＿＿（签字）

日期：＿＿＿年＿＿月＿＿日

九、资格审查资料

（一）投标人基本情况表

投标人名称					
注册地址				邮政编码	
联系方式	联系人			电话	
	传真			网址	
组织结构					
法定代表人	姓名		技术职称		电话
技术负责人	姓名		技术职称		电话
成立时间			员工总人数：		
投标人组织机构代码或统一社会信用代码					
许可证及级别				高级职称人员	
营业执照号		其中		中级职称人员	
注册资金				初级职称人员	
基本账户开户银行				技工	
基本账户账号				其他人员	
经营范围					
备注					

备注：1. 本表后应附企业法人营业执照、生产许可证等材料的扫描件。2. 若代理商投标，须同时提供生产（制造）商的基本情况表。

附件一　生产（制造）商资格声明

1. 名称及概况：

（1）生产（制造）商名称：＿＿＿＿＿＿＿＿＿

（2）总部地址：＿＿＿＿＿＿＿＿＿

　　　传真/电话号码：＿＿＿＿＿＿＿＿＿邮政编码：＿＿＿＿＿＿＿＿＿

（3）成立和/或注册日期：＿＿＿＿＿＿＿＿＿

（4）法定代表人姓名：＿＿＿＿＿＿＿＿＿

2.（1）关于生产（制造）投标货物的设施及有关情况：

工厂名称地址　　　　　生产的项目　　　　　年生产能力　　　　　职工人数

（2）本生产（制造）商不生产，而需从其他生产（制造）商购买的主要零部件：

生产（制造）商名称和地址　　　　　　　　主要零部件名称

3. 其他情况：＿＿＿＿＿＿＿＿＿（组织机构、技术力量等）。

　　兹证明上述声明是真实、正确的，并提供了全部能提供的资料和数据，我们同意遵照贵方要求出示有关证明文件。

生产（制造）商名称：＿＿＿＿＿（盖单位章）

签字人姓名和职务：＿＿＿＿＿＿＿＿＿＿＿＿

签字人签字：＿＿＿＿＿＿＿＿＿＿＿＿＿＿

签字日期：＿＿＿＿＿＿＿＿＿＿＿＿＿＿＿

传真：＿＿＿＿＿＿＿＿＿＿＿＿＿＿＿＿＿

电话：＿＿＿＿＿＿＿＿＿＿＿＿＿＿＿＿＿

电子邮箱：＿＿＿＿＿＿＿＿＿＿＿＿＿＿＿

附件二 代理商的资格声明

1. 名称及概况：

（1）代理商名称：_____

（2）总部地址：_____

　　　传真/电话号码：_____邮政编码：_____

（3）成立和/或注册日期：_____

（4）法定代表人姓名：_____

2. 近3年该货物主要销售给国内外主要客户的名称地址：

（1）出口销售

（名称和地址）_____　　　　（销售项目名称）_____

（名称和地址）_____　　　　（销售项目名称）_____

（2）国内销售

（名称和地址）_____　　　　（销售项目名称）_____

（名称和地址）_____　　　　（销售项目名称）_____

3. 由其他生产（制造）商提供和生产（制造）的货物部件，如有的话：

生产（制造）商名称和地址　　　　　　　　生产（制造）的部件名称

4. 开立基本账户银行的名称和地址：

5. 其他情况：_____（组织机构、技术力量等）。

　　兹证明上述声明是真实、正确的，并提供了全部能提供的资料和数据，我们同意遵照贵方要求出示有关证明文件。

　　　　　　　　　　　　　　　　代理商名称：_____（盖单位章）

　　　　　　　　　　　　　　　　代理商全权代表：_____（签字）

　　　　　　　　　　　　　　　　签字日期：_____

　　　　　　　　　　　　　　　　传真：_____

　　　　　　　　　　　　　　　　电话：_____

　　　　　　　　　　　　　　　　电子邮箱：_____

(二) 近年财务状况表

投标人须提交近＿＿＿＿年（＿＿＿＿年至＿＿＿＿年）的财务报表，并填写下表。

序号	项目	＿＿＿年	＿＿＿年	＿＿＿年
1	固定资产（万元）			
2	流动资产（万元）			
2.1	其中：存货（万元）			
3	总资产（万元）			
4	长期负债（万元）			
5	流动负债（万元）			
6	净资产（万元）			
7	利润总额（万元）			
8	资产负债率（%）			
9	流动比率			
10	速动比率			
11	销售利润率（%）			

备注：在此附经会计师事务所或审计机构审计的财务会计报表，包括资产负债表、损益表、现金流量表、利润表和财务情况说明书的扫描件，具体年份要求见第二章"投标人须知"的规定。

(三) 近年完成的类似项目情况表

项目名称	
项目所在地	
采购人名称	
采购人地址	
采购人电话	
合同价格	
供货时间	
货物描述	
备注	

注：应附中标通知书（如有）和合同协议书以及货物验收证表（货物验收证明文件）等的扫描件，具体年份时间要求见投标人须知前附表。每张表格只填写一个项目，并标明序号。

如果招标文件投标人资格条件中要求运行业绩，还需提供用户出具的稳定运行证明文件。

（四）正在进行的和新承接的项目情况表

项目名称	
项目所在地	
采购人名称	
采购人地址	
采购人电话	
合同价格	
供货时间	
货物描述	
备注	

注：应附中标通知书（如有）和合同协议书等的扫描件，具体年份时间要求见投标人须知前附表。每张表格只填写一个项目，并标明序号。

（五）近年发生的诉讼及仲裁情况

序号	案由	双方当事人名称	处理结果或进度情况
……	……	……	……

注：

（1）本表为调查表。不得因投标人发生过诉讼及仲裁事项作为否决其投标因素、作为量化因素或评分因素，除非其中的内容涉及其他规定的评标标准，或导致中标后合同不能履行。

（2）诉讼及仲裁情况是指投标人在招投标和中标合同履行过程中发生的诉讼及仲裁事项，以及投标人认为对其生产经营活动产生重大影响的其他诉讼及仲裁事项。

投标人仅需提供与本次招标项目类型相同的诉讼及仲裁情况。

（3）诉讼包括民事诉讼和行政诉讼；仲裁是指争议双方的当事人自愿将他们之间的纠纷提交仲裁机构，由仲裁机构以第三者的身份进行裁决。

（4）"案由"是事情的缘由、名称、由来，当事人争议法律关系的类别，或诉讼仲裁情况的内容提要，如"工程款结算纠纷"。

（5）"双方当事人名称"是指投标人在诉讼、仲裁中原告（申请人）、被告（被申请人）或第三人的单位名称。

（6）诉讼、仲裁的起算时间为：提起诉讼、仲裁被受理的时间，或收到法院、仲裁机构诉讼、仲裁文书的时间。

（7）诉讼、仲裁已有处理结果的，应附材料见第二章"投标人须知"3.5.3项；还没有处理结果的，应说明进展情况，如某某人民法院于某年某月某日已经受理。

（8）如招标文件第二章"投标人须知"3.5.3项规定的期限内没有发生诉讼及仲裁情况，投标人在编制投标文件时，需在上表"案由"空白处声明："经本投标人认真核查，在招标文件第二章'投标人须知'3.5.3项规定的期限内本投标人没有发生诉讼及仲裁纠纷，如不实，构成虚假，自愿承担由此引起的法律责任。特此声明。"

（六）其他资格审查资料

投标人名称：＿＿＿＿＿＿＿＿＿

授权代表签名：＿＿＿＿＿＿＿＿＿

姓名（印刷体）：＿＿＿＿＿＿＿＿＿

职务：＿＿＿＿＿＿＿＿＿

十、构成投标文件的其他材料

1. 初步评审需要的材料

投标人应根据招标文件具体要求，提供初步评审需要的材料，包括但不限于下列内容，请将所需材料在投标文件中的对应页码填入表格中。

序号	名称	网上电子投标文件	纸质投标文件正本	备注

注：

（1）所提供的企业证件等资料应为有效期内的文件，其他材料应满足招标文件具体要求。

（2）投标保证金采用银行保函时应提供原件，同《投标保证金退还信息及中标服务费交纳承诺书》原件共同密封提交。

（3）本表供评标时参考，以投标文件实际提供的材料为准。

2. 招标文件规定的其他材料。

3. 按照招标文件第二章"投标人须知"中第 4.2.2 项的规定，请列出投标文件未能上传的内容目录（如有）。

4. 投标人认为需要提供的其他材料。

Q/CTG 45—2015

附录 A 地面用晶体硅光伏组件选型技术规范

中国长江三峡集团公司

2015 年 12 月 29 日发布

2016 年 01 月 01 日实施

目　次

前言

1　范围

2　规范性引用文件

3　术语和定义

4　组件的总体要求

5　关键原材料和零部件要求

6　制造工厂要求

前　言

本标准按照 GB/T 1.1—2009 给出的规则起草。

本标准由中国三峡新能源有限公司提出。

本标准由中国长江三峡集团有限公司质量安全部归口。

本标准起草单位：中国三峡新能源有限公司。

本标准主要起草人：王益群、刘姿、吴启仁、陆义超、王玉国、吕宙安、谭畅、龚雪、余操、汪聿为、任月举、刘淑军。

本标准主要审查人：纪振双、冯轶州、李少博、范晓旭、赵鹏、杨威、李传兵、杜玉雄、潘军、尹显俊、张学礼。

地面用晶体硅光伏组件选型技术规范

1 范围

本标准规定了地面用晶体硅光伏组件的外观、性能、测试认证、可靠性和寿命、原材料零部件性能要求及制造工厂要求。

本标准适用于地面用晶体硅光伏组件选型工作，双玻组件可参照执行。

2 规范性引用文件

下列文件对于本文件的应用是必不可少的。凡是注日期的引用文件，仅注日期的版本适用于本文件。凡是不注日期的引用文件，其最新版本（包括所有的修改单）适用于本文件。

GB/T 2828.1—2012 计数抽样检验程序 第 1 部分：按接收质量限（AQL）检索的逐批检验抽样计划

GB/T 6461—2002 金属基体上金属和其他无机覆盖层经腐蚀试验后的试样和试件的评级

GB/T 6495.1—1996 光伏器件 第 1 部分：光伏电流-电压特性的测量

GB/T 6495.3—1996 光伏器件 第 3 部分：地面用光伏器件的测量原理及标准光谱辐照度数据

GB/T 8012—2013 铸造锡铅焊料

GB/T 16422.3—2014 塑料实验室光源暴露试验方法 第 3 部分：荧光紫外灯

GB/T 17045—2006 电击防护装置和设备的通用部分

GB/T 17473.7—2008 微电子技术用贵金属浆料测试方法 可焊性、耐焊性测定

GB/T 18950—2003 橡胶和塑料软管 静态下耐紫外线性能测定

GB/T 20047.1—2006 光伏（PV）组件安全鉴定 第 1 部分：结构要求

GB/T 23988—2009 涂料耐磨性测定 落砂法

GB/T 29195—2012 地面用晶体硅太阳电池总规范

JC/T 2170—2013 太阳能光伏组件用减反射膜玻璃

CNCA/CTS 0003：2010 地面用太阳电池组件主要部件选材技术条件 第 1 部

分：接线盒

CNCA/CTS 0002：2012　地面用太阳电池组件主要部件选材技术条件　第 2 部

分：连接器

IEC 60068.2.68—1994　环境试验　第 2 部分：试验．试验 L：防尘和防砂

IEC 60904.9—2007　光电器件　第 9 部分：太阳模拟器的性能要求

IEC 61215—2005　地面用晶体硅光伏组件设计鉴定和定型

IEC 61701—2011　光伏组件盐雾腐蚀试验

IEC 61730.2—2004　光伏组件安全鉴定　第 2 部分：试验要求

3　术语和定义

下列术语和定义适用于本文件。

3.1　AM 1.5　air mass 1.5

标定和测试地面用（AM＝1.5）太阳电池所规定的太阳的辐照度和光谱分布。

3.2　太阳电池　solar cell

太阳辐射能直接转换成电能的一种器件。

3.3　太阳电池组件　solar cell module

具有封装及内部联结的、能单独提供直流电输出的、最小不可分割的太阳电池组合装置。

3.4　标准组件　standard module

用规定标的标定方法标定过的光伏组件。

3.5　玻璃面板　glass panel

加在单体太阳电池上表面的玻璃覆盖物，具有保护电池的作用。

3.6　互连条　interconneotor

焊在电极之间主要起电连接作用的金属连接件。

3.7　密封材料　sealant material

一种用来封装电池和电池组合器件的绝缘材料。

3.8　转换效率　conversion efficiency

指受光照太阳电池的最大功率与入射到该太阳电池上的全部辐射功率的百分比。

3.9　太阳模拟器　solar simulator

模拟太阳光谱和辐照度的一种光源设备，通常用作测试太阳电池的电性能的光源。

3.10　接线盒　junction box

介于太阳能电池组件构成的太阳能电池方阵和太阳能充电控制装置之间的连接器。

3.11 连接器 connector

与相应的插合元件进行连接和分离的元件。

3.12 系统最大电压 maximum system voltage

一个系统内，系列连接在一起的最大数目电池板的最大开路电压总和。

3.13 光伏组件光电转换效率 conversion efficiency of photocoltaic modules

标准测试条件下（AM1.5、组件温度 25℃，辐照度 1000W/m² ）光伏组件最大输出功率与照射在该组件上的太阳光功率的比值。

3.14 光伏组件衰减率 photovoltaic module decay rate

光伏组件运行一段时间后，在标准测试条件下（AM1.5、组件温度 25℃，辐照度 1000W/m² ）最大输出功率与投产运行初始最大输出功率的比值。

3.15 电势诱导衰减（PID） potential induced degradation

电池片与其接地金属边框之间存在偏置电压。

3.16 电致发光 electroluminescence

电致发光简称 EL，又可称场致发光，是指通过加在两电极的电压产生电场，被电场激发的电子碰击发光中心，而引致电子能级的跃迁、复合导致发光的一种物理现象。

3.17 紫外测试 uv test

在光伏组件上进行紫外辐照的处理，以确定相关材料及粘连连接的紫外衰减的测试。

3.18 干热气候 hot-dry climate

又称干燥气候或热带沙漠气候，是指水面年蒸发量超过降水量（ $V > N$ ）的气候。干热气候的特点是晴天多、阳光强、干燥、夏季热、昼夜温差大、风沙多等。

注：中国的西北、华北部分地区（新疆、内蒙古、甘肃等地）属于典型的干热气候。

3.19 湿热气候 warm-wet climate

以气温高、湿度高、雨量大、日温差小、无风或少风为特点的气候。湿热气候最热月月平均温度很高，年平均相对湿度在 60％以上。年平均降水量超过 1000mm，风速较低。由于天空经常多云，太阳直射辐射量减少而散射量增加。

注：中国的四川、浙江、福建等中东部和南部沿海地区是湿热气候的典型地区。

3.20 高寒气候 plateau climate

又称高原气候，是指高原条件下形成的气候。其特点是：海拔高，气温低，冬寒夏凉，无霜期短；空气稀薄，透明度好，太阳辐射强，日照长，晴天多；昼夜温差大；降水量较少，但气温低，蒸发量弱。

注：中国的青藏高原、甘肃、青海等地是高寒气候的典型地区。

4　组件的总体要求

4.1　外观要求

4.1.1　光伏组件的边框应整洁、平整、无破损，边框连接点应连接牢固，无毛刺，无腐蚀斑点，应具备完整的接线孔和安装孔，未涉及到的参照组件供应商内控标准。

4.1.2　光伏组件的正面应整洁、平直，无明显划痕、压痕、皱纹、彩虹、裂纹、不可擦除污物、开口气泡等缺陷。

4.1.3　组件内部不应有明显影响组件性能的异物；电池片表面上的异物面积≤1mm²，长度≤5mm，数量≤2 个；不在电池片上的异物面积≤2mm²，长度≤5mm，数量≤2 个；异物不应有影响组件内部带电体的电气间隙。

4.1.4　背板不应有明显划痕、碰伤、鼓包，电池片不应有外露、褶皱、凹坑等缺陷；组件背面四周及拐角处可见硅胶溢出。

4.1.5　电池片表面应无斑点、可视裂纹、缺口、虚印、漏浆、水印、手印、油污等缺陷；崩边、崩角不准许有 V 型缺口，且崩边、缺口不得到达栅线；崩边长度≤3mm，宽度≤0.5mm，单片电池片崩边数量≤1，同一组件崩边电池片数量≤2；划痕长度≤10mm，单片电池片污痕和划伤数量≤1，同一组件污痕和划伤电池片数量≤2；断栅长度≤2mm（不准许连续性断栅），单片电池片断栅数量≤4，同一组件断栅电池片数量≤2。

4.1.6　在 1000lx 等效照度下，裸眼视力不低于 1.2，距离组件 1.5m 观测，同一电池片内及同一组件中的不同电池片间不得出现明显色差。其中，单晶硅电池片只准许出现一种颜色，多晶硅电池片只准许存在两种颜色（不包括过渡色）。

4.1.7　带电体至玻璃边缘的距离应符合 GB/T 20047.1—2006 要求且不低于 10mm。

4.1.8　光伏组件的电池与互连条排列整齐，无脱焊，无断裂，无褶皱。三栅线焊锡带偏移要求：0.3mm≤焊锡带与电池片连接偏移宽度≤0.5mm，长度≤20mm，同一组件≤2 处；偏移宽度≤0.3mm 时，偏移长度允许整根偏移，片数不限。四栅线焊锡带偏移要求：主栅线露白宽度≤0.4mm。五栅线焊锡带偏移要求：主栅线露白宽度≤0.43mm。

4.1.9　光伏组件不应存在任何位置的脱层；电池片上面不应有气泡；不在电池片上的气泡，面积≤1mm²，数量≤3；气泡不应使组件边缘与带电体边缘之间形成连通。

4.1.10　组件的接线盒与组件的连接，应牢固，无明显的松动。接线盒盖与盒体应连接，应保证接线盒处于密封。接线盒硅胶均匀溢出且与背板无可视缝隙，不准许断胶。连接器应有明显的极性标识。

4.1.11　硅胶表面应均匀一致、平整光滑，无裂缝、气泡和可视间隙。

4.1.12 组件应具有以下内容的清晰并耐久的标识：

　　a）制造商的名称、代号或品牌标志；

　　b）组件的类型或型号；

　　c）组件的生产序列号；

　　d）组件适用的系统最大电压；

　　e）按 GB/T 17045—2006 规定的安全等级，若适用；

　　f）标准测试条件下（STC）的开路电压、短路电流、IEC 61730.2—2004 中 MST26 验证的最大过流保护值、标称功率及公差；

　　g）产品应用等级等。

4.2 组件 EL 检测要求

4.2.1 单个电池片隐裂不应超过两条，隐裂长度不应超出电池片边长五分之一长度。

4.2.2 单个电池片不应有贯穿隐裂，单个电池片的失效面积应小于 5%。

4.2.3 单个组件存在隐裂的电池片不应超过两个。

4.2.4 单个组件不应有明暗片。

4.2.5 单个电池片断栅长度≤1mm（不准许连续性断栅），数量≤3 处，同一组件断栅电池片数量≤2。

4.2.6 单个电池片不应有虚焊和短路。

4.2.7 单个电池片的黑斑等其他现象应符合企业内控最高标准。

4.3 性能要求

4.3.1 初始安装的多晶硅组件和单晶硅组件在标准条件下的全光照面积下光电转换效率（含组件边框面积）应不低于《光伏制造行业规范条件》（中华人民共和国工业和信息化部公告 2015 年 第 23 号）技术指标准入条件。

4.3.2 光伏组件生产现场验收前，应按一定比例抽样送指定第三方实验室进行电性能测试，实测功率不得低于标称功率。

4.3.3 组件选用的电池片、背板、EVA、玻璃面板、焊接材料、接线盒和连接器等原材料和零部件的性能应满足第 5 章的要求，并提供测试报告（组件供应商提供）。

4.4 测试认证要求

4.4.1 晶体硅光伏组件应按照 IEC 61215—2005 和 IEC 61730.2—2004 要求，通过国家批准的认证机构和国际权威认证机构的认证，如果光伏组件原材料和零部件与获得认证产品不一致，应重新认证。

4.4.2 晶体硅光伏组件应不低于 IEC 62804 的要求，通过 CNAS（中国合格评定国家认可委员会）认可的第三方机构的 PID 测试或认证，如果光伏组件原材料和零部件与获得认证产品不一致，应重新测试或认证。

4.4.3 根据地面用晶体硅组件所应用的具体地区的环境特点，应参照相关行业标准，通过 CNAS 认可的第三方机构采取不限于以下一项或几项的测试或认证（测试参数和流程可根据具体环境特点进行调整）：

a）组件在不同气候条件下的环境适应性测试：加严环境试验（建议测试参数见表 1）；

b）高海拔区域：加严 UV 测试（波长在 280nm～400nm 范围的紫外辐射为 60kWh·m^{-2}，其中波长为 280nm～320nm 的紫外辐射至少为 10kWh·m^{-2}）；

c）干热区域：旁路二极管热性能试验（IEC 61215—2005 10.18 中表面结温 T_j 测试过程中通入组件的短路电流值的 1.1 倍）；

d）沿海区域：盐雾测试（IEC 61701—2011）；

e）农场附近区域：氨气测试（参照 IEC 62716 执行）；

f）沙漠区域：沙尘测试（IEC 60068.2.68—1994）；

g）大风及强降雪区域：动态载荷测试（参照 IEC 62782 执行）；

h）组件需长途运输或运输条件恶劣情况：运输震动模拟测试（参照 IEC 62759 执行）。

表 1 组件在不同气候条件下环境适应性从严测试参数

序号	气候环境	测试项目	IEC 61215—2005 测试条件要求	IEC 61215—2005 从严测试条件要求
1	湿热气候	湿热试验	温度 85℃、湿度 85%、循环 1000h	温度 85℃、湿度 85%、循环 1500h
2	干热气候	热循环试验	温度 −40℃～85℃、循环 200 次	温度 −40℃～85℃、循环 400 次
3	高寒气候	湿冻试验	温度 −40℃～85℃、循环 10 次 ∗24h	温度 −40℃～85℃、循环 40 次 ∗24h

4.5 寿命衰减及故障要求

4.5.1 组件使用寿命应不低于 25 年，质保期应不少于 10 年，并具有组件质量保险。

4.5.2 应随机对组件进行抽样测试，以验证组件寿命及可靠性是否达标。

4.5.3 多晶硅电池组件衰减率应满足以下要求：

a）首年内不高于 2%；

b）2 年内不高于 3.2%；

c）5 年内不高于 5%；

d）10 年内不高于 8.8%；

e）25 年内不高于 20%。

4.5.4 单晶硅电池组件衰减率应满足以下要求：

a）首年内不高于 3%；

b）2 年内不高于 3.2%；

c）5 年内不高于 5%；

d）10 年内不高于 8.8%；

e）25 年内不高于 20％。

4.5.5 未涉及年份的组件衰减率应按照相邻年份规定的衰减率线性递增。

4.5.6 质保期内光伏组件的年故障率不得高于 0.1％。

4.5.7 2 年内，光伏组件出现明显外观可见缺陷的比例不得高于 0.1％。缺陷包括：裂片、碎片、接线盒烧毁、电池表面爬痕、EVA 发黄、背板和边框变形、焊带及边框锈蚀，以及其他 IEC 61215—2005 和 IEC 61730.2—2004 中提到的外观缺陷。

5 关键原材料和零部件要求

5.1 电池片

电池片具体技术要求应符合表 2、表 3 和表 4 规定。

表 2 电池片技术要求

项目	指标	厂家检测能力
电池片外观要求	1）电池片表面应无斑点、可视裂纹、缺口、虚印、漏浆、水印、手印、油污等缺陷； 2）崩边、崩角不准许有 V 型缺口，且崩边、缺口不得到达栅线； 3）崩边长度≤3mm，宽度≤0.5mm，单片电池片崩边数量≤1，同一组件崩边电池片数量≤2； 4）划痕长度≤10mm，单片电池片污痕和划伤数量≤1，同一组件污痕和划伤电池片数量≤2； 5）断栅长度≤2mm（不准许连续性断栅），单片电池片断栅数量≤4，同一组件断栅电池片数量≤2	必备
电池片背面铝膜外观	背面铝膜的允许凸起高度应在产品详细规范中规定。铝膜应图形完整。铝膜的形状、图形位移应符合产品详细规范的规定	必备
电极图形完整性	电极图形完整性、电极图形尺寸及形状应符合产品详细规范的规定	必备
图形尺寸及形状		必备
电极颜色	在照度不小于 800lx 的白色光源下，目测电极无变色	必备
弯曲变形	使用表面平整度优于 0.01mm 平台，电池背面朝下水平放置，用分辨力优于 0.01mm 的量具进行检测。不同尺寸规格的电池允许的最大弯曲度应符合产品详细规范的规定	必备
电池隐性裂纹	在电池电极两端加正向电压，使电流密度大小和电池短路电流密度相当，用分辨率不低于 130 万像素的红外相机采集图像，电池体内不应有影响电池性能的隐性裂纹	必备
电性能参数	电池的电性能参数检测按 GB/T 6495.1—1996 和 GB/T 6495.3—1996 进行，电池电性能参数（包括但不仅限于：开路电压、短路电流、填充因子、最大功率、转换效率、低辐照度性能）应符合产品详细规范的规定	必备
电性能参数的温度系数	电池电性能参数的温度系数（包括但不仅限于：短路电流温度系数 α、开路电压温度系数 β 和最大功率温度系数 γ）应符合产品详细规范的规定	必备
电池最大功率初始光衰减比率	按照 GB/T 29195—2012 中 5.3.1 要求检测过电性能参数的电池，在辐照度为 800W/m² ～1100W/m² 的室外自然光或模拟光源下照射 2h（该过程中应保证电池温度不超过 80℃），电池最大功率初始光衰减比率应符合产品详细规范的规定	必备

项目	指标	厂家检测能力
减反射膜的附着强度	采用减反射膜设计结构的电池，减反射膜与基体材料的附着强度按 GB/T 29195—2012 中 5.1.3 规定的方法检测，减反射膜不应出现任何脱落现象	
电极的可焊性	电池电极的可焊性按 GB/T 17473.7—2008 进行检测，电极应具有良好的可焊性	
电极附着强度及电极与焊点的抗拉强度	1）电极的附着强度及电极与焊点的抗拉强度检测采用同一方法； 2）按 GB/T 29195—2012 中图 3 所示，将小于或等于电极宽度的镀锡铜带焊接在电池电极上，焊接长度为 10mm，焊接质量以不虚焊为准； 3）按 GB/T 29195—2012 中图 4 所示将焊接镀锡铜带的电池固定在上下两片硬质夹板之间，将镀锡铜带通过上夹板的开槽引出（开槽的宽度应略大于镀锡铜带的宽度）。在与焊接面成 45°角方向对镀锡铜带逐渐施加拉力，拉力达到 1.73N/mm（拉力/镀锡铜带宽度）后持续 10s，电极不应从基体材料上脱落，电极与焊点之间不应脱离	
背面铝膜的附着强度	如 GB/T 29195—2012 中图 2 所示放置样品，在满足 EVA 充分交联的条件下层压，取出后立即撕下聚四氟乙烯耐高温漆布，待冷却到室温后，用刀割断 EVA 和铝膜，撕去 EVA 条，观察有无铝膜脱落现象	
热循环性能的要求	1）将经初始光衰减稳定后的电池样品间隔地放置在环境试验箱（相对湿度小于 60%）中，按照 GB/T 29195—2012 中图 5 的温度分布，使电池的温度在 −40℃±2℃ 和 85℃±2℃ 之间循环； 2）在两个极端温度的保持时间不少于 10min，一次循环时间不超过 6h，循环次数 5 次； 3）电池的外观，力学性能应符合 GB/T 29195—2012 中 4.1.5、4.2 的规定，电池的最大功率衰减比率应不超过 3%	
并联电阻	不低于 30Ω	必备
漏电流	电池片在承受反向 12V 电压时，反向漏电流应小于 1.5A	必备
组件厂家应具备必备项目的检测能力（机构资质、人员资质和检测设备均应符合要求），其他可提交由原材料和零部件供应商出具的检测报告。		

表 3　电池片尺寸要求

种类	尺寸	（准方）直径	电池功率	转换率	尺寸公差	垂直度	厚度偏差	总厚度变化率	厂家检测能力
多晶硅	103mm×103mm	/	/	/	±0.5mm	(90±0.3)°	±20μm	16%	必备
	125mm×125mm	/	/	/					
	156mm×156mm	/	≥4.035Wp	≥17%					
单晶硅	103mm×103mm	135mm	/	/					
	125mm×125mm	150mm 或 165mm	≥2.80Wp	≥18.5%					
	156mm×156mm	195mm 或 200mm	/	/					

组件厂家应具备必备项目的检测能力（机构资质、人员资质和检测设备均应符合要求），其他可提交由原材料和零部件供应商出具的检测报告。

注 1：厚度偏差为电池厚度的测量值与标称厚度的最大差值。

注 2：总厚度变化率为在一系列点的厚度（包含电极厚度）测量中，被测电池的最大厚度与最小厚度的差值与电池标称厚度的比率。

表 4　电池片原材料技术要求

项目	多晶电池片推荐指标	单晶电池片推荐指标	厂家检测能力
硅片硅基电阻率	（1.0～3.0）$\Omega \cdot cm$	（1.0～3.0）$\Omega \cdot cm$	
硅基少子寿命 （裸测最小值）	$>2\mu s$	$>10\mu s$	
硅片 TTV	$\leqslant 30\mu m$	$\leqslant 25\mu m$	
硅片氧浓度	$\leqslant 0.8\times 10^{18}\,atoms/cm^3$	$\leqslant 0.8\times 10^{18}\,atoms/cm^3$	
硅片碳浓度	$\leqslant 5\times 10^{17}\,atoms/cm^3$	$\leqslant 5\times 10^{16}\,atoms/cm^3$	
组件厂家应具备必备项目的检测能力（机构资质、人员资质和检测设备均应符合要求），其他可提交由原材料和零部件供应商出具的检测报告。			

5.2　玻璃面板

玻璃面板具体技术要求应符合表 5 规定。

表 5　玻璃面板技术要求

项目	推荐指标	厂家检测能力
外观	不准许出现线条、皱纹、裂纹、压痕、彩虹、霉变、污垢、明显划伤、疵点、结石、缺角、开口气泡、锋利边角、崩边、爆边、齿状缺陷	必备
玻璃尺寸	1）3.2mm 厚玻璃±0.2mm，薄厚差小于等于 0.25mm，对角线差小于等于 2mm，场宽度允许偏差±1mm； 2）弓形弯曲度不应超过 0.2%； 3）波形弯曲度任意 300mm 范围不应超过 0.3mm	必备
含铁量	小于等于 0.015%（三氧化二铁）	
透光率	在 300nm～1200nm 光谱范围内，太阳电池组件用低铁钢化玻璃折合 3mm 标准厚度的太阳光直接透射比应>91.5%，太阳电池组件用低铁镀膜钢化玻璃折合 3mm 标准厚度的太阳光直接透射比应>93.5%	必备
抗冲击强度	用直径为 50mm～51mm（质量约 510g）、表面光滑的钢球放在距离试样表面 1000mm 的高度，使其自由落下，玻璃应不破碎	
钢化度	试样在 50mm×50mm 区域内的碎片数大于 40 片，不多于 120 片，允许少量长度小于 75mm、端部不是刀状的长条形碎片，延伸至玻璃边缘的长条形碎片与边缘形成的角不大于 45 度	
耐温差	玻璃的温度在 195℃的状态下保持 20 分钟后，用 10℃的水浇在玻璃表面上，玻璃应不破碎	
耐静压	玻璃用水平支架（玻璃接触部使用硬度 A50、宽 15mm 的橡胶）支撑，换算 300kg/㎡ 的 20kg 重量的砂袋加重，并放置 1 小时，玻璃应不破碎	
耐沙尘	如使用镀膜玻璃，太阳能电池组件用镀膜玻璃耐沙尘性能按照 JC/T 2170—2013 的要求测试且满足太阳光有效透射比的平均值衰减应不大于 1%，膜层无明显脱落、剥离、起皱现象	
组件厂家应具备必备项目的检测能力（机构资质、人员资质和检测设备均应符合要求），其他可提交由原材料和零部件供应商出具的检测报告。		

5.3　乙烯和醋酸乙烯酯聚合物（EVA）

EVA 具体技术要求应符合表 6 规定。

表 6　EVA 技术要求

项目		推荐指标		厂家检测能力
厚度		（0.45～0.8）mm		必备
密度		（0.95～0.96）g/cm³，且正面克重不低于 410g/m²，背面克重不低于 390g/m²		必备
外观		应平整、无可见杂质、无气泡、压花清晰、无破损		
醋酸乙烯酯含量		（26～34）wt%		
EVA 卤素含量		应符合 ROHS 标准要求（Br＜900ppm，CI＜900ppm，Br＋CL＜1500ppm）		
透光率	电池正面用 EVA 胶膜	波长 380nm～1100nm	≥90%	必备
		波长 290nm～380nm	供需双方约定	必备
	电池背面用 EVA 胶膜	波长 380nm～1100nm	供需双方约定	必备
		波长 290nm～380nm	≤25%	必备
交联度		大于等于 80%，小于等于 95%		必备
剥离强度（与玻璃）		＞50N/cm		必备
收缩率		纵向（MD）＜3.0%		必备
		横向（TD）＜1.5%		必备
体积电阻率		＞2.0×10¹⁴Ω·cm		
击穿电压强度		＞28.0kV/mm		
紫外加速老化性能（280nm～320nm 6kWh/m² 320～400nm 60kW/m² 60℃±5℃ 辐照度＜250W/m²）		色度坐标 Δb^*＜2.0		
		与玻璃剥离强度＞25N/cm		
紫外老化（3000 小时）（GB/T 16422.3—2014）		断裂伸长率保持率≥50%		
恒定湿热老化性能（85℃/85%R.H、1000h）		色度坐标 Δb^*＜2.0		
		与玻璃剥离强度＞25N/cm		
组件厂家应具备必备项目的检测能力（机构资质、人员资质和检测设备均应符合要求），其他可提交由原材料和零部件供应商出具的检测报告。				

5.4　背板

背板技术要求应符合表 7、表 8 和表 9 规定。

表 7　背板技术要求

项目		推荐指标（复合型）	厂家检测能力
外观		背板表面应平整，无气泡、皱纹、分层、划伤和碰伤	必备
厚度		标称值±10%	必备
热收缩率（150℃×30min）	纵向	≤1.5%	必备
	横向	≤1.0%	
水蒸气透过率	电解传感器法（38℃，90%R.H）	≤1.5g/m²·day	
	红外传感器法（38℃，100%R.H）	≤2.5g/m²·day	

项目		推荐指标（复合型）	厂家检测能力
拉伸强度	纵向	≥100MPa	必备
	横向	≥80MPa	
断裂伸长率	纵向	≥100%	必备
	横向	≥80%	
层间剥离强度（氟膜层/PET）		≥4N/10mm	必备
背板/EVA剥离强度（180°）		≥40N/10mm	
击穿电压		≥17kV	必备
体积电阻率		≥1.0×10¹⁴Ω·m	必备
系统最大电压		≥1000V	
耐盐雾性		无起泡、开裂、脱落、掉粉和明显变色	
耐酸性/耐碱性		不分层、不起泡、不变色	
沸水处理（沸水煮24h）	外观	不变色、无气泡、不分层、无皱折和显著发黏	
	层间剥离强度（氟膜层/PET）	≥4N/10mm	
恒定湿热处理（85℃/85%R.H.）		见表8，达到二级及以上水平要求	
UV处理		见表9，达到一级水平要求	
冷热循环处理（−40℃～85℃，6h/周期，200周期）	外观检查	无变色、无气泡、不分层、无裂纹、无皱折和显著发黏	
	击穿电压	≥15kV	
湿冻处理（−40℃～5℃，85%；24h/周期，10周期）	外观	无变色、无气泡、不分层、无皱折和显著发黏	
	击穿电压	≥15kV	
耐落砂性能（GB/T 23988—2009）		≥150L	
RTI		>105℃	

组件厂家应具备必备项目的检测能力（机构资质、人员资质和检测设备均应符合要求），其他可提交由原材料和零部件供应商出具的检测报告。

表8 背板恒定湿热处理试验要求（85℃/85%R.H.）

项目	要求		
	一级（3000h处理后）	二级（2000h处理后）	三级（1000h处理后）
外观	无气泡、不分层、无褶皱、表面和胶层无显著发黏		
击穿电压	≥16kV	≥16kV	≥16kV
断裂伸长率保持率	/	/	≥80%
黄色指数 Δb（空气面）	/	<4.0	<2.0

表9 UV处理试验要求

项目	要求		
	一级（120kWh/m²）	二级（90kWh/m²）	三级（60kWh/m²）
外观	无气泡、不分层、无褶皱、表面和胶层无显著发黏		
断裂伸长率保持率	≥60%	≥60%	≥60%
黄色指数 Δb（空气面）	<3	<3	<3

5.5 接线盒、连接器和电缆

5.5.1 接线盒应符合CNCA/CTS0003：2010规定，并通过国家批准的认证机构认证。

5.5.2 连接器应符合CNCA/CTS0002：2012规定，并通过国家批准的认证机构认证。

5.5.3　光伏组件自配的串联所使用的电缆线应满足抗紫外线、抗老化、抗高温、防腐蚀和阻燃等性能要求，选用双绝缘防紫外线阻燃镀锡铜芯电缆，电缆性能应符合GB/T 18950—2003 性能测试的要求。

5.5.4　接线盒、连接器和电缆具体技术要求应符合表 10 规定。

表 10　接线盒、连接器和电缆技术要求

项目	推荐指标	厂家检测能力
几何尺寸	接线盒外观、外形尺寸、连接器相关尺寸、壁厚尺寸和电缆长度等符合图纸要求	必备
外观	1）接线盒具有不可擦除的标识：产品型号、制造材料、电压等级、输出端极性； 2）连接器不得有锈蚀或镀层脱落等； 3）接线盒外观清洁、无划伤、无明显注塑缺陷、无毛刺锐边； 4）电缆与连接器连接牢固、无破损现象、正负极连接正确	必备
机械完整性	1）可打开式接线盒，其盒盖连续开合三次，应无损坏，再次打开时仍需借助工具； 2）目视入线口处压接无间隙，以不致损坏结构的力手持转动外引线，导线压紧部分无松动； 3）卡簧的设计可夹紧汇流条，连续插拔三次后，仍能卡紧汇流条，其夹紧力≥20N； 4）连接器应具有良好的自锁性，拔插力应该能在结构的任何方向承受 89N 力的作用达 1 分钟	必备
接触电阻	连接头接触电阻在 5mΩ 以下	必备
绝缘和耐压	1）接线盒的绝缘电阻应大于 400MΩ； 2）接线盒的工频耐电压（频率为 50/60Hz）要求在 2000V 加上 4 倍额定电压的交流电压下，漏电流应小于 10mA	必备
IP 等级	1）接线盒：IP65 以上； 2）连接器：IP67 以上	
旁路二极管热性能	按照 CNCA/CTS0003：2010 中 5.3.18 进行试验并满足 5.3.18.3 试验要求	
承载电流	不小于额定电流的 1.5 倍（接线盒）	必备
组件厂家应具备必备项目的检测能力（机构资质、人员资质和检测设备均应符合要求），其他可提交由原材料和零部件供应商出具的检测报告。		

5.6　边框

边框具体技术要求应符合表 11 规定。

表 11　边框技术要求

项目		推荐指标	厂家检测能力
外观		无线状伤、明显磕碰、裂纹、擦伤、碰伤（含角部）、机械纹、弧坑、麻点、起皮、腐蚀、气泡、水印、油印、脏污、边缘无毛刺、氧化层无缺失	必备
氧化效果		内外氧化、涂层均匀，同一批铝型材外观颜色应统一	必备
划伤	A 级面	1）0～5mm 划痕不得超过 2 个； 2）5mm～10mm 划痕的数量不应超过 1 个； 3）不准许出现大于 10mm 的划痕； 4）每批次抽检	必备
	B 级面	1）0～10mm 划痕不得超过 2 个； 2）10mm～20mm 划痕的数量不得超过 1 个； 3）不准许出现大于 20mm 的划痕	
	C 级面	目测 1m 处，无明显缺失	

续表

项目	推荐指标	厂家检测能力
尺寸	1）尺寸检验应符合图纸要求； 2）尺寸检验项目：长度，安装孔孔位，角度，型材厚度，角码宽度； 3）型材弯曲度小于 0.3mm/300mm 和 0.5mm＊型材长度	必备
氧化膜厚度	AA 15μm	
硬度	厚度大于等于 0.8mm 时，韦氏硬度大于等于 8HW，维氏硬度大于等于 58	
抗拉强度	$\geqslant 160\sigma_b$/MPa	
组件厂家应具备必备项目的检测能力（机构资质、人员资质和检测设备均应符合要求），其他可提交由原材料和零部件供应商出具的检测报告。		

5.7 密封材料（硅橡胶密封剂）

5.7.1 地面用光伏组件主要的用胶点有：边框密封、接线盒粘接、接线盒灌封、汇流条密封，主要用途如下：

a）边框密封主要用于层压件和边框的粘接密封；

b）接线盒粘接主要用于接线盒和背板的粘接；

c）接线盒灌封主要用于接线盒内部电子元件的绝缘、导热、密封；

d）汇流条密封主要用于汇流条引出端的密封粘接。

5.7.2 密封材料的技术要求应符合表 12 和表 13 规定。

表 12　封装材料技术要求

项目		推荐指标				厂家检测能力
		边框密封剂	接线盒粘接剂	接线盒灌装剂	汇流条密封剂	
外观		产品应为细腻、均匀膏状物或粘稠液体，无气泡、结块、凝胶、结皮，无析出物				必备
挤出性[a,b]（g/min）		25～250	25～250	／	／	
粘度[a]（mPa·s）		／	／	≤15000	／	
下垂度		／	／	／	／	
适用期[a,c]（min）		≥5	≥5	≥5	／	
表干时间[a,b]（min）		3～15	3～15	／	≤30	
固化速度[a,b]（mm/24h）		≥2	≥2	／	≤30	
固化后产品性能	拉伸强度（MPa）	≥1.5	≥2.0	／	／	
	100%定伸强度（MPa）	≥1.0	≥0.6	／	／	
	剪切强度（阳极化铝 Al－Al，胶层厚度 0.5mm）（MPa）	≥1.5	／	／	／	
	与接线盒拉力[d]	／	合格	／	／	
	体积电阻率（Ω·cm）	≥1.0×10¹⁴	≥1.0×10¹⁴	≥1.0×10¹⁴	≥1.0×10¹⁴	
	击穿电压强度（kV/mm）	≥15	≥15	≥15	≥15	
	导热系数（W/m·K）	／	／	≥0.2	／	
	阻燃等级与 HAI、CTI 的关系	／	／	满足表 13 的要求	满足表 13 的要求	
	定性粘结性能	≥C80[e]	≥C80[e]	≥C50[f]	≥C50[g]	
	100%定伸强度（MPa）	≥0.2	≥0.2	／	／	

续表

项目		推荐指标				厂家检测能力
		边框密封剂	接线盒粘接剂	接线盒灌装剂	汇流条密封剂	
环境老化后性能	拉伸强度（MPa）	≥1.2	≥1.0	/	/	
	100％定伸强度≥0.2（MPa）	≥0.8	≥0.2	/	/	
	剪切强度（Al—Al）（MPa）	≥1.2	/	/	/	
	接线盒拉力试验（N）	/	≥160	/	/	
	体积电阻率（Ω·cm）	≥1.0×10^{14}	≥1.0×10^{14}	≥1.0×10^{14}	≥1.0×10^{14}	
	击穿电压强度（kV/mm）	/	/	15	15	
	定性粘结性能	≥C80[e]	≥C80[f]	≥C50[f]	≥C50[g]	

组件厂家应具备必备项目的检测能力（机构资质、人员资质和检测设备均应符合要求），其他可提交由原材料和零部件供应商出具的检测报告。

a. 允许采用供需双方商定的其他指标值。

b. 适用于单组份硅橡胶。

c. 适用于双组份硅橡胶。

d. 接线盒通过供需双方商定确定。

e. 测试材料为背板、铝合金、玻璃，选用的厂家通过供需双方商定确定。

f. 测试材料为背板、接线盒，选用的厂家通过供需双方商定确定。

g. 测试材料为背板，选用的厂家通过供需双方商定确定。

h. 环境老化项目包括湿—热试验、热循环试验和湿—冷试验（IEC 61215—2005）。

表 13　不同阻燃等级下 HAI 和 CTI 要求达到的最低级别

阻燃等级	HAI/次	CTI/V
HB	60	250
V—2	30	
V—1	30	
V—0	15	

5.8　涂锡带

涂锡带具体技术要求应符合表 14 规定。

表 14　涂锡带技术要求

项目		推荐指标	厂家检测能力
	外观	镀层均匀，表面应呈光亮金属状，无腐蚀黑点，无露铜，无脏污附着及氧化层，针孔和锡渣数量不超过 3 个/10cm 长且锡渣单个面积小于 0.5mm²，1000m 少于 5 处，边缘无连续毛刺，划伤长度≤10mm	必备
	尺寸精度	宽度公差：产品标注宽度±6.0％	必备
		厚度公差：产品标注厚度±5.0％	必备
		长度公差 a：±1.0mm	必备
		滚轴侧弯≤10，裁断侧弯≤5，定长误差±1mm/m	
涂层化学成分	镀层成分（Sn、Pb、）	允许偏差 Sn：±1.5％Pb 余量	
	杂质元素（Ni、Co、Fe、Mn、In、Zn、Cd、Al）	符合 GB/T 8012—2013 规定	

· 141 ·

续表

项目		推荐指标	厂家检测能力
表面处理性能	镀层厚度	涂锡焊带两面的镀层厚度应该保持一致，单面镀层厚度公差：镀层厚度标准±20.0μm	
	耐中性盐雾试验	表面防护层经 168h 耐中性盐雾试验（NSS），按照 GB/T 6461—2002 规定对试件进行评级	
	耐高温高湿试验	表面防护层经相对温度为 85℃±2℃，相对湿度为 85%±5%，测试时间为 1000 小时，距边 10mm 起色泽无明显黄变、发黑	
力学性能	拉伸强度	140MPa～220MPa	必备
	规定塑性（延伸强度）	≤75Mpa	
	延伸率	软态≥25%，超软≥20%	
电学性能	铜基材电阻率	$Rcu≤1.7241×10^{-6}Ω\cdot cm$	必备
	成品焊带电阻率	$R≤1.00RcuΩ\cdot cm$	必备
组件厂家应具备必备项目的检测能力（机构资质、人员资质和检测设备均应符合要求），其他可提交由原材料和零部件供应商出具的检测报告。			

5.9 其他要求

5.9.1 如不进行特殊说明，采购组件的所有关键件材料在整个供货期间应保持一致性。

5.9.2 银浆宜使用品质经市场充分验证（5 年以上使用经验）厂家浆料。应核查光伏组件电池片用电池浆料的生产企业的进货检验报告、质量保证书，保证对于固含量、粘度、细度质量控制合理并有效。

5.9.3 同一光伏发电单元太阳能电池组件的电池片、EVA、背板应为同一批次产品。

5.9.4 应当采用经过户外实践证明性能良好、双面氟膜的复合背板材料（至少为三层结构，氟膜厚度不低于 30μm，PET 层厚度不低于 250μm）。不应使用非氟材料背板（强化聚酯型，尼龙型和聚烯烃等背板材料）以及 FEVE 涂覆型背板。

5.9.5 组件应当通过 UL790 或 IEC 61730.2—2004 防火测试。

5.9.6 组件应至少通过 IEC 61215—2005 规定的 5400Pa 机械载荷测试。

6 制造工厂要求

6.1 制造工厂应具有完善的质量管理体系，通过 ISO 9001 管理体系认证和工厂质量保证能力的工厂检查，并持续满足。

6.2 制造工厂应配备符合 IEC 60904.9—2007 规定的 AAA 级太阳模拟器，且提供 CNAS 专业测试机构出具的 AAA 级太阳模拟器校准报告。

6.3 制造工厂应配备经国家认可的第三方机构标定的在有效期（一年）内的一级标准组件，有效期（三个月）内的二级标准组件（标准组件种类、规格选用均应与被测组件保持一致）。

6.4　制造工厂应配备 EL 隐裂测试设备，应在层压工序前及层压后对组件进行 100％ EL 测试，并于包装前按 GB/T 2828.1—2012 规定且不低于 S-1 抽样比例进行抽检。

6.5　电池片按电流或效率进行分档，分档原则上 ΔI_{mp} 不大于 0.1A 或 $\Delta \eta$ 不大于 0.15％。光伏组件按电流分档 ΔI_{mp} 不大于 0.1A。

6.6　制造工厂应配备绝缘耐压测试仪，出货产品应 100％通过绝缘耐压测试要求。

6.7　制造工厂应配备湿漏电测试设备。

中国三峡
China Three Gorges Corporation

Q/CTG 46—2015

附录 B　地面用晶体硅光伏
组件监造技术规范

中国长江三峡集团公司

2015 年 12 月 29 日发布

2016 年 01 月 01 日实施

目　次

前言

1　范围

2　规范性引用文件

3　术语和定义

4　监造方案制定

5　监造机构与人员

6　监造实施

7　记录

8　报告

前　言

本标准按照 GB/T 1.1—2009 给出的规则起草。

本标准由中国三峡新能源有限公司提出。

本标准由中国长江三峡集团公司质量安全部归口。

本标准起草单位：中国三峡新能源有限公司。

本标准主要起草人：王益群、刘姿、吴启仁、陆义超、王玉国、吕宙安、谭畅、龚雪、余操、汪聿为、任月举、刘淑军。

本标准主要审查人：纪振双、冯轶州、李少博、范晓旭、赵鹏、杨威、李传兵、杜玉雄、潘军、尹显俊、张学礼。

地面用晶体硅光伏组件监造技术规范

1　范围

本标准规定了地面用晶体硅光伏组件监造方案制定、监造实施内容、记录方式和内容以及报告形式。

本标准适用于地面用晶体硅光伏组件监造工作。

2　规范性引用文件

下列文件对于本文件的应用是必不可少的。凡是注日期的引用文件，仅注日期的版本适用于本文件。凡是不注日期的引用文件，其最新版本（包括所有的修改单）适用于本文件。

GB/T 2828.1—2012　计数抽样检验程序　第 1 部分：按接收质量限（AQL）检索的逐批检验抽样计划

Q/CTG 45—2015　地面用晶体硅光伏组件选型技术规范

IEC 60904.1—2006　光伏器件第 1 部分：光伏电流-电压特性的测量

IEC 61730.2—2004　光伏组件安全鉴定　第 2 部分：试验要求

IEC 61215—2005　地面用晶体硅光伏组件设计鉴定和定型

IEC 62446—2009　并网光伏发电系统-系统文件、委托测试和检验基本要求

3　术语和定义

下列术语和定义适用于本文件。

3.1　监造　production surveillance

承担设备监造工作的单位受项目法人或建设单位的委托，按照设备供货合同的要求，坚持客观公正、诚信科学的原则，对工程项目所需设备在制造和生产过程中的工艺流程、制造质量及设备制造单位的质量体系进行监督，并对委托人负责的服务。

3.2　过程检验　in-process quality control

产品从物料投入生产到产品最终包装的加工过程中的品质控制，以防止产生的不合格品流入下道工序。

3.3 进货检验 incoming quality control

企业购进的原材料、外购配套件和外协件入厂时的检验，以防止不合格物料进入生产流程，保证过程产品符合规定要求。

3.4 出厂检验 outgoing quality control

产品在出货之前为保证出货产品满足客户品质要求所进行的检验，同时保证出货品质稳定。

3.5 确认检验 verification inspection

为验证产品持续符合标准要求而在经例行检验后的合格品中随机抽取样品依据检验文件进行的检验。

4 监造方案制定

4.1 组件生产企业应至少比首次会议提前 5 个工作日提供以下材料：

a）人员信息；

b）生产设备信息；

c）产线数量；

d）计划生产节点；

e）关键原材料和零部件信息；

f）工艺控制情况；

g）生产环境信息等。

4.2 监造方根据委托方要求和通用质量保证能力要求对企业材料进行评估，初步确定监造方案。监造流程应至少包含表 1 规定的内容。

表 1 监造流程

序号	时间节点	监造项目	内容概况	备注
1	首次会议	组织监造单位与被监造方的首次会议，将需要配合的问题做好沟通	介绍工作背景，监造目的，工作程序和方式	组件生产前至少 5 个工作日内进行
		三方确定协调人员及配合人员	确定直接项目负责联系人	
		三方协商监造的进度及工期	明确驻厂监造时间及相关驻厂监造事项	
		明确技术条款	与业主单位及生产厂家确定技术协议及相关条款	
		明确生产计划	与业主单位及生产厂家确定产品生产计划	
		其他需要协调事项	其他约定的相关条款	

续表

序号	时间节点	监造项目	内容概况	备注
2	工厂质量保证能力的检查	质量保证相关文件的见证检查	1) 程序体系、质量保证文件，质量体系认证证书； 2) BOM表及进货检验标准收集，确认检验项目、检验方法和检验频次； 3) 生产设备、检测设备与条件的见证与监督检查	详见 6.1.1
		技术及设计文件的见证检查	1) 制造厂家产品认证证书、对应报告及备案关键元器件清单； 2) 设计图纸的见证检查； 3) 生产、检验作业指导书等技术文件的见证检查	
3	原材料和零部件质量控制的监督	产品原材料和零部件来料检验和供应商报告的检验与质量监督	确认产品关键原材料和零部件来料检验和供应商报告管理是否符合要求并有效实施	详见 6.1.2
4	生产工艺质量控制的监督	产品制作各关键工序的检验与质量监督	确认企业是否有效控制产品关键生产工艺	详见 6.1.3
5	过程检验和出厂检验质量控制的监督	过程检验和出厂检验的质量监督	确认过程检验和出厂检验过程是否满足质量控制要求并有效实施	详见 6.1.4
6	成品质量控制的监督	成品组件的抽检	依据三方协定进行抽样，对样品进行现场目击实验及送第三方检测	详见 6.1.5
7	包装运输	包装运输要求	1) 检查成品的包装是否符合运输条件； 2) 其他三方协定的应出货检查的项目； 3) 根据抽样试验结果、出厂报告结果结合全程质量保证能力，确认是否出货； 4) 对出货成品进行封条处理、拍照留档	详见 6.2
8	现场验收	组件现场检查验收	组件现场检查：数量、外包装、抽样、外观检查、开路电压测试、EL测试等	详见 6.3
9	末次会议	对监造过程进行总结	1) 说明监造过程出现的问题，明确解决方案； 2) 出具监造报告并由委托方、监造方、生产企业共同签字确认； 3) 明确后续责任及要求	到货验收后五个工作日内进行末次会议

5　监造机构与人员

5.1　监造机构要求

5.1.1　监造机构官为第三方认证或测试机构，监造机构应有足够的光伏产品认证和检测工程师，且不应少于 10 人，能够满足监造周期要求。

5.1.2　监造机构宜在国内有不少于 3 家的分公司、分中心、代表处或分包实验室，能够就近提供监造服务，以降低监造差旅成本。

5.2　监造人员要求

5.2.1　监造工程师

主要负责现场检查企业进货检验、生产过程和出厂检验是否满足规定要求，其资质应满足以下要求：

　　a）具有国家 CCAA 注册审查员资质；

　　b）具有两年以上光伏组件工厂检查经验，并担任 10 家以上光伏组件企业工厂检查的组织职务；

　　c）工作于 CNAS 第三方认可的认证机构。

5.2.2　检测工程师

主要负责产品在线抽检，监督产品出厂检验、试验方法是否符合规定要求，其资质应满足以下要求：

　　a）具有两年以上产品检测工作经验；

　　b）熟悉并掌握光伏组件 IEC 61215—2005 和 IEC 61730.2—2004 测试标准，有参与全序列测试项目经验；

　　c）工作于 CNAS 第三方认可的检测实验室。

5.2.3　检测实验室

其资质应满足以下要求：

　　a）为 CNAS 认可的权威实验室或具有 CBTL 实验室资质；

　　b）具有 CMA 资质和 IEC 61215—2005 和 IEC 61730.2—2004 全项测试能力；

　　c）在光伏组件检测方面具有 3 年以上检测经验；

　　d）光伏组件的检测工程师人数应在 10 人以上。

对于一些非 IEC 61215 和 IEC 61730 的特殊实验，可委托其他有资质的实验室进行。

5.2.4　业主方监造代表

业主方应至少选派一名业主监造代表负责整个光伏组件监造实施过程，并现场跟踪监造全流程，负责协调监造方和制造商之间的相关事项。

6　监造实施

6.1　质量控制检查要求

6.1.1　工厂质量保证能力的检查

6.1.1.1　监造人员应对制造商的工厂质量保证能力进行现场见证检查，应至少包括以下内容：

　　a）职责和资源；

　　b）文件和记录；

　　c）采购和进货检验；

　　d）生产过程控制和过程检验；

e）例行检验和确认检验；

f）检验试验仪器设备；

g）不合格品的控制；

h）内部质量审核；

i）认证产品的一致性以及包装；

j）搬运和储存等满足监造要求。

6.1.1.2 监造人员应对不符合要求的内容提出整改要求并责令其进行改善，确保达到相应的技术要求。

6.1.2 关键原材料和零部件质量控制的监督

6.1.2.1 一般规定

地面用晶体硅光伏组件生产过程中所使用的关键原材料及零部件应满足"组件监造方案"要求，原材料的选择和技术要求应满足业主和组件供应商之间签署的技术协议的具体要求，如果无具体要求，应按照 Q/CTG 45—2015 技术要求进行检查。

6.1.2.2 关键原材料和零部件的一致性

监造人员在企业生产现场应对关键原材料和零部件的一致性进行检查，应至少包括以下内容：

a）检查仓库该批组件关键原材料和零部件的存贮条件以及存量，能否满足本批组件的生产要求；

b）检查每天的仓库取货记录，并且通过从生产线抽查生产中或成品组件序列号，追溯关键原材料和零部件的物料号和取货记录；

c）检查关键原材料和零部件的购买合同、发票，并且检查采购量与用量是否一致；

d）检查实际生产所用关键原材料和零部件是否与获证产品相符。

6.1.2.3 关键原材料和零部件性能检验

6.1.2.3.1 检验类别

监造人员在企业生产现场应检查组件厂是否具有完善的原材料和零部件出厂检验、进货检验和确认检验能力及程序化规定：

a）出厂检验：要求原材料和零部件供应商完成的最终检验，应向组件生产厂提供出厂检测报告；

b）进货检验：要求组件生产企业自行具备检测能力、检测仪器设备和程序化规定的原材料和零部件进货检验，分为 100% 全检和抽样检验，抽样检验应按 GB/T 2828.1—2012 中的规定进行；

c）确认检验：要求验证产品持续符合标准要求而进行的抽样检验，一般情况下，正常生产情况下每年进行一次；另外，在产品成分或生产工艺有较大变动时，产品停产 6 个月以上重新恢复生产时，国家级质量监督机构提出要求时，企业也应进行确认检验。

6.1.2.3.2 检验项目

监造人员在企业生产现场应对关键原材料和零部件出厂检验及进货检验是否能够有效控制关键原材料和零部件质量进行检查，应至少包括以下内容：

a）检查生产企业检验项目和检测要求是否符合 Q/CTG 45—2015 要求，建议进行在线 100％全检的项目如下：

（a）电池片：外观、背面铝膜外观、电极颜色、电性能参数；

（b）玻璃面板：外观、厚度；

（c）EVA：外观；

（d）背板：外观；

（e）接线盒、连接器和电缆：外观；

（f）边框：外观、划伤、氧化效果。

b）检查生产企业检验项目和检测要求是否符合 Q/CTG 45—2015 要求，建议抽检的项目如下：

（a）对于电池片尺寸、弯曲变形、电池隐性裂纹、并联电阻、反向电流、功率的抽样方案，不低于检验水平 S-4 正常检验一次抽样方案 AQL0.25 （GB/T 2828.1—2012）；

（b）对于 EVA 外观、交联度和收缩率的抽样方案，不低于特殊检验水平 S-3 正常检验一次抽样方案 AQL1.0 （GB/T 2828.1—2012）。

c）检查企业是否具备 Q/CTG 45—2015 中的备注厂家检测能力的项目 （人员资质和相应检测设备是否符合要求），现场操作是否符合相关程序化规定。

d）检查企业是否能够提供供应商出具的 Q/CTG 45—2015 中的备注非厂家检测能力的项目的检测报告。

6.1.3 关键生产工艺质量控制的监督

6.1.3.1 生产过程控制

6.1.3.1.1 监造人员应确认工厂有严格的产品生产控制程序，来确保产品质量的一致性，并确保对生产程序的控制满足 Q/CTG 45—2015 的要求和建设单位和组件供应商之间签署的技术协议的具体要求。

6.1.3.1.2 在生产过程控制中，发现不合格工序后，监造人员应对出现不合格工序的生产线所生产的产品进行追溯。追溯范围应包括不合格生产点到上次检查合格点期间的产品。

6.1.3.2 电池片生产工序

6.1.3.2.1 监造人员在企业生产现场应对电池片生产企业是否制定了有效的程序文件

和详尽的操作手册进行检查，电池片生产工序应符合表2规定。

6.1.3.2.2 监造人员应检查企业是否严格按照买方要求的电池片技术参数进行筛选，合格的电池片包装上应有"×××项目专用"标示，"×××"代表具体项目名称。

6.1.3.3 电池片性能分选工序

监造人员应至少检查电池片性能分选工序的以下内容：

a）组件生产企业是否具备STC条件下（温度控制在25±3℃）的电池片性能分选能力；

b）太阳模拟器等级应不低于ABA级，并有国家认可的第三方机构出具的校准报告；

c）组件生产企业应具备经国家认可的第三方机构标定的在有效期内的标准电池片，用于控制设备的准确性，并对标准电池片的使用、储存和管理有相关的程序文件要求；

d）电池片按电流进行分档（推荐），原则上 ΔI_{mp} 不大于0.1A，或按效率进行分档，原则上 $\Delta \eta$ 不大于0.15％，相关记录完整；

e）组件企业人员现场操作应与相应程序文件和操作手册规定相符。

表2 电池片生产工序

生产工序	监控和检验手段
硅片筛选	企业应至少保证每个生产批次抽取一定数量的硅片进行碳含量、氧含量、TTV、翘曲度、弯曲度、少子寿命的测试，抽取数量可参考投标企业内控标准
制绒	企业应定期对制绒后的电池片进行监控，监控包括制绒后的减重、外观检验、机械缺陷、反射率等参数，应至少对同批次硅片进行一次抽检，抽取数量可参考企业内控标准
扩散	企业应对扩散工艺后的电池片进行方块电阻的测试，测试数值应能满足企业控制标准，应至少对同批次硅片进行一次抽检，抽取数量可参考投标企业内控标准
刻蚀	企业应定期对刻蚀效果进行检测，通过减重等方面进行控制，应至少对同批次硅片进行一次抽检，抽取数量可参考投标企业内控标准
镀膜	企业应对镀膜后的电池片进行膜厚、外观、反射率等参数测试，应至少对同批次硅片进行一次抽检，抽取数量可参考投标企业内控标准
印刷	企业应对印刷工序后的电池片进行缺陷检查，包括漏印、铝包、裂纹、碎片、栅线粗细不均匀等，应至少对同批次硅片进行一次抽检，抽取数量可参考投标企业内控标准
烧结	企业应严格控制烧结工序，对烧结的效果进行检测，防止烧结期间的温度波动过大

6.1.3.4 焊接工序

监造人员应检查组件生产企业是否制定了有效程序文件和操作手册，对焊接设备的温度进行控制，以确保其在生产期间的稳定性，并确认在生产期间：

a）生产企业应在不大于4小时的间隔内，对整个生产线正在使用电烙铁进行点检或校准，温度偏差在±10℃内（针对手动焊接）；

b）生产企业应在不大于12小时的间隔内，对整个生产线正在使用焊接机器进行点检或校准，温度偏差在±10℃内（针对自动焊接）；

c）生产企业应在不大于4小时的间隔内，进行焊接拉力测试，每个焊接点拉力应不小于1.5N/mm；

d）组件企业人员现场操作应与相应程序文件和操作手册规定相符。

6.1.3.5 层压工序

6.1.3.5.1 监造人员应至少检查层压工序的以下内容：

a）层压设备和固化设备的温度均匀性控制；

b）层压机加热板的温度、抽真空时间、抽真空速率、加压时间、设备密封性是否符合程序文件和操作手册要求；

c）生产企业是否制定对层压机温度均匀性的检查规程，生产过程中的温度均匀性检查应在每班开机后，且在生产过程中不大于4小时的间隔内进行，每班至少一次；

d）每次测试点不低于6个，温差控制在±2℃，并保存完整的测试记录。

6.1.3.5.2 组件生产企业应在不大于7天的时间间隔内，在监造方监督下对EVA交联度进行测试，确认层压的有效性。测试的最低要求为常规组件测试点不低于9个，均匀分布且距离层压机边缘20cm以外。

6.1.3.5.3 监造人员应检查组件企业人员现场操作是否与相应程序文件和操作手册规定相符。

6.1.3.6 装框工序

监造人员应以抽查方式检查光伏组件边框（如果有）结构的完整性和安装的紧固性，确认注入胶量高度和均匀性符合相关文件要求。抽查现场使用硅胶是否存在过期现象。对于人工打胶，应检查操作人员是否能够按照作业指导文件进行技术规范操作。

6.1.3.7 接线盒安装

监造人员应以抽查方式检查组件的接线盒安装是否符合相关文件要求。查看接线盒与背板之间的硅胶密封情况，是否安装倾斜。引线电极是否准确无误地焊在相应位置，避免虚焊、假焊。引线穿入接线孔内应到位，无松动现象。同时，监督接线盒盖的安装操作符合相关作业指导书的要求。

6.1.3.8 固化

监造人员以抽查方式检查边框和接线盒的硅胶固化程度。环境温度、湿度以及固化时间应当符合作业指导书要求。同时，作业指导书中应含有不同气候下以及不同硅胶型号对固化时间的特殊要求。

6.1.4 过程检验和出厂检验质量控制的监督

6.1.4.1 EL隐裂测试

监造人员重点检查内容应至少包括：

a）组件生产企业应在层压前后对光伏组件进行100%EL隐裂测试，并保存完整的测试记录；

b）组件生产企业应对测试步骤做明确的规定和要求，并保存完整的测试记录；

c）EL测试设备分辨率应优于600万像素；

d）组件生产企业人员现场操作应与相应程序文件和操作手册规定相符。

EL 判定结果应至少满足以下要求：

a）单个电池片隐裂不应超过两条，隐裂长度不应超出电池片边长五分之一长度；

b）单个电池片不应有贯穿隐裂，单个电池片的失效面积应小于 5%；

c）整个组件存在隐裂的电池片不超过两个；

d）单个组件不应有明暗片；

e）单个电池片断栅长度≤1mm（不连续性断栅），数量≤3 处，同一组件断栅电池 数量≤2；

f）单个电池片不应有虚焊和短路；

g）单电池片的黑斑等其他现象应符合企业内控最高标准。

6.1.4.2　电性能测试

监造人员应至少检查以下内容：

a）组件生产企业应对所生产组件做 100% 电性能测试（IV 测试），并保存完整的测试记录。

b）测试应在 STC 标准测试条件下进行，组件测试温度应控制在 $25\pm3℃$，并使用准确的温度修正系数还原到 25℃、STC 下的电性能参数，温度系数数值要求与权威第三方报告一致。太阳模拟器应不低于 ABA 级，且具备国家认可的第三方机构出具的校准报告，且企业应对设备点检并有相关的程序文件要求。

c）组件生产企业应具备经国家认可的第三方机构标定的在有效期（一年）内的一级标准组件，有效期（三个月）内的二级标准组件（标准组件种类、规格、原材料及零部件选用均应与被测组件保持一致），用于控制设备的准确性。并对标准组件的使用、储存和管理有相关的程序文件要求。组件生产线使用的标准片应按企业内部标准（但不低于每两小时一次）进行校准。

d）光伏组件按电流分档，$\Delta I_{mp}\leq0.1A$。

e）组件生产企业人员现场操作应与相应程序文件和操作手册规定相符。

6.1.4.3　绝缘耐压测试

监造人员应至少检查以下内容：

a）组件生产企业应依据 IEC 或 UL 绝缘耐压测试要求进行 100% 的绝缘耐压测试，绝缘耐压测试设备应具备经国家认可的第三方机构在有效期内的校准报告及有效的确认检验规程；

b）组件生产企业人员现场操作应与相应程序文件和操作手册规定相符。

6.1.5　成品质量控制的监督

6.1.5.1　工厂现场抽样测试

监造人员根据生产进度，对每批次生产的组件进行尺寸/重量、外观检查、绝缘耐压测试、湿漏电试验、接地连续性试验和电性能测试。所有试验设备都应该在有效校准期内。可以根据产品型号、制造商、关键件材料搭配、层压机使用和生产车间情况增加抽检频次。抽检项目及抽样判定要求应符合表3规定。

表3　抽样项目和抽样判定

项目	依据标准	抽检方式	抽样判定要求
尺寸/重量	企业标准	成品库随机抽样	GB/T 2828.1—2012，S-2 AQL1.0
外观检查	企业标准	成品库随机抽样	GB/T 2828.1—2012，一般检验水平 I AQL1.0
EL隐裂测试	企业标准	成品库随机抽样/包装前检验	GB/T 2828.1—2012，一般检验水平 I AQL1.0
绝缘耐压测试	IEC 61215—2005 10.3	成品库随机抽样	GB/T 2828.1—2012，S-2 AQL1.0
湿漏电试验	IEC 61215—2005 10.15	成品库随机抽样	GB/T 2828.1—2012，S-2 AQL1.0
接地连续性试验	IEC 61730.2—2004 MST13	成品库随机抽样	每批次10块 AQL1.0
功率试验（电性能测试）	IEC 61215—2005 10.2	成品库随机抽样	GB/T 2828.1—2012，S-3 AQL1.0
任一项目出现测试不合格情况时，如果测试结果满足AQL要求，该批次全部组件应重新测试，剔除不合格品后可放行。如果测试结果不满足AQL要求，该批次应拒收。监造方应立刻通知委托方，并与制造厂共同确定后续整改方案。			

6.1.5.2　第三方测试

监造人员对首批生产的组件至少抽取八块组件送指定第三方实验室进行测试，如果涉及产品质量的组件部件或工艺发生变更，应重新抽样进行测试。原则上首批发货前应获得第三方实验室出具的测试报告。第三方测试抽检项目应符合表4规定。

表4　第三方测试抽检项目

项目	依据标准	抽检方式
外观检查	IEC 61215—2005 10.1	第三方实验室检测
绝缘耐压测试	IEC 61215—2005 10.3	第三方实验室检测
接地连续性试验	IEC 61730.2—2004 MST13	第三方实验室检测
功率试验（电性能测试）	IEC 61215—2005 10.2	第三方实验室检测
湿漏电试验	IEC 61215—2005 10.15	第三方实验室检测
热斑试验	IEC 61215—2005 10.9	第三方实验室检测
湿热试验	IEC 61215—2005 10.13	第三方实验室检测
紫外预处理试验	IEC 61215—2005 10.10	第三方实验室检测
热循环试验（50次）	IEC 61215—2005 10.11	第三方实验室检测
湿冻试验（10次）	IEC 61215—2005 10.12	第三方实验室检测
机械载荷试验	IEC 61215—2005 10.16	第三方实验室检测
监造人员应根据组件应用项目地区的环境特点增减测试项目或改变环境试验的测试条件。区域划分应符合Q/CTG 45—2015规定，采购时要求提供抗PID组件的应进行PID测试报告。 如果测试结果不符合上述测试标准要求，应按发货批次对不合格项进行重测，如果重测结果合格，本批次可接受；如果不合格，本批次退换货或通过整改达到质量要求。监造机构应出具不合格情况的分析报告及处理方案。		

6.2　包装和运输

6.2.1　每批次组件发货,应经过监造组长签署发货确认单。

6.2.2　包装前,监造人员应清点批次出货具体数量,检查设计规格,确认包装方式、搬运方法和运输工具能够保证组件在运输过程中不会造成损坏。

6.2.3　在组件装车前,监造方应书面确认生产过程监造结果和抽检报告满足监造要求并通知委托方,同时对出货组件进行封条处理、拍照留档。

6.3　电站施工现场

6.3.1　光伏组件到达现场后的监卸

监造人员根据要求安排人员到货物卸货点进行监督,检查货物在运输过程中是否有损坏,产品和运单是否一致,是否存在运输过程中破损、浸水等损伤。

6.3.2　现场检测

6.3.2.1　监造人员应按照到货批次进行抽样检测,根据现场实际情况确定样本单元数量,抽样量应覆盖全部到货批次,每样本单元数量最大不超过 5MW,根据 GB/T 2828.1—2012 特殊检验 S-4 水平对每样本单元组件进行外观、开路电压、EL 测试抽检且应符合表 5 的判定要求,并对到货组件进行一致性核查。

表 5　现场检测

项目	依据标准	抽样判定要求
外观检查	企业标准	GB/T 2828.1—2012,S-4
		AQL1.0
开路电压	/	GB/T 2828.1—2012,S-4
		AQL1.0
EL 测试	企业标准	GB/T 2828.1—2012,S-4
		AQL1.5

6.3.2.2　组件现场安装完成后,测量工程师到电站安装现场进行测试。按照 GB/T 2828.1—2012 特殊检验 S-2 水平对安装好的组串进行电性能测试。先根据 IEC 62446—2009 中工作电流、工作电压的测试方法,确认组件在安装过程中无错误连接现象。待确认完成后,按 IEC 60904-1—2006 自然光下测试方法对组串进行 I-V 测试。

6.3.3　安装培训

6.3.3.1　监造人员应配合组件厂商对现场安装人员进行足够的专业培训,确认安装人员能够正确掌握组件现场安装方法,并严格按照组件标准安装手册进行安装,避免在二次运输及现场施工中出现暴力安装、踩踏及不规范放置等可能影响组件性能或安全的情况。

6.3.3.2　单个子阵列安装应严格按照同一组件电流分档进行。组串内在条件允许的情况下,尽量统一电流分档。

7 记录

7.1 记录方式

记录且不限定以下方式实现：

a）组件企业提供文件供监造人员进行审查；

b）监造人员旁站见证关键工序、测试、试验的质量控制点；

c）监造人员在监造过程中根据指定的监造方式及具体的监造要点与组件工厂共同把好质量关，在关键点见证完成后要及时填写相关记录文件，监造人员和组件工厂检验员应在记录文件上签字，监造人员和组件工厂各执一份。

7.2 记录内容

监造应以监造日志的形式记录并至少包含下列内容：

a）原材料的采购、入库、出库记录；

b）原材料进货检验记录；

c）所有监造组件的生产流程卡；

d）所有监造组件电性能测试的完整记录；

e）现场试验检验条件及记录；

f）所有监造组件测试记录核查结果；

g）验证试验所需样品现场抽样单；

h）所有监造抽检组件（含组件生产厂和电站现场）的测试记录；

i）第三方实验室抽样组件的原始记录；

j）组件打包装箱记录；

k）现场照片：关键工艺过程、组件成品、现场测试、成品包装；

l）问题说明；

m）电站现场培训记录。

8 报告

8.1 监造报告

监造报告应至少包含以下内容：

a）总结报告；

b）附件1：驻厂监造报告；

c）附件2：实验室检测报告；

d）附件3：电站现场验收报告；

e）附件4：监造日志。

8.2 总结报告

总结报告应至少包含以下内容：

a）电站项目概述；

b）监造工作内容；

c）工作完成情况；

d）监造结果评定；

e）监造过程中发现的问题及解决情况；

f）实验室测试期间发现的问题及解决情况；

g）电站现场发现的问题及解决情况；

h）对后续电站建设的建议；

i）对后续监造工作的建议。

光伏电站逆变器设备采购
招标文件范本

QZ/CTG 05. 27. V2—2017

_____光伏电站逆变器
设备采购

招标文件

招标编号：_____

招标人：_____
招标代理机构：_____
20____年____月____日

使用说明

一、《招标文件》适用于<u>中国长江三峡集团有限公司</u>新能源项目的<u>光伏电站逆变器设备采购</u>招标。

二、《招标文件》用相同序号标示的章、节、条、款、项、目，供招标人和投标人选择使用；以空格标示的由招标人填写的内容，招标人应根据招标项目具体特点和实际需要具体化，确实没有需要填写的，在空格中用"/"标示。

三、《招标文件》第一章的招标公告或投标邀请书中，投标人资格要求按照单一标段编写。多标段招标时，可并列编写各标段投标人资格要求。

四、招标人可以根据项目实际情况，对《招标文件》第二章"投标人须知"前附表第1.12.2款指明的"实质性偏差的内容"进行调整。

五、《招标文件》第三章"评标办法"采用综合评估法，各评审因素的评审标准、分值和权重等不可修改。

六、《招标文件》第五章"设备采购清单"由招标人根据行业标准、招标项目具体特点和实际需要编制，并与"投标人须知""合同条款及格式""技术标准和要求""图纸"相衔接。本章所附表格可根据有关规定作相应的调整和补充。

七、《招标文件》第六章"图纸"由招标人根据行业标准施工招标文件（如有）、招标项目具体特点和实际需要编制，并与"投标人须知""合同条款及格式""技术标准和要求"相衔接。

八、《招标文件》第七章"技术标准和要求"由招标人根据行业标准、招标项目具体特点和实际需要编制。"技术标准和要求"中的各项技术标准应符合国家强制性标准，不得要求或标明某一特定的专利、商标、名称、设计、原产地或生产供应者，不得含有倾向或者排斥潜在投标人的其他内容。如果必须引用某一生产供应者的技术标准才能准确或清楚地说明拟招标项目的技术标准时，则应当在参照后面加上"或相当于"字样。

九、《招标文件》将根据实际执行过程中出现的问题及时进行修改。各使用单位对《招标文件》的修改意见和建议，可向编制工作小组反映。

邮箱：ctg _ zbfb@ctg. com. cn。

第一章　招标公告（未进行资格预审）

＿＿＿＿＿＿＿＿（项目名称）招标公告

招标编号：

1　招标条件

本招标项目＿＿＿＿＿＿（项目名称）已获批准采购，采购资金来自＿＿＿＿＿＿（资金来源），招标人为＿＿＿＿＿＿＿＿，招标代理机构为三峡国际招标有限责任公司。项目已具备招标条件，现对该项目进行公开招标。

2　项目概况与招标范围

2.1　项目概况

＿＿＿＿＿＿（说明本次招标项目的建设地点、规模等）。

2.2　招标范围

＿＿＿＿＿＿（说明本次招标项目的招标范围、标段划分（如果有）、计划工期等）。

3　投标人资格要求

3.1　本次招标要求投标人须具备以下条件：

（1）资质条件：＿＿＿＿＿＿＿＿；

（2）业绩要求：＿＿＿＿＿＿＿＿；

（3）信誉要求：＿＿＿＿＿＿＿＿；

（4）财务要求：＿＿＿＿＿＿＿＿；

（5）其他要求：＿＿＿＿＿＿＿＿。

3.2　本次招标＿＿＿＿＿＿（接受或不接受）联合体投标。联合体投标的，应满足下列要求：＿＿＿＿＿＿。

3.3　投标人不能作为其他投标人的分包人同时参加投标；单位负责人为同一人或者存在控股、管理关系的不同单位，不得参加同一标段投标或者未划分标段的同一招标项目投标；本次招标_____（接受或不接受）代理商的投标（如投标人为代理商，需获得_____授权）。

3.4 各投标人均可就本招标项目的____（具体数量）个标段投标。[①]

4 招标文件的获取

4.1 招标文件发售时间为____年____月____日____时整至____年____月____日____时整（北京时间，下同）。

4.2 招标文件每标段售价____元，售后不退。

4.3 有意向的投标人须登录中国长江三峡集团公司电子采购平台（网址：http://epp. ctg. com. cn/，以下简称"电子采购平台"，服务热线电话：010－57081008）进行免费注册成为注册供应商，在招标文件规定的发售时间内通过电子采购平台点击"报名"提交申请，并在"支付管理"模块勾选对应条目完成支付操作。潜在投标人可以选择在线支付或线下支付（银行汇款）完成标书款缴纳：

（1）在线支付（单位或个人均可）时请先选择支付银行，然后根据页面提示进行支付，支付完成后电子采购平台会根据银行扣款结果自动开放招标文件下载权限；

（2）线下支付（单位或个人均可）时须通过银行汇款将标书款汇至三峡国际招标有限责任公司的开户行——工商银行北京中环广场支行（账号：0200209519200005317）。线下支付成功后，潜在投标人须再次登录电子采购平台，依次填写支付信息、上传汇款底单并保存提交，招标代理机构工作人员核对标书款到账情况后开放下载权限。

4.4 若超过招标文件发售截止时间，则不能在电子采购平台相应标段点击"报名"，将不能获取未报名标段的招标文件，也不能参与相应标段的投标。未及时按照规定在电子采购平台报名的后果，由投标人自行承担。

5 电子身份认证

本项目投标文件的网上提交部分需要使用电子钥匙（CA）加密后上传至本电子采购平台（标书购买阶段不需使用 CA 电子钥匙）。本电子采购平台的相关电子钥匙（CA）须在北京天威诚信电子商务服务有限公司指定网站办理（网址：http://sanxia. szzsfw. com/，服务热线电话：010－64134583），请潜在投标人及时办理，以免影响投标，由于未及时办理 CA 影响投标的后果，由投标人自行承担。

6 投标文件的递交

6.1 投标文件递交的截止时间（投标截止时间，下同）为____年____月____日____时

---

① 分标段时适用，根据项目情况修改。

整。本次投标文件的递交分现场递交和网上提交，现场递交的地点为_____ ；网上提交的投标文件应在投标截止时间前上传至电子采购平台。

6.2 在投标截止时间前，现场递交的投标文件未送达到指定地点或者网上提交的投标文件未成功上传至电子采购平台，招标人不予受理。

7 发布公告的媒介

本次招标公告同时在中国招标投标公共服务平台（http：//www. cebpubservice. com）、中国长江三峡集团公司电子采购平台（http：//epp. ctg. com. cn）、三峡国际招标有限责任公司网站（www. tgtiis. com）上发布。

8 联系方式

招 标 人：_____　　招标代理机构：_____

地　　址：_____　　地　　址：_____

邮　　编：_____　　邮　　编：_____

联 系 人：_____　　联 系 人：_____

电　　话：_____　　电　　话：_____

传　　真：_____　　传　　真：_____

电子邮箱：_____　　电子邮箱：_____

招标采购监督：_____

联 系 人：_____

电　　话：_____

传　　真：_____

_____年____月____日

第一章　投标邀请书（适用于邀请招标）

＿＿＿＿＿＿＿（项目名称）投标邀请书

招标编号：

＿＿＿＿＿＿＿＿＿（被邀请单位名称）：

1　招标条件

本招标项目＿＿＿＿＿（项目名称）已获批准采购，采购资金来自＿＿＿＿＿（资金来源），招标人为＿＿＿＿＿，招标代理机构为三峡国际招标有限责任公司。项目已具备招标条件，现邀请你单位参加＿＿＿（项目名称）＿＿标段投标。

2　项目概况与招标范围

2.1　项目概况

（说明本次招标项目的建设地点、规模等）。

2.2　招标范围

（说明本次招标项目的招标范围、标段划分（如果有）、计划工期等）。

3　投标人资格要求

3.1　投标人应同时具备以下资格条件：

（1）资质条件：＿＿＿＿＿＿＿＿；

（2）业绩要求：＿＿＿＿＿＿＿＿；

（3）信誉要求：＿＿＿＿＿＿＿＿；

（4）财务要求：＿＿＿＿＿＿＿＿；

（5）其他要求：＿＿＿＿＿＿＿＿。

3.2　本次招标＿＿＿＿＿（接受或不接受）联合体投标。联合体投标的，应满足下列要求：＿＿＿＿＿。

3.3　投标人不能作为其他投标人的分包人同时参加投标；单位负责人为同一人或者存在控股、管理关系的不同单位，不得参加同一标段投标或者未划分标段的同一招标项目投标；本次招标_____（接受或不接受）代理商的投标（如投标人为代理商，需获得_____授权）。

3.4　各投标人均可就上述标段中的____（具体数量）个标段投标。

4　招标文件的获取

4.1　招标文件发售时间为____年___月___日至____年___月___日___时整（北京时间，下同）。

4.2　招标文件每标段售价_____元，售后不退。

4.3　有意向的投标人须登录中国长江三峡集团公司电子采购平台（网址：http：//epp. ctg. com. cn/，以下简称"电子采购平台"，服务热线电话：010－57081008）进行免费注册成为注册供应商，在招标文件规定的发售时间内通过电子采购平台点击"报名"提交申请，并在"支付管理"模块勾选对应条目完成支付操作。潜在投标人可以选择在线支付或线下支付（银行汇款）完成标书款缴纳：

（1）在线支付（单位或个人均可）时请先选择支付银行，然后根据页面提示进行支付，支付完成后电子采购平台会根据银行扣款结果自动开放招标文件下载权限；

（2）线下支付（单位或个人均可）时须通过银行汇款将标书款汇至三峡国际招标有限责任公司的开户行：工商银行北京中环广场支行（账号：0200209519200005317）。线下支付成功后，潜在投标人须再次登录电子采购平台，依次填写支付信息、上传汇款底单并保存提交，招标代理机构工作人员核对标书款到账情况后开放下载权限。

4.4　若超过招标文件发售截止时间，则不能在电子采购平台相应标段点击"报名"，将不能获取未报名标段的招标文件，也不能参与相应标段的投标，未及时按照规定在电子采购平台报名的后果，由投标人自行承担。

5　电子身份认证

本项目投标文件的网上提交部分需要使用电子钥匙（CA）加密后上传至本电子采购平台（标书购买阶段不需使用CA电子钥匙）。本电子采购平台的相关电子钥匙（CA）须在北京天威诚信电子商务服务有限公司指定网站办理（网址：http：//sanxia. szzsfw. com/，服务热线电话：010－64134583），请潜在投标人及时办理，以免影响投标，由于未及时办理CA影响投标的后果，由投标人自行承担。

6 投标文件的递交

6.1 投标文件递交的截止时间（投标截止时间，下同）为＿＿年＿＿月＿＿日＿＿时整。本次投标文件的递交分现场递交和网上提交，现场递交的地点为＿＿＿＿；网上提交的投标文件应在投标截止时间前上传至电子采购平台。

6.2 在投标截止时间前，现场递交的投标文件未送达到指定地点或者网上提交的投标文件未成功上传至电子采购平台，招标人不予受理。

7 确认

你单位收到本投标邀请书后，请于＿＿年＿＿月＿＿日＿＿时整前以传真或电子邮件方式予以确认。

8 联系方式

招　标　人：＿＿＿＿＿＿＿＿＿＿　　　　招标代理机构：＿＿＿＿＿＿＿＿＿

地　　　址：＿＿＿＿＿＿＿＿＿＿　　　　地　　　址：＿＿＿＿＿＿＿＿＿

邮　　　编：＿＿＿＿＿＿＿＿＿＿　　　　邮　　　编：＿＿＿＿＿＿＿＿＿

联　系　人：＿＿＿＿＿＿＿＿＿＿　　　　联　系　人：＿＿＿＿＿＿＿＿＿

电　　　话：＿＿＿＿＿＿＿＿＿＿　　　　电　　　话：＿＿＿＿＿＿＿＿＿

传　　　真：＿＿＿＿＿＿＿＿＿＿　　　　传　　　真：＿＿＿＿＿＿＿＿＿

电子邮箱：＿＿＿＿＿＿＿＿＿＿　　　　电子邮箱：＿＿＿＿＿＿＿＿＿

招标采购监督：＿＿＿＿＿＿＿＿＿

联　系　人：＿＿＿＿＿＿＿＿＿

电　　　话：＿＿＿＿＿＿＿＿＿

传　　　真：＿＿＿＿＿＿＿＿＿

＿＿＿＿年＿＿月＿＿＿日

第一章 投标邀请书（代资格预审通过通知书）

_____（项目名称）投标邀请书

_____（被邀请单位名称）：

你单位已通过资格预审，现邀请你单位按招标文件规定的内容，参加_____（项目名称）_____标段投标。

请你单位于____年____月____日至____年____月____日____时整按下列要求购买招标文件（北京时间，下同）。

招标文件每标段售价_____元，售后不退。

请登录中国长江三峡集团公司电子采购平台（网址：http：//epp.ctg.com.cn/，以下简称"电子采购平台"，服务热线电话：010－57081008）进行免费注册成为注册供应商，在招标文件规定的发售时间内通过电子采购平台点击"报名"提交申请，并在"支付管理"模块勾选对应条目完成支付操作。潜在投标人可以选择在线支付或线下支付（银行汇款）完成标书款缴纳：

（1）在线支付（单位或个人均可）时请先选择支付银行，然后根据页面提示进行支付，支付完成后电子采购平台会根据银行扣款结果自动开放招标文件下载权限；

（2）线下支付（单位或个人均可）时须通过银行汇款将标书款汇至三峡国际招标有限责任公司的开户行：工商银行北京中环广场支行（账号：0200209519200005317）。线下支付成功后，潜在投标人须再次登录电子采购平台，依次填写支付信息、上传汇款底单并保存提交，招标代理机构工作人员核对标书款到账情况后开放下载权限。

若超过招标文件发售截止时间，则不能在电子采购平台相应标段点击"报名"，将不能获取未报名标段的招标文件，也不能参与相应标段的投标，未及时按照规定在电子采购平台报名的后果，由投标人自行承担。

投标文件递交的截止时间（投标截止时间，下同）为____年____月____日____时整。本次投标文件的递交分现场递交和网上提交，现场递交的地点为_____；网上提交的投标文件应在投标截止时间前上传至电子采购平台。

在投标截止时间前，现场递交的投标文件未送达到指定地点或者网上提交的投标文件未成功上传至电子采购平台，招标人不予受理。

你单位收到本投标邀请书后，请于 ＿＿＿年＿＿＿月＿＿＿日＿＿＿时整前以传真或电子邮件方式予以确认。

招　标　人：＿＿＿＿＿＿＿＿＿＿＿　　　　招标代理机构：＿＿＿＿＿＿＿＿＿

地　　　址：＿＿＿＿＿＿＿＿＿＿＿　　　　地　　　址：＿＿＿＿＿＿＿＿＿

邮　　　编：＿＿＿＿＿＿＿＿＿＿＿　　　　邮　　　编：＿＿＿＿＿＿＿＿＿

联　系　人：＿＿＿＿＿＿＿＿＿＿＿　　　　联　系　人：＿＿＿＿＿＿＿＿＿

电　　　话：＿＿＿＿＿＿＿＿＿＿＿　　　　电　　　话：＿＿＿＿＿＿＿＿＿

传　　　真：＿＿＿＿＿＿＿＿＿＿＿　　　　传　　　真：＿＿＿＿＿＿＿＿＿

电子邮箱：＿＿＿＿＿＿＿＿＿＿＿　　　　电子邮箱：＿＿＿＿＿＿＿＿＿

招标采购监督：＿＿＿＿＿＿＿＿＿＿＿

联　系　人：＿＿＿＿＿＿＿＿＿＿＿

电　　　话：＿＿＿＿＿＿＿＿＿＿＿

传　　　真：＿＿＿＿＿＿＿＿＿＿＿

＿＿＿＿＿年＿＿＿月＿＿＿＿日

附表　集中招标项目资格条件汇总表（格式）

序号	标段编号	标段名称	招标范围	资格条件要求	标书款金额	保证金金额	备注

第二章 投标人须知

投标人须知前附表

条款号	条款名称	编列内容
1.1.2	招标人	名称： 地址： 联系人： 电话： 电子邮箱：
1.1.3	招标代理机构	名称：三峡国际招标有限责任公司 地址： 联系人： 电话： 电子邮箱：
1.1.4	项目名称	
1.1.5	项目概况	
1.2.1	资金来源	
1.2.2	出资比例	
1.2.3	资金落实情况	
1.3.1	招标范围	本项目招标范围如下：
1.3.2	交货要求	交货批次和进度： 交货地点： 交货条件：
1.3.3	质量要求	
1.4.1	投标人资质条件、能力和信誉	资质条件： 业绩要求： 信誉要求： 财务要求： 其他要求：
1.4.2	是否接受联合体投标	□不接受 □接受，应满足下列要求：
1.4.5	是否接受代理商投标	□不接受 □接受，应满足下列要求：

续表

条款号	条款名称	编列内容
1.5	费用承担	其中中标服务费用： □由中标人向招标代理机构支付，适用于本须知 1.5 款_____ 类招标收费标准。 □其他方式：
1.9.1	踏勘现场	□不组织 □组织，踏勘时间： 　踏勘集中地点：
1.10.1	投标预备会	□不召开 □召开，召开时间： 　召开地点：
1.10.2	投标人提出问题的截止时间	投标预备会____天前
1.10.3	招标人书面澄清的时间	投标截止日期____天前
1.12.2	实质性偏差的内容	招标文件中规定的标有星号（＊）的技术性能要求、支付、质量保证、索赔、约定违约金、税费、适用法律、争议的解决、保函①
2.2.1	投标人要求澄清招标文件的截止时间	投标截止日期前____天
2.2.2	投标截止时间	____年____月____日____时整
2.2.3	投标人确认收到招标文件澄清的时间	收到通知后 24 小时内
2.3.2	投标人确认收到招标文件修改的时间	收到通知后 24 小时内
3.1.1	构成投标文件的其他材料	
3.3.1	投标有效期	自投标截止之日起____天
3.4.1	投标保证金	□不要求递交投标保证金 ☑要求递交投标保证金 投标文件应附上一份符合招标文件规定的投标保证金，金额为人民币_____万元/标段。 **1. 递交形式** 通过在线支付或线下支付递交的投标保证金或由国内银行的省、地市级分行出具的银行保函，不接受汇票、支票或现钞等其他方式。 **2. 递交办法** 2.1　使用在线支付或线下支付缴纳投标保证金 潜在投标人须登录电子采购平台，于投标截止时间前在"投标管理－投标"菜单中选择项目并点击"支付保证金"，并在"支付管理"模块勾选对应条目完成支付操作。潜在投标人可以选择在线支付或线下支付进行缴纳：

---

① 根据项目具体情况调整偏差内容。

条款号	条款名称	编列内容
3.4.1	投标保证金	（1）在线支付（通过"B2B"即企业银行对公支付）保证金时，请根据页面提示选择支付银行进行支付； （2）线下支付投标保证金时，潜在投标人须通过银行汇款至招标代理，汇款成功后，再次登录电子采购平台，依次填写支付信息、上传汇款底单并保存提交。 2.2 使用银行保函缴纳投标保证金 潜在投标人须开具有效的银行保函，登录电子采购平台，在线下支付付款方式中选"保函"，并上传银行保函彩色扫描件。 **3. 递交时间** 潜在投标人选择在线支付方式缴纳投标保证金时，须确保在投标截止时间前投标保证金被扣款成功，否则其投标文件将被否决；选择线下支付缴纳投标保证金时，在投标截止时间前，投标保证金须成功汇至招标代理银行账户上，否则其投标文件将被否决；选择银行保函作为投标保证金时，在投标截止时间前，银行保函原件必须随纸质投标文件一起递交招标代理机构，否则其投标将被否决。 **4. 退还信息** 《投标保证金退还信息及中标服务费交纳承诺书》原件应单独密封，并在封面注明"投标保证金退还信息"，随投标文件一同递交。 **5. 投标保证金收款信息** 开户银行：工商银行北京中环广场支行 账号：0200209519200005317 行号：20956 开户名称：三峡国际招标有限责任公司 汇款用途：BZJ
3.4.3	投标保证金的退还	**1. 使用在线支付或线下支付投标保证金方式** 未中标投标人的投标保证金，将在中标人和招标人签订书面合同后5日内予以退还，并同时退还投标保证金利息；中标人的投标保证金将在其与招标人签订书面合同并提供履约担保（如招标文件有要求）、由招标代理机构扣除中标服务费后5日内将余额退还（如不足，需在接到招标代理机构通知后5个工作日内补足差额）。 投标保证金利息按收取保证金之日的中国人民银行同期活期存款利率计息，遇利率调整不分段计息。存款利息计算时，本金以"元"为起息点，利息的金额也算至元位，元位以下四舍五入。按投标保证金存放期间计算利息，存放期间一律算头不算尾，即从开标日起算至退还之日前一天止；全年按360天，每月均按30天计算。 **2. 使用银行保函方式** 未中标投标人的银行保函原件，将在中标人和招标人签订书面合同后5日内退还；中标人的保函将在中标人和招标人签订书面合同、提供履约担保（如招标文件有要求）且支付中标服务费后5日内无息退还
3.5.3	近年财务状况	___年至___年
	近年完成的类似项目	___年___月___日至___年___月___日
	近年发生的重大诉讼及仲裁情况	___年___月___日至___年___月___日
	……	

条款号	条款名称	编列内容
3.6	是否允许递交备选投标方案	□不允许 □允许
3.7.2	现场递交投标文件份数	现场递交纸质投标文件正本1份、副本__份和电子版__份（U盘）
3.7.3	纸质投标文件签字或盖章要求	按招标文件第八章"投标文件格式"要求签字或盖章
3.7.4	纸质投标文件装订要求	纸质投标文件应按以下要求装订：装订应牢固、不易拆散和换页，不得采用活页装订
3.7.5	现场递交的投标文件电子版（U盘）格式	投标报价应使用.xlsx进行编制，其他部分的电子版文件可用.docx、.xlsx或PDF等格式进行编制
3.7.6	网上提交的电子投标文件中格式	第八章"投标文件格式"中的投标函和授权委托书采用签字盖章后的彩色扫描件；其他部分的电子版文件应采用.docx、.xlsx或PDF格式进行编制
4.1.2	封套上写明	项目名称： 招标编号： 在___年___月___日___时___分（投标文件截止时间）前不得开启。 投标人名称：
4.2	投标文件的递交	本条款补充内容如下： 投标文件分为网上提交和现场递交两部分。 （1）网上提交 应按照中国长江三峡集团公司电子采购平台（以下简称"电子采购平台"）的要求将编制好的文件加密后上传至电子采购平台（具体操作方法详见http：//epp.ctg.com.cn网站中"使用指南"）。 （2）现场递交 投标人应将纸质投标文件的正本、副本、电子版、投标保证金退还信息和银行保函原件（如有）分别密封递交。纸质版、电子版应包含投标文件的全部内容
4.2.2	投标文件网上提交	网上提交：中国长江三峡集团公司电子采购平台（http：//epp.ctg.com.cn/） （1）电子采购平台提供了投标文件各部分内容的上传通道，其中："投标保证金支付凭证"应上传投标保证金汇款凭证、"投标保证金退还信息及中标服务费交纳承诺书"以及银行保函（如有）彩色扫描件；"评标因素应答对比表"对本项目不适用。 （2）电子采购平台中的"商务文件"（2个通道）、"技术文件"（2个通道）、"投标报价文件"（1个通道）和"其他文件"（1个通道），每个通道最大上传文件容量为100M。商务文件、技术文件超过最大上传容量时，投标人可将资格审查资料、图纸文件从"其他文件"通道进行上传；若容量仍不能满足，则将未上传的部分在投标文件格式文件十中进行说明，并将未上传部分包含在现场提交的电子文件中
4.2.3	投标文件现场递交地点	现场递交至：

条款号	条款名称	编列内容
4.2.4	是否退还投标文件	□否 □是
4.5.1	是否提交投标样品	□否 □是，具体要求：
5.1	开标时间和地点	开标时间：同投标截止时间 开标地点：同递交投标文件地点
7.2	中标候选人公示	招标人在中国招标投标公共服务平台（http://www.cebpubservice.com）、中国长江三峡集团公司电子采购平台（http://epp.ctg.com.cn/）网站上公示中标候选人，公示期3个工作日
7.4.1	履约担保	履约担保的形式：银行保函或保证金 履约担保的金额：签约合同价的__％ 开具履约担保的银行：须招标人认可，否则视为投标人未按招标文件规定提交履约担保，投标保证金将不予退还。 （备注：300万元及以上的工程、货物、科研类合同，签订前必须提供履约保函；其他服务类合同、300万元以下的工程及货物类合同，可按项目实际情况明确是否需要履约保函）
10	需要补充的其他内容	
10.1	知识产权	构成本招标文件各个组成部分的文件，未经招标人书面同意，投标人不得擅自复印和利用于非本招标项目所需的其他目的。招标人全部或者部分使用未中标人投标文件中的技术成果或技术方案时，需征得其书面同意，并不得擅自复印或提供给第三人
10.2	电子注册	投标人必须登录中国长江三峡集团公司电子采购平台（http://epp.ctg.com.cn）进行免费注册。 未进行注册的投标人，将无法参加投标报名并获取进一步的信息。 本项目投标文件的网上提交部分需要使用电子身份认证（CA）加密后上传至本电子采购平台（标书购买阶段不需使用电子钥匙），本电子采购平台的相关电子身份认证（CA）须在指定网站办理（http://sanxia.szzsfw.com/），请潜在投标人及时办理，并在投标截止时间至少3日前确认电子钥匙的使用可靠性，因此导致的影响投标或投标文件被拒收的后果，由投标人自行承担。 具体办理方法：一、请登录电子采购平台（http://epp.ctg.com.cn/）在右侧点击"使用指南"，之后点击"CA电子钥匙办理指南V1.1"，下载PDF文件后查看办理方法；二、请直接登录指定网站（http://sanxia.szzsfw.com/），点击右上角"用户注册"，注册用户名及密码，之后点击"立即开始数字证书申请"，按照引导流程完成办理。（温馨提示：电子钥匙办理完成网上流程后需快递资料，办理周期从快递到件计算5个工作日完成。已办理电子钥匙的请核对有效期，必要时及时办理延期！）
10.3	投标人须遵守的国家法律法规和规章及中国长江三峡集团有限公司相关管理制度和标准	

条款号	条款名称	编列内容
10.3.1	国家法律法规和规章	投标人在投标活动中须遵守包括但不限于以下法律法规和规章： （1）《中华人民共和国合同法》 （2）《中华人民共和国民法通则》 （3）《中华人民共和国招标投标法》 （4）《中华人民共和国招标投标法实施条例》 （5）《工程建设项目货物招标投标办法》（国家计委令第 27 号） （6）《工程建设项目招标投标活动投诉处理办法》（国家发改委等 7 部门令第 11 号） （7）《关于废止和修改部分招标投标规章和规范性文件的决定》（国家发改委等 9 部门令第 23 号）
10.3.2	中国长江三峡集团有限公司相关管理制度	投标人在投标活动中须遵守以下中国长江三峡集团有限公司相关管理制度： （1）《中国长江三峡集团公司供应商信用评价管理办法》 （2）中国长江三峡集团有限公司供应商信用评价结果的有关通知〔登录中国长江三峡集团公司电子采购平台（http：//epp. ctg. com. cn）后点击"通知通告"〕
10.3.3	中国长江三峡集团有限公司相关企业标准	三峡企业标准：_____ 查阅网址：
10.4		投标人和其他利害关系人认为本次招标活动中涉及个人违反廉洁自律规定的，可通过招标公告中的招标采购监督电话等方式举报

1 总则

1.1 项目概况

1.1.1 根据《中华人民共和国招标投标法》等有关法律、法规和规章的规定，本招标项目已具备招标条件，现对本招标项目进行招标。

1.1.2 本招标项目招标人：见投标人须知前附表。

1.1.3 本招标项目招标代理机构：见投标人须知前附表。

1.1.4 本招标项目名称：见投标人须知前附表。

1.1.5 本招标项目概况：见投标人须知前附表。

1.2 资金来源和落实情况

1.2.1 本招标项目的资金来源：见投标人须知前附表。

1.2.2 本招标项目的出资比例：见投标人须知前附表。

1.2.3 本招标项目的资金落实情况：见投标人须知前附表。

1.3 招标范围、交货批次和进度、质量要求

1.3.1 本次招标范围：见投标人须知前附表。

1.3.2　本招标项目的交货批次和进度：见投标人须知前附表。

1.3.3　本招标项目的质量要求：见投标人须知前附表。

1.4　投标人资格要求（适用于已进行资格预审的）

投标人应是收到招标人发出投标邀请书的单位。

1.4　投标人资格要求（适用于未进行资格预审的）

1.4.1　投标人应具备承担本招标项目的资质条件、能力和信誉。相关资格要求如下：

（1）资质条件：见投标人须知前附表；

（2）财务要求：见投标人须知前附表；

（3）业绩要求：见投标人须知前附表；

（4）信誉要求：见投标人须知前附表；

（5）其他要求：见投标人须知前附表。

1.4.2　投标人须知前附表规定接受联合体投标的，除应符合本章第 1.4.1 项和投标人须知前附表的要求外，还应遵守以下规定：

（1）联合体各方应按招标文件提供的格式签订联合体协议书，明确联合体牵头人和各成员方权利义务；

（2）由同一专业的单位组成的联合体，按照资质等级较低的单位确定联合体资质等级；

（3）联合体各方不得再以自己名义单独或参加其他联合体在同一标段中投标。

1.4.3　投标人不得存在下列情形之一：

（1）为招标人不具有独立法人资格的附属机构（单位）；

（2）被责令停业的；

（3）被暂停或取消投标资格的；

（4）财产被接管或冻结的；

（5）在最近三年内有骗取中标或严重违约或投标设备存在重大质量问题的；

（6）投标人处于中国长江三峡集团有限公司限制投标的专业范围及期限内。

1.4.4　投标人不能作为其他投标人的分包人同时参加投标；单位负责人为同一人或者存在控股、管理关系的不同单位，不得参加同一标段投标或者未划分标段的同一招标项目投标。

1.4.5　投标人须知前附表规定接受代理商投标的，应符合本章第 1.4.1 项和投标人须知前附表的要求。

1.5　费用承担

投标人在本次投标过程中所发生的一切费用，不论中标与否，均由投标人自行承担，招标人和招标代理机构在任何情况下均无义务和责任承担这些费用。本项目招标工作由三峡国际招标有限责任公司作为招标代理机构负责组织，中标服务费用由中标人向招标代理机构支付，具体金额按照下表（中标服务费收费标准）计算执行。投标人投标费用中应包含拟支付给招标代理机构的中标服务费，该费用在投标报价表中不单独出项。收费类型见投标人须知前附表。

中标服务费用在合同签订后 5 日内，由招标代理机构直接从中标人的投标保证金中扣付。投标保证金不足支付招标代理费用时，中标人应补足差额。招标代理机构收取中标服务费用后，向中标人开具相应金额的服务费发票。

中标服务费收费标准

中标金额（万元）	工程类招标费率	货物类招标费率	服务类招标费率
100 以下	1.00％	1.50％	1.50％
100～500	0.70％	1.10％	0.80％
500～1000	0.55％	0.80％	0.45％
1000～5000	0.35％	0.50％	0.25％
5000～10000	0.20％	0.25％	0.10％
10000～50000	0.05％	0.05％	0.05％
50000～100000	0.035％	0.035％	0.035％
100000～500000	0.008％	0.008％	0.008％
500000～1000000	0.006％	0.006％	0.006％
1000000 以上	0.004％	0.004％	0.004％

注：中标服务费按差额定率累进法计算。

例如，某货物类招标代理业务中标金额为 900 万元，计算招标代理服务收费额如下：

$100 \times 1.5\％ = 1.5$ 万元

$(500 - 100) \times 1.1\％ = 4.4$ 万元

$(900 - 500) \times 0.80\％ = 3.2$ 万元

合计收费 $= 1.5 + 4.4 + 3.2 = 9.1$ 万元

1.6 保密

参与招标投标活动的各方应对招标文件和投标文件中的商业和技术等秘密保密，违者应对由此造成的后果承担法律责任。

1.7 语言文字

1.7.1 招标投标文件使用的语言文字为中文。专用术语使用外文的，应附有中文注释。

1.7.2 投标人与招标人之间就投标交换的所有文件和来往函件，均应用中文书写。

1.7.3 如果投标人提供的任何印刷文献和证明文件使用其他语言文字，则应将有关段落译成中文一并附上，如有差异，以中文为准。投标人应对译文的正确性负责。

1.8 计量单位

所有计量均采用中华人民共和国法定计量单位。

1.9 踏勘现场

1.9.1 投标人须知前附表规定组织踏勘现场的，招标人按投标人须知前附表规定的时间、地点组织投标人踏勘项目现场。

1.9.2 投标人踏勘现场发生的费用自理。

1.9.3 除招标人的原因外，投标人自行负责在踏勘现场中所发生的人员伤亡和财产损失。

1.9.4 招标人在踏勘现场中介绍的工程场地和相关的周边环境情况，供投标人在编制投标文件时参考，招标人不对投标人据此作出的判断和决策负责。

1.10 投标预备会

1.10.1 投标人须知前附表规定召开投标预备会的，招标人按投标人须知前附表规定的时间和地点召开投标预备会，澄清投标人提出的问题。

1.10.2 投标人应在投标人须知前附表规定的时间前，在电子采购平台上以电子文件的形式将提出的问题送达招标人，以便招标人在会议期间澄清。

1.10.3 投标预备会后，招标人在投标人须知前附表规定的时间内，将对投标人所提问题的澄清，在电子采购平台上以电子文件的形式通知所有购买招标文件的投标人。该澄清内容为招标文件的组成部分。

1.10.4 招标人在会议期间的澄清仅供投标人在编制投标文件时参考，招标人不对投标人据此作出的判断和决策负责。

1.11 外购与分包制造

1.11.1 投标人选择的原材料供应商、部件制造的分包商应具有相应的制造经验，具有提供本招标项目所需质量、进度要求的合格产品的能力。

1.11.2 投标人需按照投标文件格式的要求，提供有关原材料供应商和部件分包商的完整的资质文件。

1.11.3 投标人应提交与其选定的分包商草签的分包意向书。分包意向书中应明确拟分包项目内容、报价、制造厂名称等主要内容。

1.12 提交偏差表

1.12.1 投标人应对招标文件的要求做出实质性的响应。如有偏差应逐条提出，并按投标文件的格式要求提出商务、技术偏差。

1.12.2 投标人对招标文件前附表中规定的内容提出负偏差将被认为是对招标文件的非实质性响应，其投标文件将被否决。

1.12.3 按投标文件格式提出偏差仅仅是为了招标人评标方便。但未在其投标文件中提出偏差的条款或部分，应视为投标人完全接受招标文件的规定。

2 招标文件

2.1 招标文件的组成

2.1.1 本招标文件包括：

第一章　招标公告/投标邀请书；

第二章　投标人须知；

第三章　评标办法；

第四章　合同条款及格式；

第五章　设备采购清单；

第六章　图纸；

第七章　技术标准和要求；

第八章　投标文件格式。

2.1.2 根据本章第 1.10 款、第 2.2 款和第 2.3 款对招标文件所作的澄清、修改，构成招标文件的组成部分。

2.2 招标文件的澄清

2.2.1 投标人应仔细阅读和检查招标文件的全部内容。如发现缺页或附件不全，应及时向招标人提出，以便补齐。如有疑问，应在投标人须知前附表规定的时间前在电子采购平台上以电子文件形式，要求招标人对招标文件予以澄清。

2.2.2 招标文件的澄清将在投标人须知前附表规定的投标截止时间 15 天前在电子采购平台上以电子文件形式发给所有购买招标文件的投标人，但不指明澄清问题的来源。如果澄清发出的时间距投标截止时间不足 15 天，并且澄清内容影响投标文件编制的，招标人相应延长投标截止时间。

2.2.3 投标人在收到澄清后，应在投标人须知前附表规定的时间内以书面形式通知招标人，确认已收到该澄清。未及时确认的，将根据电子采购平台下载记录默认潜在投标人已收到该澄清文件。

2.3 招标文件的修改

2.3.1 在投标截止时间 15 天前，招标人可在电子采购平台上以电子文件形式修改招标文件，并通知所有已购买招标文件的投标人。如果修改招标文件的时间距投标截止时间不足 15 天，并且修改内容影响投标文件编制的，招标人相应延长投标截止时间。

2.3.2 投标人收到修改内容后，应在投标人须知前附表规定的时间内以书面形式通知招标人，确认已收到该修改。未及时确认的，将根据电子采购平台下载记录默认潜在投标人已收到该修改文件。

2.4　对招标文件的异议

2.4.1　潜在投标人或者其他利害关系人对招标文件及其修改和补充文件有异议的，应在投标截止时间 10 日前提出。

2.4.2　对招标文件及其修改和补充文件的异议由招标代理机构受理。具体要求见本章第 9.5 款规定。

3　投标文件

3.1　投标文件的组成

3.1.1　投标文件应包括下列内容：

　　（1）投标函；

　　（2）授权委托书、法定代表人身份证明；

　　（3）联合体协议书（如果有）；

　　（4）投标保证金；

　　（5）投标报价表；

　　（6）技术方案；

　　（7）偏差表；

　　（8）拟分包（外购）部件情况表；

　　（9）资格审查资料；

　　（10）构成投标文件的其他材料。

3.1.2　投标人须知前附表规定不接受联合体投标的，或投标人没有组成联合体的，投标文件不包括本章第 3.1.1（3）目所指的联合体协议书。

3.2　投标报价

3.2.1　投标人应按第五章"设备采购清单"的要求填写相应表格。

3.2.2　投标人在投标截止时间前修改投标函中的投标总报价，应同时修改第五章"设备采购清单"中的相应报价，投标报价总额为各分项金额之和。此修改须符合本章第 4.3 款的有关要求。

3.2.3　投标人应在投标文件中的投标报价上标明本合同拟提供的合同设备及服务的单价和总价。每种投标设备只允许有一个报价，采用可选择报价提交的投标将被视为非响应性投标而予以否决。

3.2.4　报价中必须包括设计、制造和装配投标设备所使用的材料、部件，试验、运输、保险、技术文件和技术服务费等及合同设备本身已支付或将支付的相关税费。

3.2.5　对于投标人为实现投标设备的性能及为保证投标设备的完整性和成套性所必需却没有单独列项和投标的费用，以及为完成本合同责任与义务所需的所有费用等，均应视为已包含在投标设备的报价中。

3.2.6 投标报价应为固定价格，投标人在投标时应已充分考虑了合同执行期间的所有风险，按可调整价格报价的投标文件将被否决。

3.3 投标有效期

3.3.1 在投标人须知前附表规定的投标有效期内，投标人不得要求撤销或修改其投标文件。

3.3.2 出现特殊情况需要延长投标有效期的，招标人应在电子采购平台上以电子文件形式通知所有投标人延长投标有效期。投标人同意延长的，应相应延长其投标保证金的有效期，但不得要求或被允许修改或撤销其投标文件；投标人拒绝延长的，其投标失效，但投标人有权收回其投标保证金。

3.4 投标保证金

3.4.1 投标人在递交投标文件的同时，应按投标人须知前附表规定的金额、担保形式和第八章"投标文件格式"规定的投标保证金格式递交投标保证金，并作为其投标文件的组成部分。联合体投标的，其投标保证金由牵头人递交，并应符合投标人须知前附表的规定。

3.4.2 投标人不按本章第3.4.1项要求提交投标保证金的，其投标将被否决。

3.4.3 招标代理机构按投标人须知前附表的规定退还投标保证金。

3.4.4 有下列情形之一的，投标保证金将不予退还：

（1）投标人在规定的投标有效期内撤销或修改其投标文件；

（2）中标人在收到中标通知书后，无正当理由拒签合同协议书或未按招标文件规定提交履约担保。

3.5 资格审查资料（适用于已进行资格预审的）

投标人在编制投标文件时，应按新情况更新或补充其在申请资格预审时提供的资料，以证实其各项资格条件仍能继续满足资格预审文件的要求，具备承担本招标项目的资质条件、能力和信誉。

3.5 资格审查资料（适用于未进行资格预审的）

3.5.1 证明投标人合格和资格的文件：

（1）投标人应提交证明其有资格参加投标且中标后有能力履行合同的文件，并作为其投标文件的一部分。

（2）投标人提交的投标合格性的证明文件应使招标人满意。

（3）投标人提交的中标后履行合同的资格证明文件应使招标人满意，包括但不限于投标人已具备履行合同所需的财务、技术、设计、开发和生产能力。

3.5.2　证明投标设备的合格性和符合招标文件规定的文件：

（1）投标人应提交根据合同要求提供的所有合同货物及其服务的合格性以及符合招标文件规定的证明文件，并作为其投标文件的一部分。

（2）合同货物和服务的合格性的证明文件应包括投标表中对合同货物和服务来源地的声明。

（3）证明投标设备和服务与招标文件的要求相一致的文件可以是文字资料、图纸和数据，投标人应提供：

A）投标设备主要技术指标和产品性能的详细说明；

B）逐条对招标人要求的技术规格进行评议，指出自己提供的投标设备和服务是否已做出实质性响应。同时应注意：投标人在投标中可以选用替代标准、牌号或分类号，但这些替代要实质上优于或相当于技术规格的要求。

3.5.3　投标人为了具有被授予合同的资格，应提供投标文件格式要求的资料，用以证明投标人的合法地位和具有足够的能力及充分的财务能力来有效地履行合同。为此，投标人应按投标人须知前附表中规定的时间区间提交相关资格审查资料，供评标委员会审查。

3.6　备选投标方案

除投标人须知前附表另有规定外，投标人不得递交备选投标方案。允许投标人递交备选投标方案的，只有中标人所递交的备选投标方案方可予以考虑。评标委员会认为中标人的备选投标方案优于其按照招标文件要求编制的投标方案的，招标人可以接受该备选投标方案。

3.7　投标文件的编制

3.7.1　投标文件应按第八章"投标文件格式"进行编写，如有必要，可以增加附页，作为投标文件的组成部分。其中，投标函附录在满足招标文件实质性要求的基础上，可以提出比招标文件要求更有利于招标人的承诺。

3.7.2　投标文件包括网上提交的电子文件、纸质文件和现场递交的投标文件电子版（U盘），具体数量要求见投标人须知前附表。

3.7.3　纸质投标文件应用不褪色的材料书写或打印，并由投标人的法定代表人或其委托代理人签字或盖单位章。委托代理人签字的，投标文件应附法定代表人签署的授权委托书。投标文件应尽量避免涂改、行间插字或删除。如果出现上述情况，改动之处应加盖单位章或由投标人的法定代表人或其授权的代理人签字确认。所有投标文件均需使用阿拉伯数字从前至后逐页编码。签字或盖章的具体要求见投标人须知前附表。

3.7.4　现场递交的纸质投标文件的正本与副本应分别装订成册，具体装订要求见投标人须知前附表规定。

3.7.5 现场递交的投标文件电子版（U盘）应为未加密的电子文件，并应按照投标人须知前附表规定的格式进行编制。

3.7.6 网上提交的电子投标文件应按照投标人须知前附表规定格式进行编制。

4 投标

4.1 投标文件的密封和标记

4.1.1 投标文件现场递交部分应进行密封包装，并在封套的封口处加盖投标人单位章；网上提交的电子投标文件应加密后递交。

4.1.2 投标文件现场递交部分的封套上应写明的内容见投标人须知前附表。

4.1.3 未按本章第4.1.1项或第4.1.2项要求密封和加写标记的投标文件，招标人不予受理。

4.2 投标文件的递交

4.2.1 投标人应在投标人须知前附表规定的投标截止时间前分别在网上和现场递交投标文件。

4.2.2 投标文件网上提交：投标人应按照投标人须知前附表要求将编制好的投标文件加密后上传至电子采购平台（具体操作方法详见 http：//epp.ctg.com.cn 网站中的"使用指南"）。

4.2.3 投标人现场递交投标文件（包括纸质版和电子版）的地点：见投标人须知前附表。

4.2.4 除投标人须知前附表另有规定外，投标人所递交的投标文件不予退还。

4.2.5 在投标截止时间前，现场递交的投标文件未送达到指定地点或者网上提交的投标文件未成功上传至电子采购平台，招标人不予受理。

4.3 投标文件的修改与撤回

4.3.1 在本章第2.2.2项规定的投标截止时间前，投标人可以修改或撤回已递交的投标文件。

4.3.2 投标人如要修改投标文件，必须在修改后重新上传电子文件；现场递交的投标文件相应修改。投标人修改或撤回已递交投标文件的书面通知应按照本章第3.7.3项的要求签字或盖章。招标人收到书面通知后，向投标人出具签收凭证。

4.3.3 修改的内容为投标文件的组成部分。修改的投标文件应按照本章第3条、第4条规定进行编制、密封、标记和递交，并标明"修改"字样。

4.3.4 投标人撤回投标文件的，招标人自收到投标人书面撤回通知之日起5日内退还已收取的投标保证金。

4.4 投标文件的有效性

4.4.1 当网上提交和现场递交的投标文件内容不一致时，以网上提交的投标文件为准。

4.4.2 当现场递交的投标文件电子版与投标文件纸质版正本内容不一致时，以投标文件纸质版正本为准。

4.4.3 当电子采购平台上传的投标文件全部或部分解密失败或发生第5.3款紧急情形时，经监督人或公证人确认后，以投标文件纸质版正本为准。

4.5 投标样品

4.5.1 除投标人须知前附表另有规定外，投标人应提交能反映货物材质或关键部分的样品，同时应提交《样品清单》。

4.5.2 为方便评标，投标人在提供样品时，应使用透明的外包装或尽量少用外包装，但必须在所提供的样品表面显著位置标注投标人的名称、包号、样品名称、招标文件规定的货物编号。

4.5.3 样品作为投标文件的一部分，除非另有说明，否则中标单位的样品不予退还；未中标单位须在中标公告发布后五个工作日内，前往招标机构领取投标样品，逾期不领，招标机构将不承担样品的保管责任，由此引发的样品丢失、毁损，招标机构不予负责。

5 开标

5.1 开标时间和地点

招标人在本章第2.2.2项规定的投标截止时间（开标时间）和投标人须知前附表规定的地点公开开标，并邀请所有投标人的法定代表人或其委托代理人参加。

5.2 开标程序（适用于电子开标）

招标人在规定的时间内，通过电子采购平台开评标系统，按下列程序进行开标：

（1）宣布开标程序及纪律；

（2）公布在投标截止时间前递交投标文件的投标人名称，并点名确认投标人是否派人到场；

（3）宣布开标人、监督或公证人等人员姓名；

（4）监督或公证人检查投标文件的递交及密封情况；

（5）根据检查情况，对未按招标文件要求递交投标文件的投标人，或已递交了一封可接受的撤回通知函的投标人，将在电子采购平台中进行不开标设置；

（6）设有标底的，公布标底；

（7）宣布进行电子开标，显示投标总价解密情况，如发生投标总价解密失败，将对解密失败的按投标文件纸质版正本进行补录；

（8）显示开标记录表（如果投标人电子开标总报价明显存在单位错误或数量级差别，在投标人当场提出异议后，按其纸质投标文件正本进行开标，评标时评标委员会根据其网上提交的电子投标文件进行总报价复核）；

（9）公证人员宣读公证词（如有）；

（10）宣布评标期间注意事项；

（11）投标人代表等有关人员在开标记录上签字确认（有公证时不适用）；

（12）开标结束。

5.2 开标程序（适用于纸质投标文件开标）

主持人按下列程序进行开标：

（1）宣布开标纪律；

（2）公布在投标截止时间前递交投标文件的投标人名称，并点名确认投标人是否派人到场；

（3）宣布开标人、唱标人、记录人、监督或公证人等有关人员姓名；

（4）监督或公证人检查投标文件的密封情况；

（5）确定并宣布投标文件开标顺序；

（6）设有标底的，公布标底；

（7）按照宣布的开标顺序当众开标，公布投标人名称、项目和标段名称、投标报价及其他内容，并记录在案；

（8）投标人代表、招标人代表、监督或公证人、记录人等有关人员在开标记录表上签字确认；

（9）公证人员宣读公证词；

（10）宣布评标期间注意事项；

（11）开标结束。

5.3 电子招投标的应急措施

5.3.1 开标前出现以下情况，导致投标人不能完成网上提交电子投标文件的紧急情形，招标代理机构在开标截止时间前收到电子钥匙办理单位书面证明材料时，采用纸质投标文件正本进行报价补录。

（1）电子钥匙非人为故意损坏；

（2）因电子钥匙办理单位原因导致电子钥匙来不及补办。

5.3.2 当电子采购平台出现下列紧急情形时，采用纸质投标文件正本进行开标：

（1）系统服务器发生故障，无法访问或无法使用系统；

（2）系统的软件或数据库出现错误，不能进行正常操作；

（3）系统发现有安全漏洞，有潜在泄密危险；

（4）病毒发作或受到外来病毒的攻击；

（5）投标文件解密失败；

（6）其他无法进行正常电子开标的情形。

5.4　开标异议

如投标人对开标过程有异议的，应在开标会议现场当场提出，招标人现场进行答复，由开标工作人员进行记录。

5.5　开标监督与结果

5.5.1　开标过程中，各投标人应在开标现场见证开标过程和开标内容；开标结束后，将在电子采购平台上公布开标记录表，投标人可在开标当日登录电子采购平台查看相关开标结果。

5.5.2　无公证情况时，不参加现场开标仪式或开标结束后拒绝在开标记录表上签字确认的投标人，视为默认开标结果。

5.5.3　未在开标时开封和宣读的投标文件，不论情况如何均不能进入下一步的评审。

6　评标

6.1　评标委员会

6.1.1　评标由招标人依法组建的评标委员会负责。评标委员会由招标人或其委托的招标代理机构熟悉相关业务的代表，以及有关技术、经济等方面的专家组成。

6.1.2　评标委员会成员有下列情形之一的，应当回避：

（1）投标人或投标人的主要负责人的近亲属；

（2）项目主管部门或者行政监督部门的人员；

（3）与投标人有经济利益关系，可能影响对投标公正评审的；

（4）曾因在招标、评标以及其他与招标投标有关活动中从事违法行为而受过行政处罚或刑事处罚的；

（5）与投标人有其他利害关系。

6.2　评标原则

评标活动遵循公平、公正、科学和择优的原则。

6.3　评标

评标委员会按照第三章"评标办法"规定的方法、评审因素、标准和程序对投标文件进行评审。第三章"评标办法"没有规定的方法、评审因素和标准，不作为评标依据。

7 合同授予

7.1 定标方式

招标人依据评标委员会推荐的中标候选人确定中标人。

7.2 中标候选人公示

招标人在投标人须知前附表规定的媒介上公示中标候选人。

7.3 中标通知

在本章第 3.3 款规定的投标有效期内，招标人以书面形式向中标人发出中标通知书，同时将中标结果通知未中标的投标人。

7.4 履约担保

7.4.1 中标人应按投标人须知前附表规定的金额、担保形式和招标文件第四章"合同条款及格式"规定的履约担保格式及时间要求向招标人提交履约担保。联合体中标的，其履约担保由牵头人递交，并应符合投标人须知前附表规定的金额、担保形式和招标文件第四章"合同条款及格式"规定的履约担保格式要求。

7.4.2 中标人不能按本章第 7.4.1 项要求提交履约担保的，视为放弃中标，其投标保证金不予退还；给招标人造成的损失超过投标保证金数额的，中标人还应当对超过部分予以赔偿。

7.5 签订合同

7.5.1 招标人和中标人应当自中标通知书发出之日起 30 天内，根据招标文件和中标人的投标文件订立书面合同。中标人无正当理由拒签合同的，招标人取消其中标资格，其投标保证金不予退还；给招标人造成的损失超过投标保证金数额的，中标人还应当对超过部分予以赔偿。

7.5.2 发出中标通知书后，招标人无正当理由拒签合同的，招标人向中标人退还投标保证金；给中标人造成损失的，还应当赔偿损失。

8 重新招标和不再招标

8.1 重新招标

有下列情形之一的依法必须招标的项目，招标人将重新招标：

（1）到投标截止时间而投标人少于 3 个的；

（2）经评标委员会评审后否决所有投标的；

（3）国家相关法律法规规定的其他重新招标情形。

8.2 不再招标

重新招标后投标人仍少于 3 个或者所有投标被否决的，不再进行招标。

9 纪律和监督

9.1 对招标人的纪律要求

招标人不得泄漏招标投标活动中应当保密的情况和资料，不得与投标人串通损害国家利益、社会公共利益或者他人合法权益。

9.2 对投标人的纪律要求

投标人不得相互串通投标或者与招标人串通投标，不得向招标人或者评标委员会成员行贿谋取中标，不得以他人名义投标或者以其他方式弄虚作假骗取中标；投标人不得以任何方式干扰、影响评标工作。

如果投标人存在失信行为，招标人除报告国家有关部门由其进行处罚外，招标人还将根据《中国长江三峡集团公司供应商信用评价管理办法》中的相关规定对其进行处理。

9.3 对评标委员会成员的纪律要求

评标委员会成员不得收受他人的财物或者其他好处，不得向他人透漏对投标文件的评审和比较情况、对中标候选人的推荐情况以及与评标有关的其他情况。在评标活动中，评标委员会成员不得擅离职守，影响评标程序正常进行，不得使用第三章"评标办法"没有规定的评审因素和标准进行评标。

9.4 对与评标活动有关的工作人员的纪律要求

与评标活动有关的工作人员不得收受他人的财物或者其他好处，不得向他人透漏对投标文件的评审和比较情况、对中标候选人的推荐情况以及与评标有关的其他情况。在评标活动中，与评标活动有关的工作人员不得擅离职守，影响评标程序正常进行。

9.5 异议处理

9.5.1 异议必须由投标人或者其他利害关系人以实名提出，在下述异议提出有效期间内以书面形式按照招标文件规定的联系方式提交给招标人。

（1）对招标文件及其修改和补充文件有异议的，应在投标截止时间10日前提出；

（2）对开标有异议的，应在开标现场提出；

（3）对依法必须进行招标的项目的评标结果有异议的，应在中标候选人公示期间提出。

为保证正常的招标秩序，异议人须按本章第9.5.2项要求提交异议。

9.5.2 异议书应当以书面形式提交（如为传真或者电邮，需将异议书原件同时以特快专递或者派人送达招标人），异议书应当至少包括下列内容：

（1）异议人的名称、地址及有效联系方式；

（2）异议事项的基本事实（异议事项必须具体）；

（3）相关请求及主张（主张必须明确，诉求清楚）；

（4）有效线索和相关证明材料（线索必须有效且能够查证，证明材料必须真实有效，且能够支持异议人的主张或者诉求）。

9.5.3 异议人是投标人的，异议书应由其法定代表人或授权代理人签字并盖章。异议人若是其他利害关系人，属于法人的，异议书必须由其法定代表人或授权代理人签字并盖章；属于其他组织或个人的，异议书必须由其主要负责人或异议人本人签字，并附有效身份证明扫描件。

9.5.4 招标人只对投标人或者其他利害关系人提交了合格异议书的异议事项进行处理，并于收到异议书3日内做出答复。异议书不是投标人或者其他利害关系人提出的，异议书内容或者形式不符合第9.5.2项要求的，招标人可不受理。

9.5.5 招标人对异议事项做出处理后，异议人若无新的证据或者线索，就所提异议事项再提出异议，招标人将不予受理。

9.5.6 经招标人查实，若异议人以提出异议为名进行虚假、恶意异议的，阻碍或者干扰了招标投标活动的正常进行，招标人将对异议人做出如下处理：

（1）如果异议人为投标人，招标人会将异议人的行为作为不良信誉记录在案；如果情节严重，给招标人带来重大损失的，招标人有权追究其法律责任，并要求其赔偿相应的损失，自异议处理结束之日起3年内禁止其参加招标人组织的招标活动。

（2）对其他利害关系人，招标人将保留追究其法律责任的权利，并记录在案。

9.5.7 除开标外，异议人自收到异议答复之日起3日内应进行确认并反馈意见，若超过此时限，则视同异议人同意答复意见，招标及采购活动可继续进行。

9.6 投诉

投标人和其他利害关系人认为本次招标活动违反法律、法规和规章规定的，有权向有关行政监督部门投诉。

10 需要补充的其他内容

需要补充的其他内容：见投标人须知前附表。

附件一　开标记录表

_____（项目名称）

开标一览表

招标编号：　　　　　　　　　　标段名称：
开标时间：　　　　　　　　　　开标地点：

序号	投标人名称	投标报价（元）	备　注
1			
2			
3			
4			
5			
6			
7			
8			
9			
......			

备　注：
记录人：　　　　　　　　监督人：　　　　　　　　公证人：

附件二　问题澄清通知

致：　　　　　　　　　　　　　　　自：三峡国际招标有限责任公司
收件人：　　　　　　　　　　　　　发件人：
传真：　　　　　　　　　　　　　　传真：
电话：　　　　　　　　　　　　　　电话：

主题：＿＿＿＿＿＿＿＿＿＿＿＿＿＿＿＿＿＿项目问题澄清通知

编号：＿＿＿＿＿

＿＿＿＿＿＿＿＿＿＿＿＿＿＿＿＿（投标人名称）：

　　现将本项目评标委员会在审查贵单位投标文件后所提出的澄清问题以传真（邮件）的形式发给贵方，请贵方在收到该问题清单后逐一作出相应的书面答复，澄清答复文件的签署要求与投标文件相同，并请于＿＿＿年＿＿＿月＿＿＿日＿＿＿时＿＿＿分前将澄清答复文件传真至三峡国际招标有限责任公司。此外该澄清答复文件电子版还应以电子邮件的形式传给我方，邮箱地址：＿＿＿＿＿＿＿＿＿。未按时送交澄清答复文件的投标人将不能进入下一步评审。

　　附：澄清问题清单
　　1.
　　2.
　　……

　　　　　　　　　　　　　　　　＿＿＿＿＿＿＿＿＿＿招标评标委员会
　　　　　　　　　　　　　　　　＿＿＿＿＿＿＿年＿＿＿月＿＿＿日

附件三　问题的澄清

＿＿＿＿＿＿＿＿＿＿（项目名称）问题的澄清

编号：＿＿＿＿＿＿

＿＿＿＿＿＿＿＿（项目名称）招标评标委员会：

问题澄清通知（编号：＿＿＿＿＿＿＿）已收悉，现澄清如下：

1.

2.

……

投标人：＿＿＿＿＿＿＿＿＿＿＿＿（盖单位章）

法定代表人或其委托代理人：＿＿＿＿＿＿＿（签字）

＿＿＿＿年＿＿月＿＿日

附件四 中标候选人公示和中标结果公示

（项目及标段名称）中标候选人公示
（招标编号：　　　　　）

招标人		招标代理机构	三峡国际招标有限责任公司	
公示开始时间		公示结束时间		
内容		第一中标候选人	第二中标候选人	第三中标候选人
1. 中标候选人名称				
2. 投标报价				
3. 质量				
4. 工期（交货期）				
5. 评标情况				
6. 资格能力条件				
7. 项目负责人情况	姓名			
	证书名称			
	证书编号			
8. 提出异议的渠道和方式（投标人或其他利害关系人如对中标候选人有异议，请在中标候选人公示期间以书面形式实名提出，并应由异议人的法定代表人或其授权代理人签字并盖章。对于无异议人名称和地址及有效联系方式、无具体异议事项、主张不明确、诉求不清楚、无有效线索和相关证明材料的异议将不予受理）	电话			
	传真			
	Email			

（项目及标段名称）中标结果公示

（招标人名称）根据本项目评标委员会的评定和推荐，并经过中标候选人公示，确定本项目中标人如下：

招标编号	项目名称	标段名称	中标人名称

招标人：

招标代理机构：三峡国际招标有限责任公司

日期：

附件五 中标通知书

致： 自：三峡国际招标有限责任公司
收件人： 发件人：
传真： 传真：
电话： 电话：

主题：_____中标通知书

_____（中标人名称）：

在_____（招标编号：_____）招标中，根据《中华人民共和国招标投标法》等相关法律法规和此次招标文件的规定，经评定，贵公司中标第_____标段。请在接到本通知后的__日内与_____联系合同签订事宜。

请在收到本传真后立即向我公司回函确认。谢谢！

合同谈判联系人：
联系电话：

三峡国际招标有限责任公司
_____年___月___日

附件六 确认通知

确认通知

_____（招标人名称）：

我方已接到你方____年__月__日发出的_____（项目名称）_____标段招标关于_____的通知，我方已于____年___月___日收到。

特此确认。

投标人：_____（盖单位章）
_____年___月___日

第三章　评标办法（综合评估法）

评标办法前附表

条款号		评审因素	评审标准
2.1.1	形式评审标准	投标人名称	与营业执照、税务机关登记证一致
		投标函签字盖章	须有法定代表人或其委托代理人签字或加盖单位章
		投标文件格式	符合第八章"投标文件格式"的要求
		联合体投标人（如有）	提交联合体协议书，并明确联合体牵头人
		报价唯一	只能有一个有效报价
		……	……
2.1.2	资格评审标准	营业执照	具备有效的营业执照
		资质等级	符合第二章"投标人须知"第1.4.1项规定
		财务状况	符合第二章"投标人须知"第1.4.1项规定
		类似项目业绩	符合第二章"投标人须知"第1.4.1项规定
		信誉	符合第二章"投标人须知"第1.4.1项规定
		联合体投标人	符合第二章"投标人须知"第1.4.2项规定（如有）
		……	……
2.1.3	响应性评审标准	投标内容	符合第二章"投标人须知"第1.3.1项规定
		交货进度	符合第二章"投标人须知"第1.3.2项规定
		投标有效期	符合第二章"投标人须知"第3.3.1项规定
		投标保证金	符合第二章"投标人须知"第3.4.1项规定
		权利义务	符合第四章"合同条款及格式"规定
		技术标准和要求	符合第七章"技术标准和要求"的规定
		投标报价表	符合第五章"设备采购清单"给出的范围及数量
		……	……

条款号	条款内容	编列内容
2.2.1	评分权重构成（100%）	商务部分：<u>10</u>% 技术部分：<u>45</u>% 投标报价：<u>45</u>%
2.2.2	评标价基准值计算方法	以所有进入详细评审的投标人评标价算术平均值×0.95作为本次评审的评标价基准值 B，并应满足计算规则：

条款号	条款内容	编列内容	
2.2.2	评标价基准值计算方法	（1）当进入详细评审的投标人超过 5 家时去掉一个最高价和一个最低价； （2）当同一企业集团多家所属企业（单位）参与本项目投标时，取其中最低评标价参与评标价基准值计算，无论该价格是否在步骤（1）中被筛选掉	
2.2.3	偏差率（D_i）计算公式	偏差率 $D_i = 100\% \times$（投标人评标价－评标价基准值）/评标价基准值	

条款号		评分因素	评分标准	权重
2.2.4（1）	商务部分评分标准（10%）	投标文件的符合性	商务部分的完整性和响应性；商务偏差，交货进度。评分结果分为 A~D 四个档次	3%
		财务状况	近 3 年财务状况（依据近三年经审计过的财务报表）。评分结果分为 A~D 四个档次	1%
		履约信誉	根据三峡集团最新发布的年度供应商信用评价结果进行统一评分，A、B、C 三个等级信用得分分别为 100、85、70 分。如投标人初次进入三峡集团投标或报价，由评标委员会根据其以往业绩及在其他单位的合同履约情况合理确定本次评审信用等级	4%
		业绩	以往类似项目数量、规模、完成情况及施工经验（满足资格条件要求的业绩和经验得 60 分，每增加一项加 10 分，加满为止）	2%
2.2.4（2）	技术部分评分标准（45%）	技术能力	设计、制造加工能力、检测设备和手段及技术力量评审。评分结果分为 A~D 四个档次	5%
		技术方案	主要技术方案及技术符合性评审。评分结果分为 A~D 四个档次	7%
		技术性能	对主要技术性能等进行评审。评分结果分为 A~D 四个档次	18%
		零部件配置质量保证	对主要零部件、材料选择及其行业信誉进行评审。评分结果分为 A~D 四个档次	10%
		技术服务	质量保证期及质量保证措施，售后服务保障措施。评分结果分为 A~D 四个档次	5%
2.2.4（3）	投标报价评分标准（45%）	价格得分	P_i 计做投标人报价，D_i 为偏差率。 （1）$D_i = 0$ 时，得 88 分。 （2）当 $0 < D_i \leqslant 3\%$ 时，每高 1% 扣 1 分； 当 $3\% < D_i \leqslant 5\%$ 时，每高 1% 扣 2 分； 当 $5\% < D_i$ 时，每高 1% 扣 4 分。 扣分分段累计，最低得 60 分。	

条款号	评分因素	评分标准	权重
2.2.4（3）	投标报价 评分标准 （45%）	价格得分	（3）当 $-8\% \leqslant D_i < 0$ 时，每低 1% 加 1.5 分，最多加 12 分； 当 $D_i < -8\%$，每低 1% 扣 3 分，最低得 60 分。 上述计分按分段累进计算，当入围投标人评标价与评标价基准值 B 比例值处于分段计算区间内时，分段计算按内插法等比例计扣分	45%

条款号	条款内容	编列内容
3.1.1	初步评审短名单的确定	按照投标人的报价由低到高排序，当投标人少于 10 名时，选取排序前 5 名进入短名单；当投标人为 10 名及以上时，选取排序前 6 名进入短名单。若进入短名单的投标人未能通过初步评审，或进入短名单投标人有算术错误，经修正后的报价高于其他未进入短名单的投标人报价，则依序递补。如果数量不足 5 名时，按照实际数量选取
3.2.1	详细评审短名单的确定	通过初步评审的投标人全部进入详细评审
3.2.2	投标报价的处理规则	（1）对于投标人未做说明的报价修改，评标委员会将把修改后的报价按比例分摊到投标报价的相关各项，调整后的报价对投标人具有约束力。投标人不接受修正价格的，其投标将被否决。 （2）对于投标人未按招标文件规定进行报价的漏报项目应被视为含在所报价格中，但评标时评标委员会将把所有进入详细评审的投标人中对该项目的最高报价计入此投标人的此项评标价格。按此款所做的评标价格调整仅用于评标使用。 （3）对于投标人未按招标文件的要求选择规定档次的元器件、配套件或附属设备等但不构成重大偏差的情况，评标委员会将按进入详细评审的投标人中该项目的最高报价计入该投标人的评标价。按此款所做的评标价格调整仅用于评标使用

1 评标方法

本次评标采用综合评估法。评标委员会对满足招标文件实质性要求的投标文件，按照本章第 2.2 款规定的评分标准进行打分，并按综合得分由高到低顺序推荐不超过 3 名中标候选人，或根据招标人授权直接确定中标人，但投标报价低于其成本的除外。综合评分相等时，以投标报价低的优先；投标报价也相等时，技术得分高的优先；当技术得分也相等时，由招标人自行确定。

2　评审标准

2.1　初步评审标准

2.1.1　形式评审标准：见评标办法前附表。

2.1.2　资格评审标准：见评标办法前附表。

2.1.3　响应性评审标准：见评标办法前附表。

2.2　详细评审标准

2.2.1　分值构成

（1）商务部分：见评标办法前附表；

（2）技术部分：见评标办法前附表；

（3）投标报价：见评标办法前附表。

2.2.2　评标价基准值计算

评标价基准值计算方法：见评标办法前附表。

2.2.3　投标报价的偏差率计算

投标报价的偏差率计算公式：见评标办法前附表。

2.2.4　评分标准

（1）商务部分评分标准：见评标办法前附表；

（2）技术部分评分标准：见评标办法前附表；

（3）投标报价评分标准：见评标办法前附表。

3　评标程序

3.1　初步评审

3.1.1　初步评审短名单的确定：见评标办法前附表。若进入短名单的投标人未能通过初步评审，则依序递补。当按照本章第3.1.5款修正的价格高于没进入短名单的其他投标人，则选取较低报价的投标人替补该投标人进入短名单。

3.1.2　评标委员会依据本章第2.1款规定的标准对投标文件进行初步评审。有一项不符合评审标准的，评标委员会应当否决其投标。

3.1.3　投标人有以下情形之一的，评标委员会应当否决其投标：

（1）第二章"投标人须知"第1.4.3项规定的任何一种情形的；

（2）串通投标或弄虚作假，或有其他违法行为的；

（3）不按评标委员会要求澄清、说明或补正的。

3.1.4　技术评议时，存在下列情况之一的，评标委员会应当否决其投标：

（1）投标文件不满足招标文件技术规格中加注星号（"＊"）的主要参数要求或加

注星号（"＊"）的主要参数无技术资料支持；

（2）投标文件技术规格中一般参数超出允许偏离的最大范围；

（3）投标文件技术规格中的响应与事实不符或虚假投标；

（4）投标文件中存在的按照招标文件中有关规定构成否决投标的其他技术偏差情况。

3.1.5 投标报价有算术错误的，评标委员会按以下原则对投标报价进行修正，修正的价格经投标人书面确认后具有约束力。投标人不接受修正价格的，评标委员会应当否决其投标。

（1）投标文件中的大写金额与小写金额不一致的，以大写金额为准；

（2）总价金额与依据单价计算出的结果不一致的，以单价金额为准修正总价，但单价金额小数点有明显错误的除外。

3.1.6 评标委员会将参考中国长江三峡集团有限公司供应商信用评价结果和招标人现阶段掌握的投标人不良行为记录进行评审。

3.1.7 经初步评审后合格投标人不足 3 名的，评标委员会应对其是否具有竞争性进行评审；因有效投标不足 3 个使得投标明显缺乏竞争的，评标委员会可以否决全部投标。

3.2 详细评审

3.2.1 详细评审短名单确定：见评标办法前附表。

3.2.2 投标报价的处理规则：见评标办法前附表。

3.2.3 评分按照如下规则进行。

（1）评分由评标委员会以记名方式进行，参加评分的评标委员会成员应单独打分。凡未记名、涂改后无相应签名的评分票均作为废票处理。

（2）评分因素按照 A～D 四个档次评分的，A 档对应的分数为 95 分，B 档对应的分数为 85 分，C 档对应的分数为 75 分，D 档对应的分数为 60 分。评标委员会成员讨论各进入详细评审投标人在各个评审因素上的档次，评标委员会成员根据讨论后决定的评分档次对应打分，如评标委员会成员对评分结果有不同看法，也可超档次范围打分，但应在意见表中陈述理由。

（3）评标委员会成员打分汇总方法：参与打分的评标委员会成员超过 5 名（含 5 名）时，汇总时去掉单项评价因素的一个最高分和一个最低分，以剩余样本的算术平均值作为投标人的得分。

（4）评分分值的中间计算过程保留小数点后三位，小数点后第四位"四舍五入"；评分分值计算结果保留小数点后两位，小数点后第三位"四舍五入"。

3.2.4 评标委员会按本章第 2.2 款规定的量化因素和分值进行打分，并计算出综合评估得分。

（1）按本章第 2.2.4（1）目规定的评审因素和分值对商务部分计算出得分 A；

（2）按本章第 2.2.4（2）目规定的评审因素和分值对技术部分计算出得分 B；

（3）按本章第 2.2.4（3）目规定的评审因素和分值对投标报价计算出得分 C；

（4）投标人综合得分＝$A+B+C$。

3.2.5　评标委员会发现投标人的报价明显低于其他投标人的报价，或者在设有标底时明显低于标底，使得其投标报价可能低于其成本的，应当要求该投标人作出书面说明并提供相应的证明材料。投标人不能合理说明或者不能提供相应证明材料的，由评标委员会认定该投标人以低于成本报价竞标，从而否决其投标。

3.3　投标文件的澄清和补正

3.3.1　在评标过程中，评标委员会可以书面形式要求投标人对所提交的投标文件中不明确的内容进行书面澄清或说明，或者对细微偏差进行补正；评标委员会不接受投标人主动提出的澄清、说明或补正。

3.3.2　澄清、说明和补正不得改变投标文件的实质性内容（算术性错误修正的除外）；投标人的书面澄清、说明和补正属于投标文件的组成部分。

3.3.3　评标委员会对投标人提交的澄清、说明或补正有疑问的，可以要求投标人进一步澄清、说明或补正。

3.4　评标结果

3.4.1　除第二章"投标人须知"前附表授权直接确定中标人外，评标委员会按照综合得分由高到低的顺序推荐不超过 3 名中标候选人。

3.4.2　评标委员会完成评标后，应当向招标人提交书面评标报告。

3.4.3　中标候选人在信用中国网站（http：//www.creditchina.gov.cn/）被查询出存在与本次招标项目相关的严重失信行为，评标委员会认为可能影响其履约能力的，有权取消其中标候选人资格。

第四章　合同条款及格式

1　定义

1.1　"合同"：系指买卖双方达成一致并签署的符合合同格式要求的协议，包括所有的附件、附录和上述文件提到的属于合同组成部分的所有文件。

1.2　"买方"：系指购买本合同项下货物和服务的＿＿＿＿＿＿＿＿＿（公司名称），或其继任人和受让人。

1.3　"卖方"：系指提供本合同项下货物和服务的＿＿＿＿＿＿＿＿＿（公司名称），或其继任人和受让人。

1.4　"合同价"：系指根据合同规定，在卖方正确全面履行合同义务后，买方应支付给卖方的价款。

1.5　"合同条款"：系指本合同条款。

1.6　"货物"：系指卖方按照合同规定的义务应当提供的下列项目：（A）所有的逆变器及附属设备；（B）备品备件和安装维修工具；（C）其他设备。

1.7　"技术服务"：系指由卖方提供的与本合同设备有关的工程设计、设备监造、检验、土建、安装、调试、验收、性能验收试验、运行、检修时相应的技术指导、技术配合、技术培训等全过程的服务。

1.8　"技术培训"：系指就合同设备的设计、制造、试验、检验、安装、调试、试运行、验收试验、操作、维护保养等方面的作业以及本合同中所规定的其他方面，卖方向买方人员提供指导、讲解、示范和讲座，并提供培训场所。

1.9　"项目现场"：系指合同项下货物安装、运行的现场，即＿＿＿＿＿＿＿＿＿光伏电站。

1.10　"本地化"：系指逆变器或其部件实现在中国境内生产和制造的过程。"属地化"：系指逆变器在项目所在地区实现总装。

1.11　"总装"：系指将逆变器各个部件总成，连接组装成一体，以达到所规定的产品技术要求的过程，该过程应包括但不限于：部件的进货检验、储存、装配、调试、出厂性能试验、包装等。

1.12　"技术资料"：系指与合同设备及光伏电场相关的设计、制造、监造、检验、安装、调试、验收、性能试验验收和技术指导等文件（包括图纸、各种文字说明、标准、各种软件）。

1.13　"试运行"：是指光伏发电工程安装调试完毕后，按照《光伏发电工程验收规范》（GB/T 50796－2012）的要求进行试运行，以验证光伏发电单元能够达到本合同及第七章"技术标准和要求"附件四的要求。

1.14　"预验收"：系指卖方提供的设备经安装、调试和试运行，达到合同规定的预验收标准而进入质量保证期的验收。预验收证书是表明买方接受预验收结果的证明，证书由买方和卖方共同签字。

1.15　"质量保证期"：系指合同设备签发预验收证书之日起整体五年。在此期间内，卖方负责保证合同设备的正常稳定运行并负责处理合同设备的任何缺陷。

1.16　"最终验收"：系指合同设备从签发预验收证书之日起按合同要求通过了60个月的质量保证期后的验收。

1.17　"天"：系指日历天。

2　适用性

所有各条款的标题只是为了查阅，不具有解释或理解本合同的意义。

3　原产地

3.1　本合同项下拟供的货物和服务都应来自于中华人民共和国或与中华人民共和国有正常贸易往来的国家和地区（以下简称"合格来源地"）。

3.2　"原产地"是指合同设备生产、提供有关服务的来源地。

3.3　"货物"系指通过设计、试验、制造、加工或装配而成的从商业角度上公认的最新产品，在基本特征、功能和效用等方面被业界公认与单纯的元部件存在实质性差别。

4　合同标的

4.1　合同设备

4.1.1　卖方提供的合同设备的供货范围列在合同附件一中，其技术经济指标和有关技术条件的内容列在技术标准和要求中，其交货批次和进度列在合同附件四中。

4.1.2　卖方所提供的所有合同设备的技术性能和卖方对合同设备的技术保证详见合同附件三。卖方提供的合同设备应满足当地电网公司的要求，若不满足，应按上述要求补齐，不论是否含在本合同供货范围内。

4.1.3　卖方应按第15条对合同设备提供质量保证。

4.2 技术文件

卖方应根据合同技术标准的规定向买方提供技术文件。

4.3 服务

4.3.1 卖方应负责合同设备交货至买方现场指定地点以前的运输和保险，使合同设备的交货批次和进度符合合同附件四的要求。

4.3.2 卖方应派遣数量足够的、有经验的、健康的和称职的并且具有相关技术专业工作经验的技术人员到工地提供技术服务，并在工地及卖方工厂提供技术培训。

4.3.3 卖方应对在其指导、监督下的合同设备安装、调试、验收试验和试运行的设备质量负责，使其符合技术要求和有关标准的要求。

4.4 在本合同有效期内，卖方有义务向买方免费提供与本合同设备有关的最新运行经验，以及技术和安全方面的改进资料。

4.5 接口

4.5.1 卖方应负责协调所提供的合同设备与其他相关设备制造厂商和分包商的接口，包括供货、设计、微观选址、性能参数匹配、项目管理和电网调度等。

4.5.2 卖方负责对合同设备范围内有关系统和部件接口的设计、安装、调试、试运行中的协调。

5 标准

5.1 交付的本合同项下货物应符合技术规范规定的标准。如果技术规范没有规定应适用的标准，交付的本合同项下货物应符合货物来源国的官方标准。这些标准必须是有关机构发布的有效的最新版本。

5.2 除非本合同另有规定，计量单位均采用中华人民共和国法定计量单位。

6 合同价格

6.1 本合同总价为￥_____（大写：_____）。其中，不含税价：____，增值税税额：_____，增值税税率：_____。

6.2 本合同总价包括但不限于：

6.2.1 包含全部设备运至本项目施工现场内买方指定地点的运输费、保险费、杂费和合同设备所需进口配套设备进口关税、增值税、进口环节相关费用等。

6.2.2 设备设计、制造、安装指导、调试试验及检查、试运行、消缺、性能保证的考核验收、技术和售后服务、人员培训等工作费用，同时也包括所有材料设备、备品备件、专用工具、维修维护辅助工具、消耗品费用以及相关技术资料、买方在卖方工作时卖方的配合费以及相关的税费等。

6.2.3　卖方需充分考虑到国家及电网标准、规范、要求变化的风险，当国家及电网标准、规范、要求变化时，必须向买方提供产品通过相关认证的材料，并承担由此带来的试验费、测试费及设备改造费等所有费用，直至满足并网及验收要求。

6.2.4　买方可以考虑扩大其备品备件的采购范围。对此，卖方应在投标文件中明确保证在标的设备使用期内以优惠价格向招标人提供所需的备品备件，并且按买方要求免费提供备件的规格及相关的图纸资料。

6.2.5　买方按照电力主管部门要求对卖方供货的逆变器设备进行项目现场低电压穿越、频率扰动、电能质量检测、零电压穿越等试验，若因卖方供货设备自身原因导致现场试验和检测不能一次通过，卖方需承担重复试验所产生的全部费用。

6.2.6　卖方应至少安排两名及以上专业技术人员负责设备安装（外部接线进行指导工作、内部接线）、调试、试运行、消缺、验收至最终交付生产的一系列工作；设备安装调试期间负责监管并保持内部清洁。

6.3　合同的分项价格见附件一。

6.4　在合同执行过程中同一批次的货物价格固定不变。

6.5　合同签署后，合同价格不随市场价格上涨进行价格调整，市场价格下跌时合同价格按同类地区及逆变器类型以交货前 1 个月市场最低价格水平进行下调。

7　支付

7.1　本合同项下买方对卖方、卖方对买方的支付均采用银行电汇或银行承兑汇票或三峡财务公司开具的承兑汇票等方式。

7.2　本合同项下的所有款项支付币种均为人民币。

7.3　本合同项下的合同设备费支付方式如下：

批次设备生产供货前，买方向卖方发送"生产供货通知"，明确该批次生产供货的规模。每批设备实施生产供货时付款方式按以下方式实施：

7.3.1　预付款的支付

合同生效日期后 20 天内，买方凭卖方提交的下列单据并经买方审核无误后 15 天内，支付给卖方批次设备总价格的 15％作为预付款：

（1）由银行开具的金额为合同总价 10％的不可撤销的以买方为受益人的履约保函，格式见本合同附件五；

（2）由银行开具的金额为批次设备总价 15％的不可撤销的以买方为受益人的预付款保函，格式见本合同附件六；

（3）金额为本次实际支付价款等额的财务收据。

履约保函格式见附件五，保函须保证自合同签订日期起至设备通过预验收后 30 日内有效；若保函到期 30 日前设备未通过预验收，卖方须就履约保函办理续保手续，否则买方有权从任何一笔付款中扣留相应金额履约保证金，同时买方保留采用其他方式追索的权利。

预付款保函格式见附件六，保函须保证自卖方收到预付款起至预付款扣除完毕后 30 日内有效；若保函到期 30 日前预付款未全部扣回，卖方须就预付款保函办理续保手续，否则买方有权从任何一笔付款中一次性扣回相应金额预付款，同时买方保留采用其他方式追索的权利。

在预付款保函有效期内，因卖方违反合同约定的义务，买方要求收回预付款时，预付款保函担保的金额为预付款金额减去买方按合同约定在向卖方签发的进度付款证书中扣除的金额，同时卖方应向买方支付从卖方收到预付款之日起至银行退回预付款担保金额之日止按照同期贷款年利率计算的利息。

7.3.2 设备交付后的支付

在卖方批次全部设备交货完成后，买方及监理在合同现场经清点无误并验收合格，凭卖方提交的下列单据并经买方及监理审核无误签字后 30 天内，向卖方支付本批次设备总金额的 51%，同时以本批次设备价款的 30% 扣除预付款，预付款全部扣除为止，预付款全部扣除后 30 日内买方退还卖方预付款保函。

（1）买方代表签署的"设备收货证明"；

（2）金额为本次实际支付价款等额的财务收据；

（3）详细装箱单；

（4）质量证书。

7.3.3 安装和调试完成后的支付

在卖方设备安装和调试完成达到本合同规定要求后，凭卖方提交的下列单据并经买方及监理审核无误签字后 30 天内，向卖方支付本批次设备合同价格的 29%。

（1）买方代表签署的"试运行申请书"；

（2）金额为本批次设备合同价格 100% 的增值税发票；

（3）金额为本次实际支付价款等额的财务收据。

7.3.4 预验收款的支付

预验收通过且买方取得符合要求的第三方检测或认证报告后，买方凭卖方提交的下列单据并经买方及监理审核无误签字后 30 天内，支付给卖方批次设备总价格的 20% 作为预验收款，同时扣留本批次设备总价格的 10% 作为质量保证金。

（1）买卖双方代表签署的预验收证书；

（2）金额为本次实际支付价款等额的财务收据。

7.3.5 质量保证金的支付

质量保证期 5 年。从签发批次设备预验收证书之日起两年后，买方凭卖方提交的下列单据并经买方审核无误后 30 日内，支付给卖方批次设备总价的 10% 作为本批次设备质保期付款。

（1）金额为本次实际支付价款等额的财务收据；

（2）同等金额有效期至质量保证期满后 30 日的质量保函（格式见附件七）。

7.3.6 质量保函的退还

质量保证期满后，买方凭卖方提交的下列单据并经买方审核无误后 30 日内退还。

（1）双方授权代表共同签署的批次设备逆变器的最终验收证书。

7.4 主要分包和外购设备的付款

7.4.1 由于买方与卖方的合同分包商和外购设备供货商没有直接的合同关系，故本合同设备的卖方的分包和外购设备的付款由卖方负责。但如果发生由于个别原因（买方虽按时向卖方付款而卖方没有按时向其分包商或外购设备供货商付款）导致卖方的分包和外购设备有可能不被按时交货以至于影响施工进度的情况，买方有权暂时中止向卖方付款。在卖方向其分包商或外购设备供货商支付相关款项后，买方将继续向卖方付款，但此时买方将追究卖方延误工期的责任。

7.4.2 如果卖方仍未向其分包商或外购设备供货商付款，买方将出于保障工程进度的目的，有权直接向其分包商或外购设备供货商付款。但在此情况下，卖方必须协助买方同卖方的分包商或外购设备供货商另行签订转付款协议书，同时该协议书中此转付款连同买方发生的贷款利息将从下一笔买方向卖方的付款中扣除。卖方应按照本条约定开具相应的发票。

7.4.3 如果卖方既不及时向其分包商或外购设备供应商付款，也不配合签署转付款协议书，致使买方无法直接向卖方的分包商或外购设备供应商付款，因此而影响设备制造进度或者供货进度达到 30 天以上的，视为卖方没有继续履约的诚意，买方有权单方面解除合同，并按本协议第 24.1 条追究卖方的违约责任。

7.5 买方与银行发生的与执行合同有关的银行费用由买方负担，卖方与银行发生的与执行合同有关的银行费用由卖方负担。

7.6 本条中买方对单据的审核应在收到有关单据后 30 天内完成，如单据有误，应在 30 天内向卖方发出改正通知，卖方应重新提交修改后的单据。

7.7 付款时间以买方银行承付日期为实际支付日期，若此日期晚于规定的付款日期，即从规定的日期开始按本合同 23.8 款计算迟交违约金。

7.8 违约金的扣除与支付

在卖方有义务向买方支付合同项下的违约金和/或赔偿金时，买方有权从上述任何一笔应付款或履约保函中予以扣除。

7.9 增值税专用发票

（1）实行"先票后款"。买方取得合规的增值税专用发票后才支付款项。

（2）合同变更如涉及增值税专用发票记载项目发生变化的，则应作废、重开、补开、红字开具增值税专用发票。如果买方取得增值税专用发票尚未认证抵扣，则可以由卖方作废原发票，重新开具增值税专用发票；如果原增值税专用发票已经认证抵扣，则由卖方就合同增加的金额补开增值税专用发票，就减少的金额开具红字增值税专用发票。

（3）变更索赔支付，卖方应提供增值税专用发票。

8　包装

8.1　逆变器铭牌统一位置粘贴产品标签和条形码，标签上注明产品商标、规格、型号、参数、出厂试验数据、出厂日期、IEC认证标识及条形码等应清晰以便于追溯，标签保证能够抵抗十年以上的自然环境的侵害而不脱落，标签上的字迹不能被轻易抹掉。

8.2　逆变器产品包装符合相应国标要求，外包装坚固，内部对逆变器有牢靠的加固措施及防撞措施。全包装箱在箱面上标出中心位置、装卸方式、储运注意标识等内容。

8.3　卖方应对每个不同的包装或容器的内部和外部应用供货商订单号、货签号和重量等区分。每个配件的包装或容器都应附一份材料清单。每台逆变器单独包装，包装满足吊装要求。

8.4　卖方交付的所有货物符合通用的包装储运指示标志的规定（GB/T 13384标准）并具有适合长途运输、多次搬运和装卸的坚固包装。包装保证在运输、装卸过程中完好无损，并有防雨、减震、防冲击的措施。包装能防止运输、装卸过程中垂直、水平加速度引起的设备损坏。包装按设备特点，按需要分别加上防潮、防霉、防锈、防腐蚀的保护措施，保证货物在没有任何损坏和腐蚀的情况下安全运抵指定现场。产品包装前，卖方负责检查清理，不留异物，并保证零部件齐全。

8.5　卖方对包装箱内的各散装部件在装配图中的部件号、零件号标记清楚。

8.6　卖方在逆变器货品外包装上标明每台逆变器的编号、参数和主要性能指标。

8.7　卖方在每件包装箱的两个侧面上，采用不褪色的油漆以明显易见的中文印刷文字，文字有以下内容：

（1）收货单位名称；

（2）发货单位名称；

（3）设备名称或代号；

（4）箱号；

（5）毛重/净重（公斤）；

（6）体积（长×宽×高，以毫米表示）。

注：凡重量为两吨或两吨以上的货物，在包装箱的侧面以运输常用的标记和图案标明重心位置及起吊点，以便装卸搬运。按照货物特点及装卸和运输上的不同要求，包装箱上相应明显地印有"轻放"、"勿倒置"和"防雨"字样。

8.8 每件包装箱内，附有包装分件名称、图号、数量的详细装箱单、合格证。外购件包装箱内有产品出厂质量合格证明书、技术说明书各一份。

8.9 各种设备的松散零星部件采用好的包装方式，装入尺寸适当的箱内。

8.10 卖方或其分包商不用同一箱号标明任何两个箱件。

8.11 卖方交付的技术资料使用适合于长途运输、多次搬运、防雨和防潮的包装。每包技术资料注明收货单位，并附有技术资料的详细清单一份。

8.12 凡由于卖方包装或保管不善致使货物遭到损坏或丢失时，不论在何时何地发现，一经证实，卖方均应按本合同第 16 条的规定负责及时更换、修理或赔偿。在运输中如发生货物损坏和丢失时，卖方应在 24 小时以内通知买方，并负责与承运部门及保险公司交涉，同时卖方应尽快向买方补供货物以满足工期需要。

卖方应避免发生为节省运输费用而过多装载，使设备发生挤压、碰撞而导致包装破损的现象。如发生类似情况，卖方应承担相应责任。

9 交货和运输

9.1 卖方负责设备和材料的供货和运输及货物交货前的保管，应按合同规定的交货进度有序地组织设备交货，交货进度见附件四。本合同设备的到货期及到货顺序应满足工程建设设备安装进度和顺序的要求，应保证部套的及时和完整。

9.2 合同生效后 5 日内卖方应向买方提供预计每批货物名称、总重量、总体积和到货日期的初步到货计划及本合同项下的货物总清单和装箱总清单，交货进度具体见附件四。

9.3 卖方应根据运输的线路及运输方式，对沿途所经过的涵洞、桥梁等构、建筑物进行充分的调查和论证，并提出运输的方案，确保设备运至买方项目现场。

9.4 交货地点

9.4.1 合同设备的交货地点为：买方光伏电站施工现场指定地点车板交货。

9.4.2 卖方应按合同的规定，向买方提供技术资料。技术资料应采用专人或特快专递的方式提交，邮寄地址为：_____。技术资料送达买方签收的时间为技术资料的交付时间，此时技术资料的交付风险由卖方转移至买方。

9.5　技术资料中应注明技术资料的详细清单、件数、重量、合同号等。如果技术资料经买方或买方代表检查后发现有缺少或损坏，且非买方原因，卖方应在收到买方通知后 7 日内（紧急情况下 3 日内）免费向项目现场补充提供缺少或损坏的部分。如卖方不能在规定时间内提供要求的技术资料，将按本合同第 23 款规定处理。如因买方原因发生缺少、丢失或损坏，卖方应在收到买方通知后 7 日内（紧急情况下 3 日内）向项目现场补充提供缺少、丢失或损坏的部分，费用由买方承担。

9.6　在质量保证期内由于卖方的过失或疏忽造成的供应设备（或部件）的损坏或潜在缺陷，而动用了买方库存中的备品备件以调换损坏的设备或部件，则卖方应负责免费将动用的备品备件补齐，最迟不得超过 30 日运抵买方仓库。

9.7　买方可派遣代表到卖方工厂及装货地点检查包装质量和监督装货情况。卖方应提前 15 日通知买方装运日期。如果买方代表不能及时参加检验时，卖方有权发货。上述买方代表的检查与监督不能免除卖方应负的责任。

9.8　货物到达项目现场后，卖方在接到买方通知后应及时到现场，与买方一起根据运输单据和装箱单对货物的包装、外观及件数进行清点检验。如发现有任何不符之处，经双方代表确认属卖方责任后，由卖方处理解决。卖方应及时通知保险公司和承运部门，并应尽快补齐所缺货物。

9.9　在每批设备达到工地买方指定地点后，买方将通知卖方共同进行现场开箱检验。在确定所交货物完整无误后，买方的授权代表将与卖方的现场代表签署该批设备的"设备收货证明"一式四份，双方各执两份。直接运到项目现场的进口配套设备开箱检验时，卖方的现场代表应提供给买方进口配套设备的商检证明复印件两份。

如果发生包装破损导致设备/部件丢失或损坏，则卖方应在买方规定的时限内补充齐全并承担相应的合同责任。

如果发现所交货物与实际交货清单不符，双方应视情节轻重协商解决。确属情节严重的，买方有权拒签。待此问题解决后，再签署"设备收货证明"。

9.10　卖方应严格按合同交货进度交货。如果由于买方原因要求卖方提前或推迟交货，卖方应尽力予以合作，但买方必须提前通知卖方，以便卖方有必要的生产和运输时间来满足实际交货。

9.11　为实现对设备及材料的计算机管理，卖方应在每批货物交运后向买方发送一份装箱清单的电子邮件，并应在每批货物交运时随货提供一张装箱清单的计算机光盘（文档应采用 Microsoft Office 软件编制）。

9.12　卖方装运的货物不应超过合同规定的数量或重量，否则，卖方对由此产生的一切费用和后果承担全部责任。

9.13　货物由于包装不当或在运输过程中发生损坏/灭失，除风险由卖方承担外，卖方还应赔偿买方因此蒙受的全部损失。

10　保险

10.1　卖方应以卖方为收益人对合同设备根据水运、陆运和空运等运输方式，向保险公司投保发运合同设备价格110％的运输一切险，保险区段为：卖方仓库至项目施工现场指定地点；保险时段为：货物发运日至货物运抵施工现场完成验收、卸货日止。

10.2　卖方应当在每一批货物发运 7 日前将该批货物的运输保险合同副本递交给买方；如果卖方未按时递交运输保险合同副本或未办理货物运输保险，由此产生的风险或损失（损害）由卖方承担。

10.3　卖方应在履行合同期间为其人员和物资财产的损失或损害以及第三方人员的伤亡办理相关保险。

11　技术服务和联络

11.1　卖方应及时提供与本合同设备有关的工程设计、检验、土建、安装、调试、验收、性能验收试验、运行、检修等相应的技术指导、技术配合、技术培训等全过程服务。

11.2　卖方需派代表到项目现场进行技术服务，并负责解决合同设备在安装调试、试运行及其他试验或验收过程中发现的制造质量缺陷，协调交货进度相关问题。

11.3　卖方应在合同生效后 7 日内向买方提交执行 11.1 和 11.2 款规定的服务工作的组织计划一式两份。

11.4　在合同生效后 10 日内，双方确定技术联络会的时间。

11.5　卖方有义务在必要时邀请买方参与卖方的技术设计，并向买方解释技术设计有关问题。

11.6　如遇有重大问题需要双方立即研究协商时，任何一方均可建议召开会议，在一般情况下，另一方应同意参加。

11.7　各次会议及其他联络方式双方均应签订会议或联络纪要，所签纪要双方均应执行。如涉及合同条款有修改时，需经双方法定代表人或授权代表批准。

11.8　卖方提出并经双方在会议上确定的安装、调试和运行技术服务方案，卖方如有修改，须以书面形式通知买方，经买方确认后方可进行。为适应现场条件的要求，买方有权提出变更或修改意见，并书面通知卖方，除非卖方有合理的解释和说明，卖方应满足买方要求。

11.9　买方有权将卖方所提供的一切与本合同设备有关的资料分发给与本工程有关的各方，并不由此而构成任何侵权，但买方不得向任何与本工程无关的第三方提供这些资料。

11.10　对盖有"密件"印章的买方、卖方资料，双方都有为其保密的义务。

11.11　卖方须对一切与本合同有关的供货、设备及技术接口、技术服务等问题负全部责任。

11.12　凡与本合同设备相连接的其他设备装置，卖方有提供接口和技术配合的义务，并不由此而发生合同价格以外的任何费用。

11.13　卖方派到现场服务的技术人员应是有类似工程实践经验、可胜任此项工作的人员。买方有权提出更换不符合要求的卖方现场服务人员，卖方应根据现场需要，重新选派买方认可的服务人员。如果在买方书面提出该项要求7日内卖方没有答复，将按本合同有关规定视为延误工期等同处理。

11.14　由于卖方技术服务人员对安装、调试的技术指导的疏忽和错误以及卖方未按要求派人指导而造成的损失应由卖方承担。

11.15　技术服务和联络的具体要求见技术标准。

11.16　卖方所需（当地或外地的）全部职工的雇用，以及所需职工的工资、住宿、膳食和交通工具，均应由卖方自行负责安排。

11.17　卖方应与买方安全部门签订安全合同，负责采取预防措施以保证其职工的健康与安全。卖方应与当地卫生部门合作并按其要求，保证在住地和现场始终配有医务人员、急救设施和救护设施；保证按照福利与卫生方面的要求以及预防流行性传染病的需要，作出适当安排。卖方应对现场人员的人身安全与事故预防工作采取保护性措施，以防止事故发生。一旦发生了事故，卖方应尽快将事故详情报告送交买方代表。

11.18　卖方应随时采取各种合理的预防措施，防止其职工或职工内部发生非法行为、暴乱行为或扰乱社会治安的行为，并维持好治安，防止上述行为殃及本工程附近的人员和财产。

11.19　卖方须在设备安装前向买方提供逆变器设备安装作业计划书，并进行逆变器安装指导。

12　质量监造与检验

12.1　监造

12.1.1　买方根据项目实际需要可派驻监造代表进行设备监造、出厂前及电站施工现场的检验，从人员、设备、原材料、外购件、制造加工工艺、出厂检验、试验等方面了解设备组装、检验、试验和设备包装质量情况。监造的标准以逆变器的技术规范为依据。卖方配合监造代表，在监造中及时提供相应资料和标准，由此而发生的任何费用由卖方承担。

12.1.2　卖方必须为监造代表的监造检验提供：

（1）本合同设备生产计划及检验计划。

（2）提前 15 天提供设备的监造内容和检验时间。

（3）与本合同设备监造有关的资料以供查验，资料至少应包括：标准（包括工厂标准）、图纸、工艺规程和细则、工艺流程、生产技术准备状况、关键工艺保证措施、重点试验大纲、工艺检验标准、分包商的能力和资质状况。提供检验记录（包括中间检验记录和/或不一致性报告）及技术规范书的有关文件以及复印件。

（4）向监造代表提供工作、生活方便。

12.1.3　监造检验/见证应尽量结合卖方工厂实际生产过程，一般不得影响工厂的正常生产进度（不包括发现重大问题时的停工检验）。若监造代表不能按卖方通知时间及时到场，卖方工厂的试验工作可正常进行，试验结果有效，但监造代表有权事后了解、查阅、复印检查报告和结果（转为文件见证）。若卖方未及时通知监造代表而单独检验，买方将不承认该检验结果，卖方应在买方代表在场的情况下重新进行该项检验。

12.1.4　监造代表在监造中如发现设备和材料存在质量问题或不符合规定的标准或包装要求时，有权提出意见，卖方必须采取相应改进措施，以保证交货质量。无论监造代表是否要求和是否知道，卖方应主动及时提供合同设备制造过程中发现的质量缺陷和问题，不得隐瞒；在监造代表不知道的情况下，卖方不得擅自处理。在生产过程控制中，发现不合格工序后，卖方应对出现不合格工序的产线所生产的产品进行追溯。追溯范围应包括不合格生产点到上次检查合格点期间的产品。买方有权要求卖方对不合格工序进行整改并拒收不合格品。

12.1.5　不论监造代表是否参与监造与出厂检验，均不能被视为卖方按合同规定应承担的质量保证责任的解除，也不能免除卖方对质量应负的责任。

12.1.6　卖方（包括技术支持方）对所提供设备的质量负有全部责任，由此而发生的任何费用都由卖方承担。买方监造代表有权随时查阅技术支持方的监造记录，如果买方监造代表要求复印，卖方必须提供复印件。买方对设备质量的监造不解除卖方对合同设备质量所负的责任。

12.2　包装和运输

卖方在每次发货前，应将发货数量、出厂检验数据、包装和运输方案提交给买方或买方监造代表，在经过买方或买方监造代表允许后，才能进行发货，否则视为无效发货，买方有权拒收。

卖方应在发货结束后 5 日内，向买方或买方监造代表提交发货报告，发货报告应至少包括发货数量、发货批次、出厂检验数据等信息。

13 检验、安装调试和验收

13.1 工厂检验

13.1.1 工厂检验是质量控制的一个重要组成部分。卖方需严格进行厂内各生产环节的检验和试验。卖方提供的合同设备需签发质量证明、检验记录和测试报告，并且作为交货时质量证明文件的组成部分。

13.1.2 检查的范围包括原材料和关键元器件的进厂，部件的加工、组装、试验和出厂试验。

13.1.3 卖方检验的结果要满足附件的要求，如有不符之处或达不到标准要求，卖方要采取措施直至满足要求，同时向买方提交不一致性报告。卖方发生重大质量问题时应将情况及时通知买方。

13.1.4 工厂检查的所有费用包括在合同设备总价中。

13.2 现场开箱检验

13.2.1 现场开箱检验时，如发现设备由于卖方原因（包括运输）有任何损坏、缺陷、短少或不符合合同中规定的质量标准和规范时，应做好记录，并由双方代表签字，各执一份，作为买方向卖方提出修理、更换或索赔的依据；如果卖方委托买方修理损坏的设备，所有修理设备的费用由卖方承担。如果由于买方原因造成损坏或遗失，卖方在接到买方通知后，应尽快提供或替换相应的部件，但费用由买方承担。

13.2.2 卖方如对上述买方提出修理、更换、索赔的要求有异议，应在接到买方书面通知后7日内提出，否则上述要求即告成立。如有异议，卖方在接到通知后2日内，自费派代表赴现场同买方代表共同复验。

13.2.3 如双方代表在会同检验中对检验记录不能取得一致意见时，可由双方委托权威的第三方检验机构/双方权威检验机构联合进行检验。检验结果对双方都有约束力，检验费用由责任方负担。

13.2.4 卖方在接到买方按照本合同规定提出的索赔后，应在接到索赔通知后的7日内尽快完成修理、更换或补发短缺部分，由此产生的制造、修理费和运费及保险费均应由责任方负担。对于上述索赔，如责任在卖方，由买方从下次付款中扣除。

13.2.5 由于卖方原因而引起的设备或部件的修理或更换的时间，以不影响光伏电场建设进度为原则，但最迟不得晚于发现缺陷、损坏或短缺等之后1个月，否则按本合同有关条款处理。

13.2.6 上述各项检验仅是现场的到货检验，无论是否发现设备质量缺陷、损坏或短缺，或卖方已按索赔要求予以更换或修理，均不能免除卖方按本合同有关规定应承担的质量保证责任。

13.2.7　在确定所交货物完整无误后，买方的授权代表将与卖方的现场代表签署该批设备的"设备收货证明"。

13.3　安装调试

13.3.1　本合同设备由买方根据卖方提供的技术资料、检验标准、图纸及说明书进行安装、调试、运行和维修。整个安装、调试过程须在卖方现场技术服务人员指导下进行。重要工序须经卖方现场技术服务人员签字确认。重要工序应由卖方在安装作业指导书中详细说明。

13.3.2　在安装调试之前，卖方应提供安装作业指导书，且卖方技术人员应现场详细讲解安装方法和要求。在安装过程中，卖方技术人员应对安装工作给予技术指导和监督服务，参加为满足保证指标和安全稳定运行所需合同设备的安装质量的检验和测试，并应尽快解决调试中出现的设备问题，其所需时间应满足现场安装的需要，否则将按本合同有关规定视为延误工期等同处理。

13.3.3　安装、调试过程中，若买方未按卖方的技术资料规定和现场技术服务人员指导进行工作或未经卖方现场技术服务人员签字确认进入下道工序而出现问题，买方自行负责（除设备自身缺陷外）；若按卖方技术资料或卖方现场技术人员的指导导致错误，则卖方承担责任及相关费用。

13.3.4　在安装调试过程中，卖方每周一向买方提供上周安装调试周报，卖方技术人员离开安装现场需征得买方批准。

13.4　试运行

13.4.1　为证实合同设备能够按照合同规定的运行方式安全、可靠地运行，在调试结束后，在自然条件适合运行的情况下，每发电单元开始试运行。如果无法通过试运行，必须进行消缺。试运行期限按照《光伏发电工程验收规范》（GB/T 50796—2012）的要求执行。如果在限期内无法通过试运行，卖方无条件更换产品，由此产生的费用由卖方负担。试运行在买方的配合下由卖方负责进行。

13.4.2　卖方应在单阵列具备试运行条件前3天向买方提交"试运行申请书"，经买方同意后，从计划进入试运行的当天光伏阵列正常并网时刻开始计量。试运行工作在合同双方代表共同监督下进行，并在"试运行申请书"中记录光伏阵列试运行过程，在试运行结束后由买方签署试运行结论意见。

13.4.3　如光伏阵列在试运行过程中出现故障，卖方应在第一时间通知买方，并尽快进行消缺，在消缺完成正常并网时刻开始重新计量。试运行期限为6个月。如果在限期内无法通过试运行，买方有理由要求卖方更换逆变器，由此产生的费用由卖方负担。

13.4.4　卖方在试运行开始前30天将试运行的详细程序提交给买方现场代表，并经双方批准。

13.5 卖方不负责由于下列原因造成的质量保证及担保指标未达到：

13.5.1 采用非卖方认可的材料、设计或其他供货。

13.5.2 经双方认可由于买方运行不当或失误。

13.5.3 未按照卖方技术人员或手册要求运行和维护。

13.5.4 由于电网故障和不可抗力因素等非卖原因造成的。

13.6 预验收

13.6.1 进行预验收之前必须具备如下条件：

（1）单元光伏阵列全部安装完毕；

（2）单元内逆变器都已通过了试运行；

（3）试运行出现的问题都已得到妥善处理。

13.6.2 单元阵列通过试运行，并达到了合同规定的指标，由卖方向买方提交预验收申请，双方签署预验收证书一式四份。

13.7 最终验收

质量保证期结束后，设备运行达到技术规范书中的规定，双方签署最终验收证书一式四份。

13.8 出具的验收证书只是证明卖方所提供的合同设备性能和参数截至出具预验收证书时可以按合同要求予以接收，但不能免除本合同规定的卖方责任。

14 备品备件/消耗品

14.1 根据规定，卖方可能被要求提供下列与备品备件有关的材料、通知和资料：

14.1.1 在备品备件停止生产的情况下，卖方应提前将停止生产的计划通知买方使买方有足够的时间采购所需的备品备件；

14.1.2 在备品备件停止生产后，如果买方要求，卖方应免费向买方提供备品备件的图纸和规格。

14.2 卖方应按照附件中的规定提供保证五年正常运行所需的备品备件，并在最终验收证书签订前按清单补齐。

14.3 卖方应按照附件中的规定提供保证五年正常运行所需的消耗品，并在最终验收证书签订前按清单补齐。

14.4 在全部合同设备最终验收后五年内，在买方需要购买任何一种备品备件和消耗品时，卖方须按不高于其合同备品备件清单的价格提供给买方。

14.5 在设备寿命期内，卖方欲停止或不能制造某些备品备件，应及时向买方推荐此类备品备件的升级和替代产品。但如果无升级和替代产品，卖方应提前 6 个月通知买方，以便买方有足够的时间从卖方处对所需的备品备件作最后一次订货，并且卖方有义务免费提供制造这些备品备件的图纸、样板、工具、模具及技术说明等，使买方能够为合同设备制造所需的备品备件，且买方制造这些备品备件不构成对专利及工业设计权的侵权。

14.6 自本合同生效之日起至逆变器寿命期结束，卖方有义务提供与本项目有关的所有的新的或经改进的运行经验、技术和安全方面的改进资料。卖方提供这些文件资料不存在任何专利、技术和生产许可的转让，买方使用上述资料也不构成任何侵权，但买方不得向任何与本项目无关的第三方提供。

15 保证

15.1 卖方应保证合同项下所供货物是全新的。除非合同另有规定，货物应含有设计和材料的全部最新改进。卖方保证所提供合同项下的全部货物没有设计、材料或工艺上的缺陷（由于按买方的要求设计或按买方的规格提供的材料导致的缺陷除外），没有因卖方的行为或疏忽而导致的缺陷，这些缺陷是所供货物在最终使用地正常运行条件下合理使用可能产生的。

15.2 卖方应当保证本合同项下的设备满足使用寿命二十五年的要求，在使用寿命期内，主要部件不应损坏；合同设备的元件或部件，其质保期不短于 5 年，在质保期内任何部件出现故障，卖方应保证在 48 小时之内解决；合同设备运行性能应符合附件三的要求。

15.3 买方将尽快以书面形式通知卖方保证期内所发现的货物缺陷，卖方收到通知后应在五日内采取措施尽快免费维修或更换存在缺陷的货物或部件。

15.4 卖方收到通知后应在规定的时间内免费维修或更换有缺陷的合同设备或部件（由卖方列出承诺的时间表），如需更换，卖方应负担由此产生的到安装现场更换的一切费用，更换或修理期限应不迟于证实属卖方责任之日起 60 日内。

15.5 如果卖方收到通知后在合同规定的时间内没有以合理的速度弥补缺陷，买方可以采取必要的补救措施，由此产生的风险和费用由卖方承担，买方根据合同规定享有的其他权利或权力不受影响。

15.6 卖方应保证其所提供的合同设备或技术资料（包括其整体及其所包含的所有组成部分）均已合法地获得并有效适用于买方所在国家和地区的所有有关知识产权规定，若买方因购买和使用卖方所提供的合同设备或技术资料而遭受任何第三方的追索、诉讼或仲裁，或受到买方所在国的国家政府部门、行政机关、司法机关的处罚、判决、执行，卖方应补偿买方因此而遭受的一切损失。

15.7 如果对货物的缺陷存在争议，卖方首先应按买方要求采取有效措施更换或处理缺陷设备，直至满足合同要求。争议的解决可以通过协商或索赔等方式处理。

15.8 卖方应严格按投标文件中提供的原材料和元器件清单进行配置，且原材料与元器件应与卖方提供的测试报告一致，买方有权随机核查，如出现不符情况，卖方须无条件更换且赔偿买方损失。

16 索赔

16.1 如果卖方提供的货物不满足合同要求且责任在卖方，卖方应按照买方同意的下列方式中的一种或几种方式结合起来解决索赔事宜：

16.1.1 根据合同设备的偏差情况、损坏程度以及买方所遭受损失的金额，经买卖双方商定降低合同设备的价格。

16.1.2 用符合合同规定的规格、质量和性能要求的新零件、部件和/或设备替换存在缺陷的零件、部件和/或设备，或者对存在缺陷的零件、部件和/或设备进行修复，卖方应承担一切费用和风险，并赔偿买方蒙受的全部直接损失。同时，卖方应相应延长所更换货物的质量保证期。

16.1.3 如果买方提出退货要求并向卖方发出书面通知，卖方必须在收到书面通知后一个月内，根据买方要求办理退货手续，将书面通知中要求的货物运出项目施工现场，将相应的货款退还给买方，并且承担由此造成的全部损失和费用（包括利息、银行手续费、运杂费、保险费、检验费、仓储费、装卸费、买方及其人员因退货造成的误工损失、买方因为退货导致工程延期产生的损失、为看管和保护退回合同设备所需的其他必要费用等）。

16.2 如果在买方发出索赔通知后 14 日内，卖方没有书面答复买方，索赔通知的内容视为已被卖方接受。在买方发出索赔通知后 14 日内或买方同意的延长期限内，如果卖方未能按照买方同意合同条款规定的方法解决索赔事宜，买方将从应支付合同款或从卖方开具的履约保证金中扣回索赔金额，不足部分将继续向卖方追索，必要时将通过法律程序追索。

17 使用合同文件和资料

未经对方当事人书面同意，合同当事人不得将对方当事人提供的合同条文、规格、计划、图纸、模型、样品或与合同有关的资料泄露给与履行合同无关的第三方。

18 知识产权

卖方应保证买方不因使用了卖方提供的合同设备的设计、工艺、方案、技术资料、商标、专利等而产生侵权，若有任何侵权行为，卖方必须承担由此产生的一切索赔和责任。

19　变更指令

19.1　根据合同条款的有关规定，买方可以在任何时候向卖方发出书面指令，在本合同范围内变更下列内容中的一项或几项：

(1) 专为买方制造的货物的图纸、设计或规格；

(2) 货物运输或包装的方法；

(3) 交货地点或交货进度；

(4) 卖方提供的服务；

(5) 货物的原产地。

19.2　如果上述变更使卖方履行合同义务的费用或时间发生变化，卖方可以要求对合同价格和/或交货时间或两者同时进行合理的调整，同时修改合同中的相关内容。卖方根据本条进行调整的要求必须在收到买方的变更指令后 30 日内提出。但因卖方自身原因导致的上述变更，卖方无权提出合同价或交货时间的调整。

19.3　如果卖方提出第 19.1 中的变更，必须获得买方同意，如果导致合同价格增加，增加的款项由卖方承担；如果导致合同价格减少，减少的款项由买方扣回。

20　合同的修改

除合同条款第 19 条规定的情况外，合同条款不得变更或修改，除非双方同意并签订书面的补充协议。

21　转让

未经买方书面许可，卖方不得转让其应履行的全部或部分合同义务。

22　分包与外购

22.1　卖方未经买方同意不得将本合同范围内的逆变器设备/零部件进行分包。卖方需分包的内容和比例应在不影响供货进度和质量要求的前提下，事先征得买方签字确认。分包必须按合同规定进行，如需变更须经买方事先同意。分包并不解除卖方履行本合同的义务和应承担的责任。

22.2　卖方须按合同规定进行材料或设备部件的采购，如需变更须经买方同意。

22.3　卖方对所有分包设备、部件承担本合同项下的全部责任。

23　卖方履约延误

23.1　卖方应按照合同规定的时间表交货和提供服务。

23.2 在履行合同过程中，如果卖方及其分包人遇到妨碍按时交货和提供服务的情况，应及时以书面形式将延误的事实、原因、预计延误的时间通知买方。买方在收到卖方通知后，将对情况进行评估，确定是否同意延长交货时间以及是否收取误期赔偿费。延期应通过修改合同的方式由双方认可。

23.3 除了合同条款第24条的情况外，除非拖延是根据合同条款的规定取得买方同意而不收取误期赔偿费之外，卖方延误交货，买方将按合同条款的规定收取误期赔偿费。

24 误期赔偿和违约赔偿

24.1 除合同条款第23条规定的情况外，如果卖方未能按照合同规定的时间交货和提供服务，买方有权从付款中或履约保证金中扣除相应金额用于支付误期赔偿费。迟交货的宽限期为3天，迟交货3天以内（含3天），卖方无需支付违约金；迟交4～7天，则每天扣除的违约金额为该批次交货设备金额的1％；迟交8～10天，则每天罚款金额为该批次交货设备金额的2％；迟交10天以上，则每天罚款金额为该批次交货设备金额的4％。误期赔偿费的最高限额为合同总价的5％。卖方向买方支付误期赔偿费不能免除其继续提供迟交合同设备和服务的责任和义务。任何一批货物的交付误期超过28日的，买方可以终止合同，并且卖方仍有义务支付上述误期赔偿费。

24.2 卖方应严格按照附件的规定提供技术资料。如果卖方不能在规定的时间内提供要求的技术资料，卖方有责任向买方支付每日五千元人民币的误期赔偿费。卖方向买方支付误期赔偿费不能免除其继续提供迟交技术资料的责任和义务。

24.3 卖方应保证所提供的合同项下的合同设备满足附件中性能保证值的要求。如果由于卖方的责任，有合同设备不满足<u>附件三</u>规定的性能保证值，卖方应支付违约赔偿金。

24.3.1 根据下列公式计算分别在5％、10％、15％、20％、25％、30％、50％、70％、90％、100％额定输出功率条件下的逆变器逆变效率的加权效率值 η 不应该小于98％：

$$\eta = 0.03 \times \eta_{5\%} + 0.06 \times \eta_{10\%} + 0.13 \times \eta_{20\%} + 0.10 \times \eta_{30\%} + 0.48 \times \eta_{50\%} + 0.20 \times \eta_{100\%}$$

逆变器中国加权效率不得低于98％。

若卖方在投标文件中承诺的可利用率高于上述标准时，以承诺的可利用率为准。若当年考核不合格，则视为卖方违约，并赔偿买方实际损失发电量的售电收入。

24.3.2 MPPT静态跟踪效率不低于99％。

24.3.3 逆变器使用寿命不低于25年，质保期不少于5年。

24.3.4 由买方提出，买方和卖方共同进行性能保证值的考核，卖方在买方提出要求后30日内不进行考核的，买方有权自行进行考核，考核结果对卖方有约束力。双方共同考核的情况下，如果对考核结果有异议，双方共同请第三方来验证。如果 30 日内无法确定一个共同认可的第三方，买方有权自行聘请有资质的第三方，第三方的考核是最终的考核。聘请第三方的费用由双方分担。

24.4　如果合同设备的可靠性运行被延误，合同双方应作详细记录，分清责任。如果延误由卖方原因造成，卖方应按下述比例支付工期延误违约金：

（1）从延误的第一周到第四周，每天违约金为合同设备金额的 0.03%；

（2）从延误的第五周到第八周，每天违约金为合同设备金额的 0.06%；

（3）从延误的第九周起，每天违约金为合同设备金额的 0.08%。

违约金的支付不能免除卖方继续履行合同项下在安装、调试、性能试验、可靠性运行期间的义务。买方将根据卖方要求协助卖方补救工期的延误，因此所产生的成本和费用将由卖方负担。

24.5　买卖双方约定本合同违约金数额最高为合同总价的 15%。

24.6　卖方未履行合同、严重违约，发生质量、安全事故或其他重大事件，买方及上级单位可根据内部管理制度将其列入不合格供货商。

25　违约终止合同

25.1　买方对卖方违约而采取的任何补救措施并不影响买方在出现下述情况之一时向卖方发出书面违约通知书提出终止部分或全部合同：

（1）卖方未能在合同规定的期限内或买方根据合同同意延长的期限内提供部分或全部货物。

（2）卖方未能履行合同规定的其他义务。

（3）卖方在本合同的竞争和实施过程中有贿赂、欺诈等不正当行为。前述"贿赂"是指提供、给予、接受或索取任何有价值的物品试图影响买方在采购过程或合同实施过程中的决策或行为；"欺诈"是指为了影响采购过程或合同实施过程而虚假陈述或隐瞒重要事实，损害买方利益的行为。

25.2　如果买方终止了部分或全部合同，买方可以依其认为适当的条件和方法购买与未交合同设备类似的替代的合同设备或服务，卖方应承担买方因购买替代设备或服务而发生的额外费用，并且卖方应继续执行合同中未终止的部分。

25.3　买卖双方当事人任何一方违约，对方当事人都可以要求违约方承担违约责任。

26　不可抗力

26.1　如发生不可抗力事件，受事件影响的一方应在 3 天以内将所发生的不可抗力事件的情况以传真通知另一方，并在 7 天内以邮件特快专递将有关当局出具的证明文件提交给另一方审阅确认。

26.2　如不可抗力事件延续到 60 天以上时，双方应通过友好协商解决合同继续履行的问题。

26.3　发生事件的一方应采取一切合理的措施以减少由于不可抗力所导致的拖期。

26.4　当不可抗力事件终止或事件消除后，受事件影响的一方应尽快以传真通知另一方，并以邮件特快专递证实。

27　因破产而终止合同

如果卖方破产或无清偿能力时，买方可在任何时候用书面通知卖方终止合同而不对卖方进行任何补偿。但上述合同的终止并不损坏或影响买方采取或将采取行动或补救措施的任何权力。

28　因买方的便利而终止合同

28.1　任何时候，买方都可以出于自身的便利而向卖方书面通知终止全部或部分合同，终止合同的书面通知应明确该合同终止是出于买方的便利，并明确合同终止的具体内容，以及终止的生效日期。

28.2　对卖方在收到终止通知后 30 日内已完成并准备装运的货物，买方应按合同价格和条款接收。其余货物的采购，买方可以取消并按双方商定的金额向卖方支付部分完成的合同设备和服务以及卖方以前已经采购的材料和部件的费用，或者，买方仅对部分合同设备按照原来的合同价格和条款予以接受。

29　争议的解决

29.1　合同双方在履行合同中发生争议的，友好协商解决；协商不成的，诉讼解决。

29.2　在诉讼期间，除正在进行诉讼的部分外，本合同的其他部分应继续执行。

30　合同语言

本合同语言为中文。

31　适用法律

本合同适用中华人民共和国的法律。

32　通知

32.1　本合同一方当事人发给对方当事人的通知，应采用书面形式送达对方当事人。

32.2　通知书注明生效日期的以通知书记载的日期为生效日期，没有注明生效日期的以通知到达对方当事人的日期为生效日期。

33　税费

33.1　中国政府根据现行税法对买方征收的与本合同有关的一切税费均由买方承担，中国政府根据现行税法对卖方征收的与本合同有关的一切税费均由卖方承担。

33.2　本合同价格为含税价格。卖方提供的设备、技术资料、服务、运输、保险、进口设备/部件等所有税费（含进口环节税费）已经全部包含在合同价格内，由卖方承担。

33.3　增值税专用发票

（1）乙方应按照结算款项金额向甲方提供符合税务规定的增值税专用发票，甲方在收到乙方提供的合格增值税专用发票后支付款项。

（2）乙方应确保增值税专用发票真实、规范、合法，如乙方虚开或提供不合格的增值税专用发票，造成甲方经济损失的，乙方承担全部赔偿责任，并重新向甲方开具符合规定的增值税专用发票。

（3）合同变更如涉及增值税专用发票记载项目发生变化的，应当约定作废、重开、补开、红字开具增值税专用发票。如果收票方取得增值税专用发票尚未认证抵扣，收票方在开票之日起180天内退回原发票，则可以由开票方作废原发票，重新开具增值税专用发票；如果原增值税专用发票已经认证抵扣，则由开票方就合同增加的金额补开增值税专用发票，就减少的金额依据收票方提供的红字发票信息表开具红字增值税专用发票。

34　履约担保

34.1　卖方应在合同签订前（中标通知书发出后30天内）向买方提交总额为合同总价百分之十（10％）的履约保证金。

34.2　履约担保用于补偿买方因卖方未完成其合同义务而蒙受的损失。

34.3　履约保证金款项采用人民币，可以是买方接受的在中华人民共和国注册和营业的银行采用招标文件提供的格式或买方接受的其他格式出具的银行保函、银行汇票、保兑支票或现金。

34.4　在卖方全面履行合同，签发预验收证书后30日内，买方将退还履约担保。

35　合同生效及其他

35.1　本合同在双方法定代表人或授权代表签字并加盖单位公章或合同专用章，且买方收到卖方提交的履约担保后生效。

35.2 本合同正本一式贰份，买卖双方各执壹份；副本拾份，买卖双方各执伍份。

35.3 法定地址

买方：_____ 卖方：_____

地址：_____ 地址：_____

传真：_____ 传真：_____

电话：_____ 电话：_____

附件一 供货范围及价格表

根据第八章"投标文件格式"中的文件五"投标报价表"的内容填写。

附件二 合同设备描述概要表

序号	名称	主要技术规范	数量	包装	每件尺寸（cm³）（长×宽×高）	每件重量（t）	总重量（t）	交货时间
1								
2								
3								
4								
5								
6								
7								
8								
……								

附件三 设备特性和性能保证值

根据第八章"投标文件格式"中文件六"技术方案"的附件一内容填写。

附件四　交货批次及进度要求

1. 交货说明

（1）卖方承诺在合同生效后 25 日内开始陆续供货，每天不少于 2 台。

（2）设备交货顺序要满足工程进度的要求。

（3）卖方在投标时可根据自己的实际情况，提出详细的供货顺序和进度。

（4）交货进度表中序号要与供货清单序号一致。

（5）为了使交货便于工地的储存保管，除非经过买方批准，所有交货不得比规定交货日期提前 15 天。

2. 交货批次

根据第八章"投标文件格式"中文件六"技术方案"附件五的内容填写下表。

序号	批次	名称	型号及规格	单位	数量	交货时间	交货地点
1	第一批						
2	第二批						
3	第三批						
……	……						

附件五　履约保函格式

履约保函

致：（受益人）

鉴于：本保函的申请人（以下简称"申请人"）与贵方于＿＿＿年＿＿＿月＿＿＿日签订了编号为的《＿＿＿＿＿＿》（或申请人收到项目的《中标通知书》，即将与贵方签订）（以下简称"基础合同"）。

为了保证申请人充分履行其在基础合同项下的义务，应申请人的申请和指示，我行，即＿＿＿＿＿＿（以下简称"本行"），兹出具以贵方为受益人的本履约保函，其性质为见索即付的独立保函，适用国际商会《见索即付保函统一规则》。本行于此无条件地、不可撤销地保证本行向贵方承担偿付总额最高不超过人民币（大写）＿＿＿元（￥＿＿＿）（此数额即为本保函的担保限额）的担保责任，并约定如下：

一、本行无条件且不可撤销地承诺：一旦贵方向本行提交符合下列条件的索偿通知，本行将在收到该索偿通知后＿＿＿个银行工作日内无条件地将贵方索偿的款项一次性付往贵方在该索偿通知中指定的贵方账户：（1）贵方在索偿通知中声明申请人未能完全适当地履行基础合同项下的义务及/或责任，并引述申请人所违反的基础合同条款原文；（2）索偿通知由贵方以书面信函（须注明作成日期并加盖贵方公章）方式出具，注明基础合同的编号（如有）和名称及本保函的编号。

二、索偿通知应在本保函的有效期内送达本行。索偿款项应以人民币计算并表示为确定不变的数额。在本保函的有效期内及担保限额内，贵方可以一次或分多次提出索偿，但贵方提出索偿的累计金额不得超过本保函的担保限额。本保函的担保限额根据本行向贵方履行的偿付金额而自动递减。

三、本保函项下已签订基础合同的，自开立之日起生效（即将签订基础合同的，自签订基础合同之日起生效），至＿＿＿年＿＿＿月＿＿＿日（该日为非银行营业日时则以该日之前的最后一个银行营业日为准）本行对公营业时间结束时或正本退回我行之日（以两者之较早的日期为准）有效期届满。在有效期届满时本保函即自动失效，对本行不再具有任何约束力。

四、本保函的效力以及本行在本保函项下对贵方承担的义务和责任是完全独立的，并不取决于任何交易、合同/协议、承诺（包括但不限于基础合同）的存在或有效性，也不取决于本保函中未列明的任何条款或条件，并且不受对基础合同及/或贵方与申请人之间的任何协议所作的任何变更、补充、终止或提前/延迟终止的影响。

五、本保函项下的任何权利、利益和收益均不得转让，也不得转移。

备注：卖方在获得买方书面同意后，可采用银行提供的保函格式，其主要内容须与本保函内容原则一致，且必须保证保函为无条件的、不可撤销的保函。

保函开立银行：（盖单位章）

法定代表人/主要负责人
（或其委托代理人）：（签字）

保函开立日期：　　　年　月　日

附件六　预付款保函格式

预付款保函

致：（受益人）

鉴于：本保函的申请人（以下简称"申请人"）与贵方于＿＿年＿＿月＿＿日签订了编号为＿＿的《＿＿＿＿》（以下简称"基础合同"）。根据基础合同约定的条件，贵方将在收到向贵方出具的银行保函后向申请人预付相当于合同总价之＿＿＿％的款项人民币（大写）＿＿元（￥＿＿）（即预付款）。

为了保证申请人按照基础合同约定使用预付款，应申请人的申请和指示，我行，即＿＿＿＿＿（以下简称"本行"），兹出具以贵方为受益人的本预付款保函，其性质为见索即付的独立保函，适用国际商会《见索即付保函统一规则》。本行于此无条件地、不可撤销地保证本行向贵方承担偿付总额最高不超过人民币（大写）＿＿元（￥＿＿）（此数额即为本保函的担保限额）的担保责任，并约定如下：

一、本行无条件且不可撤销地承诺：一旦贵方向本行提交符合下列条件的索偿通知，本行将在收到该索偿通知后＿＿个银行工作日内无条件地将贵方索偿的款项一次性付往贵方在该索偿通知中指定的贵方账户：（1）贵方在索偿通知中声明申请人未按照基础合同约定使用预付款，也未退回预付款；（2）索偿通知由贵方以书面信函（须注明作成日期并加盖贵方公章）方式出具，注明基础合同的编号（如有）和名称及本保函的编号。

二、索偿通知应在本保函的有效期内送达本行。索偿款项应以人民币计算并表示为确定不变的数额。在本保函的有效期内及担保限额内，贵方可以一次或分多次提出索偿，但贵方提出索偿的累计金额不得超过本保函的担保限额。本保函的担保限额根据本行向贵方履行的偿付金额而自动递减。

三、本保函自贵方将预付款支付给申请人之日起生效，至＿＿年＿＿月＿＿日（该日为非银行营业日时则以该日之前的最后一个银行营业日为准）本行对公营业时间结束时或正本退回我行之日（以两者之较早的日期为准）有效期届满。在有效期届满时本保函即自动失效，对本行不再具有任何约束力。

四、本保函的效力以及本行在本保函项下对贵方承担的义务和责任是完全独立的，并不取决于任何交易、合同/协议、承诺（包括但不限于基础合同）的存在或有效性，也不取决于本保函中未列明的任何条款或条件，并且不受对基础合同及/或贵方与申请人之间的任何协议所作的任何变更、补充、终止或提前/延迟终止的影响。

五、本保函项下的任何权利、利益和收益均不得转让，也不得转移。

备注：卖方在获得买方书面同意后，可采用银行提供的保函格式，其主要内容须与本保函内容原则一致，且必须保证保函为无条件的、不可撤销的保函。

保函开立银行：（盖单位章）

法定代表人/主要负责人

（或其委托代理人）：（签字）

保函开立日期：　　　年　月　　日

附件七　质量保函格式

质量保函

致：（受益人）

　　鉴于：本保函的申请人（以下简称"申请人"）与贵方于＿＿年＿＿月＿＿日签订了编号为＿＿的《＿＿＿＿＿》（以下简称"基础合同"）。为了保证申请人充分履行其在基础合同项下的质量保证义务，应申请人的申请和指示，我行，即＿＿＿＿＿（以下简称"本行"），兹出具以贵方为受益人的本履约保函，其性质为见索即付的独立保函，适用国际商会《见索即付保函统一规则》。本行于此无条件地、不可撤销地保证本行向贵方承担偿付总额最高不超过人民币（大写）＿＿元（￥＿＿）（此数额即为本保函的担保限额）的担保责任，并约定如下：

　　一、本行无条件且不可撤销地承诺：一旦贵方向本行提交符合下列条件的索偿通知，本行将在收到该索偿通知后＿＿个银行工作日内无条件地将贵方索偿的款项一次性付往贵方在该索偿通知中指定的贵方账户：（1）贵方在索偿通知中声明申请人未能履行或者承担合同质量保证期内的任何义务或任何责任，并引述申请人所违反的基础合同条款原文；（2）索偿通知由贵方以书面信函（须注明作成日期并加盖贵方公章）方式出具，注明基础合同的编号（如有）和名称及本保函的编号。

　　二、索偿通知应在本保函的有效期内送达本行。索偿款项应以人民币计算并表示为确定不变的数额。在本保函的有效期内及担保限额内，贵方可以一次或分多次提出索偿，但贵方提出索偿的累计金额不得超过本保函的担保限额。本保函的担保限额根据本行向贵方履行的偿付金额而自动递减。

　　三、本保函自开立之日起生效，至＿＿＿＿年＿＿＿＿月＿＿＿＿日（该日为非银行营业日时则以该日之前的最后一个银行营业日为准）本行对公营业时间结束时或正本退回我行之日（以两者之较早的日期为准）有效期届满。在有效期届满时本保函即自动失效，对本行不再具有任何约束力。

　　四、本保函的效力以及本行在本保函项下对贵方承担的义务和责任是完全独立的，并不取决于任何交易、合同/协议、承诺（包括但不限于基础合同）的存在或有效性，也不取决于本保函中未列明的任何条款或条件，并且不受对基础合同及/或贵方与申请人之间的任何协议所作的任何变更、补充、终止或提前/延迟终止的影响。

五、本保函项下的任何权利、利益和收益均不得转让，也不得转移。

保函开立银行：（盖单位章）

法定代表人/主要负责人

（或其委托代理人）：（签字）

保函开立日期：　　　年　月　日

附件八　廉洁协议格式

廉洁协议

甲方（发包人）：＿＿＿＿＿＿＿＿＿＿

乙方（承包人）：＿＿＿＿＿＿＿＿＿＿

为了防范和控制＿＿＿＿＿＿＿＿＿＿　合同（合同编号：＿＿＿＿＿＿＿＿）商订及履行过程中的廉洁风险，维护正常的市场秩序和双方的合法权益，根据反腐倡廉相关规定，经双方商议，特签订本协议。

一、甲乙双方责任

1. 严格遵守国家的法律法规和廉洁从业有关规定。

2. 坚持公开、公正、诚信、透明的原则（国家秘密、商业秘密和合同文件另有规定的除外），不得损害国家、集体和双方的正当利益。

3. 定期开展党风廉政宣传教育活动，提高从业人员的廉洁意识。

4. 规范招标及采购管理，加强廉洁风险防范。

5. 开展多种形式的监督检查。

6. 发生涉及本项目的不廉洁问题，及时按规定向双方纪检监察部门或司法机关举报或通报，并积极配合查处。

二、甲方人员义务

1. 不得索取或接受乙方提供的利益和方便。

（1）不得索取或接受乙方的礼品、礼金、有价证券、支付凭证和商业预付卡等（以下简称礼品礼金）。

（2）不得参加乙方安排的宴请和娱乐活动，不得接受乙方提供的通信工具、交通工具及其他服务。

（3）不得在个人住房装修，婚丧嫁娶，配偶、子女和其他亲属就业、旅游等事宜中索取或接受乙方提供的利益和便利；不得在乙方报销任何应由甲方负担或支付的费用。

2. 不得利用职权从事各种有偿中介活动，不得营私舞弊。

3. 甲方人员的配偶、子女、近亲属不得从事与甲方项目有关的物资供应、工程分包、劳务等经济活动。

4. 不得违反规定向乙方推荐分包商或供应商。

5. 不得有其他不廉洁行为。

三、乙方人员义务

1. 不得以任何形式向甲方及相关人员输送利益和方便。

（1）不得向甲方及相关人员行贿或馈赠礼品礼金。

（2）不得向甲方及相关人员提供宴请和娱乐活动，不得为其购置或提供通信工具、交通工具及其他服务。

（3）不得为甲方及相关人员在住房装修，婚丧嫁娶，配偶、子女和其他亲属就业、旅游等事宜中提供利益和便利；不得以任何名义报销应由甲方及相关人员负担或支付的费用。

2. 不得有其他不廉洁行为。

3. 积极支持配合甲方调查问题，不得隐瞒、祖护甲方及相关人员的不廉洁问题。

四、责任追究

1. 按照国家、上级机关和甲乙双方的有关制度和规定，以甲方为主、乙方配合，追究涉及本项目的不廉洁问题。

2. 建立廉洁违约罚金制度。廉洁违约罚金的额度为合同总额的 1%（不超过 50 万元）。如违反本协议，根据情节、损失和后果按以下规定在合同支付款中进行扣减。

（1）造成直接损失或不良后果，情节较轻的，扣除 10%～40%廉洁违约罚金；

（2）情节较重的，扣除 50%廉洁违约罚金；

（3）情节严重的，扣除 100%廉洁违约罚金。

3. 廉洁违约罚金的扣减：由合同管理单位根据纪检监察部门的处罚意见，与合同进度款的结算同步进行。

4. 对积极配合甲方调查，并确有立功表现或从轻、减轻违纪违规情节的，可根据相关规定履行审批手续后酌情减免处罚。

5. 上述处罚的同时，甲方可按照中国长江三峡集团有限公司有关规定另行给予乙方暂停合同履行、降低信用评级、禁止参加甲方其他项目等处理。

6. 甲方违反本协议，影响乙方履行合同并造成损失的，甲方应承担赔偿责任。

五、监督执行

1. 本协议作为项目合同的附件，由甲乙双方纪检监察部门联合监督执行。

2. 甲方举报电话：＿＿＿＿＿＿＿＿；乙方举报电话：＿＿＿＿＿＿＿＿。

六、其他

1. 因执行本协议所发生的有关争议，适用主合同争议解决条款。

2. 本协议作为＿＿＿＿＿＿＿＿合同的附件，一式肆份，双方各执贰份。

3. 双方法定代表人或授权代表在此签字并加盖单位章，签字并盖章之日起本协议生效。

甲方：（盖章）   乙方：（盖章）

法定代表人（或授权代表）：   法定代表人（或授权代表）：

附件九　卖方须遵守的中国长江三峡集团有限公司有关管理制度

卖方应该本着诚实信用的原则履行合同，并遵守以下中国长江三峡集团有限公司有关管理制度：

1）……

2）……

附件十　合同协议书

合同协议书

合同号：_____

日　期：_____

中　国：_____

_____公司（以下简称"买方"）为一方和_____

公司（以下简称"卖方"）为另一方同意按下述条款签署本合同（以下简称"合同"）：

1. 合同文件

下述文件组成本合同不可分割的部分，合同中的词语和术语的含义与合同条款中的定义相同。

1）合同协议书及附件（含评标和合同签订期间的澄清文件，如果有）。

2）合同条款。

3）合同技术标准和要求。

4）合同附件：

（1）供货范围和价格表；

（2）合同设备描述概要表；

（3）设备特性和性能保证值；

（4）交货批次及进度要求；

（5）履约保函；

（6）预付款保函；

（7）质量保函；

（8）廉洁协议。

5）中标通知书。

6）招标文件。

7）投标文件。

8）组成合同的其他文件。

上述文件应认为是互为补充和解释的，但如有模棱两可或互相矛盾处，以上面所列顺序在前的为准，当顺序相同时以时间在后的为准。

2. 合同范围和条件

本合同范围和条件应与上述规定的合同文件一致。

3. 合同设备和数量

本合同项下所供合同设备和数量详见<u>附件一</u>价格表及<u>附件二</u>合同设备描述概要表。

4. 合同金额

合同总金额为＿＿＿＿＿＿＿＿。其分项价格详见<u>附件一</u>。

5. 合同设备的支付条件、交货时间和交货地点以及合同生效等详见合同文件。

6. 本合同用中文书写，正本贰份，买方、卖方各执壹份；副本拾份，买方伍份，卖方伍份。

7. 本合同<u>附件一</u>至<u>附件九</u>为本合同不可分割的组成部分，与合同正文具有同等效力。

8. 双方任何一方未取得另一方同意前，不得将本合同项下的任何权利和义务转让给第三方。

买方名称（签章）：＿＿＿＿＿＿＿　　卖方名称（签章）：＿＿＿＿＿＿＿

买方授权代表（签字）：＿＿＿＿＿　　卖方授权代表（签字）：＿＿＿＿＿

日期：＿＿年＿＿月＿＿日　　　　　签约地点：＿＿＿＿＿＿＿

第五章　设备采购清单

1　清单说明

本设备采购清单应与招标文件中的投标人须知、合同条款、合同附件、技术标准和要求等一起阅读和理解。

2　投标报价说明

投标人应按本招标文件规定和本清单的内容及格式要求，结合本招标文件所有条款及条件的要求，完整填写报价表中各项目的工地交货单价、工地交货合价、小计、合计等所有要求填写的内容。凡未填写单价和合价的项目，则认为完成该项目所需一切费用（包括全部成本、合理利润、税费及风险等）均已包含在报价表的有关项目单价、合价及总报价中。

按本招标文件的规定，投标人的总报价应包括投标人中标后为提供所有合同设备、技术文件和服务及全面履行合同规定的责任和义务所需发生的全部费用，包括设计、制造及所需材料和部件的采购、成套、工厂检验、包装、保管、运输及保险、交货、工地开箱检验、技术文件、设计联络会、工厂见证、出厂验收、工厂培训、质量保证、技术服务以及协调、配合项目主管部门主持的工程专项验收、竣工验收等费用，并包括除合同另有规定以外的应由卖方承担的一切风险（包括物价和汇率等的变化）所需全部费用。

报价表中的出厂价中均已包含其相应设备的制造及所需材料和部件的采购、成套、工厂检验、包装、技术文件等全部成本、合理利润和税费，以及合同规定应由卖方承担的其他义务、责任和风险（包括物价和汇率等的变化风险）等所需全部费用。

投标人应将所有报价表文字说明附在报价表中一并提交。

对于报价表中单位为"套"的设备、专用工器具、备品备件或部件等，应对每套中所包含的所有组成部分分项列出，并报出各分项所对应的价格。

本项目适用一般计税方法，增值税税率为 16%；投标人应按照"价税分离"方式进行报价；投标人应按照国家有关法律、法规和"营改增"政策的相关规定计取、缴纳税费，应缴纳的税费均包括在报价中；含增值税价格作为投标人评标价。

3 其他说明

4 设备采购清单及报价汇总表

表 5-1 设备采购清单及报价汇总表

序号	名称	规格型号	单位	数量	质量标准	工地交货单价（元）	工地交货合价（元）	备注
1	逆变器本体		台					
	……							
2	配套设备							
	……							
3	五年期备品备件							
	……							
	……							
4	随机工器具							
	……							
5	相关服务							
	……							
6	其他							
	……							
合计								

说明：

第六章 图纸

交通运输、地形等图纸（如有）。

第七章　技术标准和要求

（此技术规范适用于集装箱式逆变器，其他形式逆变器参照本规范编制技术标准和要求。）

1　总则

1.1　本技术规范提出了集装箱式逆变器设备的供货范围、设备的技术规格、遵循的技术标准以及其他方面的内容，适用于＿＿＿＿＿＿＿＿光伏电站所需的集装箱式逆变器及其附属设备。投标人所提供设备的技术规格须响应本技术规范所提出的技术规定和要求。

1.2　本招标书中提出了最低限度的技术要求，并未对一切技术细节规定所有的技术要求和适用的标准，投标人应保证提供符合本招标书和有关最新工业标准的优质产品及其相应服务。对国家有关安全、健康、环保等强制性标准，必须满足其要求。投标人提供的产品必须满足本招标书的要求。

1.3　投标人执行的标准与本规范所列标准有矛盾时，按较高标准执行。

1.4　中标后投标人应协同设计方完成深化方案设计、配合施工图设计，配合其他设备厂家进行系统调试和验收，并承担培训及其他附带服务。合同签订后 10 天内，投标人提出合同设备的设计、制造、检验/试验、装配、安装、调试、试运行、验收、运行和维护等采用的标准目录给招标人，由招标人确认。

1.5　本规范书要求投标人提供的文件和资料为中文版本。

2　集装箱式逆变器供应技术规范

2.1　概述

2.1.1　集装箱式逆变器设备采购清单

见设备采购清单。

2.1.2　概况及自然条件

见招标公告和投标人须知。

2.1.3　规范和标准

本技术规范书中设备的设计、制造应符合（但不限于）下列规范与标准：

（1）CNCA/CTS 0004－2009A 并网光伏发电专用集装箱式逆变器技术条件；

（2）IEC 62109－1：2010 光伏发电系统用电力转换设备的安全 第 1 部分：通用要求；

（3）IEC 62109－2：2011 光伏发电系统用电力转换设备的安全 第 2 部分：对集装箱式逆变器的特殊要求；

（4）IEC 60990－1999 接触电流和保护导体电流的测量方法；

（5）IEC 62116－2008 并网连接式光伏集装箱式逆变器孤岛防护措施测试方法；

（6）GB 4208－2008 外壳防护等级（IP 代码）；

（7）GB 7260.2－2009 不间断电源设备（UPS）第 2 部分：电磁兼容性（EMC）要求；

（8）GB 10593.1－2005 电工电子产品环境参数测量方法 第 1 部分：振动；

（9）GB/T 191－2008 包装储运图示标志；

（10）GB/T 2423.1－2008 电工电子产品环境试验 第 2 部分：试验方法 试验 A：低温；

（11）GB/T 2423.2－2008 电工电子产品环境试验 第 2 部分：试验方法 试验 B：高温；

（12）GB/T 2423.3－2006 电工电子产品环境试验 第 2 部分：试验方法 试验 Cab：恒定湿热试验方法；

（13）GB/T 3859.2－1993 半导体变流器应用导则；

（14）GB/T 12325－2008 电能质量供电电压偏差；

（15）GB/T 12326－2008 电能质量电压波动和闪变；

（16）GB/T 13384－2008 机电产品包装通用技术条件；

（17）GB/T 14549－1993 电能质量公用电网谐波；

（18）GB/T 15543－2008 电能质量三相电压不平衡；

（19）GB/T 15945－2008 电能质量电力系统频率偏差；

（20）GB/T 17626.2－2006 电磁兼容试验和测量技术静电放电抗扰度试验；

（21）GB/T 17626.3－2006 电磁兼容试验和测量技术射频电磁场辐射抗扰度试验；

（22）GB/T 17626.4－2008 电磁兼容试验和测量技术电快速瞬变脉冲群抗扰度试验；

（23）GB/T 17626.5－2008 电磁兼容试验和测量技术浪涌（冲击）抗扰度试验；

（24）GB/T 17626.6－2008 电磁兼容试验和测量技术射频场感应的传导骚扰抗扰度；

（25）GB/T 17626.8－2006 电磁兼容试验和测量技术工频磁场抗扰度试验；

（26）GB/T 17626.12—1998 电磁兼容试验和测量技术阻尼振荡波抗扰度试验；

（27）GB/T 17626.14—2005 电磁兼容试验和测量技术电压波动抗扰度试验；

（28）GB/T 18479—2001 地面用光伏（PV）发电系统概述和导则；

（29）GB/T 20514—2006 光伏系统功率调节器效率测量程序；

（30）Q/GDW 617—2011 光伏电站接入电网技术规定。

其他未注标准按国际、国内行业标准执行。投标人应将采用的相应标准和规范的名称及版本在标书中注明。

2.2　技术要求

2.2.1　投标人提供的设备应功能完整，技术先进成熟，并能满足人身安全和劳动保护条件。投标人所供设备均正确设计和制造，在投标人提供的各种工况下均能满足安全和持续运行的要求。

集装箱式逆变器作为光伏电站的主要设备，应不低于 Q/CTG 106—2017《并网光伏发电专用集装箱式逆变器技术规范》（附录 A）中外观要求、性能指标、测试及认证要求、关键元器件要求、生产厂要求及验证方法等具体要求。本工程所有设备产品内容包括设计、结构、性能、试验、调试及现场服务和技术服务，所有设备、备品备件，包括从第三方获得的所有附件和设备，均应遵照最新版本的行业标准、国家标准（GB）和 IEC 标准及国际单位制（SI）及三峡新能源的企业标准。各标准不一致时，以最高标准为准。

投标人用于生产和测试的设备必须处于正常工作状态，校准设备应有国家计量单位出具的计量证书，企业内部校准的设备，应能溯源到国家计量机构的计量结果。相关校准人员必须具有校准资质。如投标人企业内控标准与附录 A 和国内其他标准要求不符合时，按照较高标准实施，对未提及的工艺均按照企业内控最高标准实施。

投标人应按技术要求供应原厂制造、封装的成型产品。所供设备、材料必须是该品牌注册工厂根据该设备、材料的标准和规范进行设计，采用最先进的技术制造的未使用过的全新合格产品，是在投标时该生产厂家近年来定型投产的该规格型号最新的成熟产品。招标人不接受带有试制性质的集装箱式逆变器及其组成部件。

＊以下技术条款（参数）是重要内容，不满足任何一条，将导致投标文件被否决。

（1）根据下列公式计算分别在 5％、10％、15％、20％、25％、30％、50％、70％、90％、100％额定输出功率条件下的集装箱式逆变器逆变效率的加权效率值 η 不应该小于 98％：

$$\eta = 0.03 \times \eta_{5\%} + 0.06 \times \eta_{10\%} + 0.13 \times \eta_{20\%} + 0.10 \times \eta_{30\%} + 0.48 \times \eta_{50\%} + 0.20 \times \eta_{100\%}$$

（2）MPPT 静态跟踪效率不低于 99％。

（3）集装箱式逆变器所有关键器件必须满足本技术规范中所列要求。

（4）提供 MTBF 无故障持续运行时间设计报告，确保逆变器使用寿命不低于 25 年，质保期不少于 5 年。

（5）直流防雷配电柜、逆变器所有断路器均应选用行业内知名品牌，且应通过 UL 或 VDE 认证，并提供型式试验认证报告。投标时，投标人推荐的断路器品牌，招标人有权在不改变投标报价的前提下要求卖方调整。

（6）直流防雷配电柜的所有防雷模块均应采用菲尼克斯、盾牌、西岱尔或同等以上质量品牌。

（7）IGBT 应采用英飞凌、富士或同等以上质量品牌。

2.2.2 光伏并网集装箱式逆变器总体技术要求

1）光伏并网集装箱式逆变器及其配套设备采用集装箱方案。

2）投标人提出成套设备自用电负荷耗电量。

3）投标人负责逆变单元内部自用电装置的接线，集装箱式逆变器及集装箱式逆变器室内所有负荷电源均取自该自用电系统。

集装箱式逆变器自用电电源为一用一备两路电源：一路为招标方向每一发电单元（0.5/1MW）提供的低压三相五线制 0.4kV 电源，投标人预留该路电源接口；另一路为投标人取自其中一台集装箱式逆变器的交流侧。一用一备两路电源可实现手动/自动切换的双电源切换功能，双电源切换时间需满足国家标准的相关规定（招标方提供电源为主供电电源，取自集装箱式逆变器交流侧电源为备用电源）。

集装箱式逆变器自用电变压器容量为招标阶段暂定容量，具体容量在技术协议签订时确定。最终集装箱式逆变器室用电负荷容量及接线方案满足实际工程需求。

集装箱式逆变器交流侧与箱式变压器的连接电缆为 3 根 ZRC－YJY－0.6/1.0kV－3×185mm² 电缆，投标方需预留足够的接线端子或母线排。柜内电气元件应使用知名品牌、具备国内认证的产品。

4）柜体结构要求

柜体应达到 IP20 以上防护标准；柜体的全部金属结构件都应经过特殊防腐处理，以具备防腐、美观的性能；柜体结构安全、可靠，应具有足够的机械强度，保证元件安装后及操作时无摇晃、不变形；通过抗震试验、内部燃弧试验；柜体采用封闭式结构，柜门开启灵活、方便；元件特别是易损件安装便于维护拆装，各元件板应有防尘装置；屋内使用的盘柜需达到 IP20 以上的防护标准，采用高素质的冷轧钢板，钢板的厚度≥1.5mm，表面采用静电喷涂。

5）布线

（1）设备柜内元器件安装及走线要求整齐可靠、布置合理，电器间绝缘应符合国家有关标准。进出线必须通过接线端子，大电流端子、一般端子、弱电端子间需要有隔离保护，电缆排布充分考虑 EMC 的要求。应选用质量可靠的输入输出端子，端子排的设计应使运行、检修、调试方便，适当考虑与设备位置对应，并考虑电缆的安装固定。端子排应为铜质，大小应与所接电缆相配套。柜内应预留一定数量的端子。强电、弱电二次回路的导线应分开敷设在不同的线槽内（二次导线采用阻燃多股铜芯塑料导线，电流互感器二次侧导线截面≥4mm；控制回路导线截面≥2.5mm。二次回路端子排包括单极断路器，二次回路承受 2kV 工频耐压试验无破坏性放电）。每个端子只允许接一根导线。电流端子和电压端子应有明确区分。

（2）系统盘柜内应该针对接入的设备及线路，拥有明显的断点器件，确保检修时能够逐级断开系统。

（3）集装箱式逆变器交流侧输出端采用电缆连接方式。

（4）交流各相、直流正负导线应有不同色标。

（5）母线、汇流排需加装绝缘热缩套管，无裸露铜排。

（6）柜内元件位置编号、元件编号与图纸一致，并且所有可操作部件均用中文标明功能。

（7）柜面的布置应整齐、简洁、美观。柜面上部应设测量表计、故障信号显示装置、指示灯、按钮等。集装箱式逆变器柜体正面必须配备紧急停机按钮。

（8）进出线要求：电缆连接时，柜体进出线宜采用下进下出的引线及连接线方式。

（9）投标方负责逆变单元内所有直流、逆变和控制设备的接线和自用电接线。

2.2.3　直流配电柜技术要求（可采用与集装箱式逆变器集成方式）

（1）直流防雷配电柜应满足本章 2.2.2 中相关工艺要求。

（2）每台直流配电柜应配备输入不少于 10 路直流输入接口，每路额定电流 200A，额定耐压 1000V。

（3）直流配电柜数量匹配集装箱式逆变器，由厂家自配。

（4）直流配电柜应设有断路器及操作开关（每路直流输入侧应配有可分断的直流断路器），以便于维护人员运行操作及检查；直流电压为 1000V（EX9MD2S200A 或同等以上质量产品）。直流断路器，需通过国内外直流认证（且有国内外相关认证，推荐使用 VDE 认证）。不可采用交流或交直流通用产品替代使用；直流断路器应具备速断（磁脱扣）、过流（热脱扣）保护功能。同时为了确保产品的防凝露要求，宜选用高污秽等级的开关。并且要求在高温环境使用时，允许开关器件通过降容使用，达到可靠保护的目的。断路器额定电流不低于 200A，DC1000V 时的极限分断能力不低于 36kA（至少 25kA），脱扣时间不多于 2ms，要求运行分断能力等于极限分断能力；为达安全保护，各级之间需配置相间隔板保护；要求断路器支持反向进线，且反向进行时不降低容量。

（5）直流母线输出侧应配置光伏专用防雷器，防雷器具备正负极对地和正负极之间的雷电防护功能，开路电压不低于DC1000V，最大持续工作电压不低于DC1000V，电压保护水平不低于3.5kV，标称放电电流不低于20kA，最大放电电流不低于40kA，运行环境温度-30～+70℃。

（6）每路直流输入提供电流检测。

（7）每路断路器配有状态接点和事故报警接点，可实时监测直流母线及支路的输入电压、输入电流、功率、绝缘阻抗、断路器状态及报警、直流接地报警等信息，通信接口可选RS485。

（8）要求配有防反二极管。

2.2.4　集装箱式逆变器技术要求

光伏并网集装箱式逆变器（下称集装箱式逆变器）是光伏发电系统中的核心设备，必须采用高品质性能良好的成熟产品。集装箱式逆变器将光伏方阵产生的直流电（DC）逆变为三相正弦交流电（AC），输出符合电网要求的电能（具有低电压穿越、无功功率调节等功能）。集装箱式逆变器应该满足以下要求：

1）每台集装箱式逆变器由不多于2台的单台集装箱式逆变器组成（模块化产品除外）。

2）并网集装箱式逆变器的功率因数和电能质量应满足中国电网要求。

3）本工程集装箱式逆变器设备在3000m的海拔高度地区使用，投标人应给出集装箱式逆变器设备是否降容使用，并给出降容后集装箱式逆变器的额定功率。

4）集装箱式逆变器的安装简便，无特殊性要求。

5）单台逆变器应具备MPPT追踪。

6）集装箱式逆变器应选用技术先进且成熟的IGBT/IPM功率器件。投标人必须提供IGBT/IPM功率器件的厂家及主要技术参数。

7）集装箱式逆变器为高频的电力电子转换装置。

8）集装箱式逆变器是光伏电站的核心设备，其设计寿命不得低于25年，标准质保期为5年。核心储能器件采用高可靠长寿命的进口金属化薄膜电容。

9）集装箱式逆变器的全年在线工作时间不低于99%，减少故障和维护时间，并提供相应的保证材料。

10）集装箱式逆变器要求能够自动化运行，包括自动跟踪电网频率、相位、启动、并网、解列等，运行状态可视化程度高。集装箱式逆变器应提供大尺寸的液晶显示屏（LCD）和轻触按键作为人机界面。通过按键操作，液晶显示屏（LCD）可清晰显示各项实时运行数据、实时故障数据、历史故障数据（不少于50条）、总发电量数据、历史发电量（按月、按年查询）数据。单台设备所记录内容可以通过外部接口导出形成对应的运行数据，便于维护查询。

11）集装箱式逆变器本体要求具有直流输入分断开关、交流电网分断开关、紧急停机操作开关。

12）具有极性反接保护、短路保护、孤岛效应保护、过温保护、交流过流及直流过流保护、低电压穿越、直流母线过电压保护、电网断电、电网过欠压、电网过欠频、光伏阵列及集装箱式逆变器本身的接地检测及保护功能（对地电阻监测和报警功能）等，并相应给出各保护功能动作的条件和工况（即保护动作值、保护动作时间、自恢复时间等）。

13）集装箱式逆变器的直流和交流侧均具备防浪涌保护功能（防感应雷）。

14）集装箱式逆变器是光伏电站的主要设备，应当提供具有 ISO 导则 25 资质的专业测试机构出具的符合国家标准（或 IEC 标准）的测试报告（有国家标准或 IEC 标准的应给出标准号）。如果该产品没有国家标准（或 IEC 标准），亦应出具专业测试机构出具的可以证明该产品的主要性能参数符合投标书中提供的技术参数和性能指标的测试报告。集装箱式逆变器须取得金太阳认证，如果设备已经取得国际/国内认证机构的认证，则应提供认证证书复印件。

15）集装箱式逆变器与电网的接口特性应遵循 GB/T 20046－2006《光伏（PV）系统电网接口特性（IEC 61727：2004）》、国家电网公司企业标准 Q/GDW 617－2011《光伏电站接入电网技术规定》的要求。包括功率因数、低电压穿越、电压不平衡度、直流分量、谐波和波形畸变、电压闪变、直流注入分量、电网失压、电网过欠压、电网过欠频、防孤岛效应、逆向功率保护、短路保护、恢复并网时间、防雷接地等相关要求。

16）若在极限条件下，1MW 逆变升压装置所匹配的 1MWp 太阳电池组件发出的电能超过 1MW，投标人请给出集装箱式逆变器应能继续安全稳定运行的极限条件。

17）集装箱式逆变器交流侧除常规操作保护元件外均应配套安装接触器（与集装箱式逆变器集成），保证交流侧可直接与中压变压器相连，无需其他开断设备。

18）集装箱式逆变器基本参数要求如下：

（1）集装箱式逆变器效率（投标人应给出集装箱式逆变器的效率曲线）

—最高效率：≥98％；

—加权平均效率：≥97％；

—10％额定交流功率下：≥95％；

—功率损耗（额定）：<1％。

（2）集装箱式逆变器输入参数

—输入电压形式：双极性输入/单极性输入；

—输入电压范围：由厂家确定；

—MPPT 电压范围：由厂家确定；

—最大允许直流输入电压：不低于 900V。

（3）集装箱式逆变器输出参数

—输出电压：由厂家确定；

—输出电压范围：应适合中国电网，由厂家确定；

—频率：满足电网运行要求；

—功率因数：具备在线可调功能，并给出调节范围，说明是否损害有功输出；

—总电流波形畸变率：<3%。

对于小型光伏电站，当并网点频率超过 49.5～50.2Hz 范围时，应在 0.2s 内停止向电网线路送电。如果在指定的时间内频率恢复到正常的电网持续运行状态，则无需停止送电。大型和中型光伏电站应具备一定的耐受系统频率异常的能力，应能够在表 7－1 所示电网频率偏离下运行：

表 7－1　电网频率运行要求表

频率范围	运行要求
低于 48Hz	根据光伏电站逆变器允许运行的最低频率或电网要求而定
48～49.5Hz	每次低于 49.5Hz 时要求至少能运行 10 分钟
49.5～50.2Hz	连续运行
50.2～50.5Hz	每次频率高于 50.2Hz 时，光伏电站应具备能够连续运行 2 分钟的能力，但同时具备 0.2 秒内停止向电网线路送电的能力，实际运行时间由电网调度机构决定；此时不允许处于停运状态的光伏电站并网
高于 50.5Hz	在 0.2 秒内停止向电网线路送电，且不允许处于停运状态的光伏电站并网

（4）电气绝缘性能

—直流输入对地：1500V（AC），1分钟；

—直流与交流之间：1500V（AC），1分钟。

（5）防雷能力

具有防雷装置，具备雷击防护告警功能（最大放电电流大于 40kA，残压小于 1kV）；防浪涌能力：能承受模拟雷击电压波形 $10/700\mu s$、幅值为 5kV 的冲击 5 次，以及模拟雷击电流波形 $8/20\mu s$、幅值为 20kA 的冲击 5 次，每次冲击间隔为 1min，设备仍能够正常工作。

—噪声：≤65dB；

—平均无故障时间：>10 年。

（6）并网电流谐波

集装箱式逆变器在运行时不应造成电网电压波形过度畸变和注入电网过度的谐波

电流,以确保对连接到电网的其他设备不造成不利影响。

集装箱式逆变器满负载（线性负载）运行时,电流谐波总畸变率限值为5%,奇次谐波电流含有率限值见表7-2,偶次谐波电流含有率限值见表7-3。

表7-2 奇次谐波电流含有率限值

奇次谐波次数	含有率限值（%）
3rd～9th	4.0
11th～15th	2.0
17th～21st	1.5
23rd～33rd	0.6
35th以上	0.3

表7-3 偶次谐波电流含有率限值

偶次谐波次数	含有率限值（%）
2nd～10th	1.0
12th～16th	0.5
18th～22nd	0.375
24th～34th	0.15
36th以上	0.075

2.2.5 集装箱式逆变器的保护功能

1）电网故障保护

（1）电网异常时的响应特性

集装箱式逆变器应该具有耐受电网电压跌落的低电压穿越能力。当设备运行于低电压穿越模式时,应符合《国家电网公司光伏电站接入电网技术规定》的第7条规定。

（2）防孤岛效应保护

集装箱式逆变器应具有可靠而完备的非计划性孤岛保护功能。集装箱式逆变器防非计划性孤岛功能应同时具备主动与被动两种孤岛检测方案。

集装箱式逆变器应具有可靠的计划性孤岛响应功能。如果非计划性孤岛效应发生,集装箱式逆变器应在2s内停止向电网供电,同时发出报警信号。

（3）恢复并网保护

由于超限状态导致集装箱式逆变器停止向电网供电后,在电网的电压和频率恢复到正常范围后的20s到5min,集装箱式逆变器不应向电网供电。

（4）输出过流保护

集装箱式逆变器的交流输出应设置过流保护。当检测到电网侧发生短路时,集装箱式逆变器的过电流应不大于额定电流的150％，并在0.1s内停止向电网供电，同时发出警示信号。故障排除后，集装箱式逆变器应能正常工作。

正常情况下，如果光伏电池阵列能够输出的功率大于集装箱式逆变器额定输出功率的110％，集装箱式逆变器应以110％额定输出功率长期工作。

2）防反放电保护

当集装箱式逆变器直流侧电压低于允许工作范围或集装箱式逆变器处于关机状态时，集装箱式逆变器直流侧应无反向电流流过。直流侧具备反接、过流、过压脱扣保护。

3）极性反接保护

当光伏方阵的极性反接时，集装箱式逆变器应能保护而不会损坏。极性正接后，集装箱式逆变器应能正常工作。

4）供电电网过/欠压、过/欠频保护

根据《GB/T 19939－2005 光伏系统并网技术要求》和《GB/T 19939－2005 光伏系统并网技术要求》，在集装箱式逆变器的交流输出侧，集装箱式逆变器应能够准确判断供电电网（接线）的过/欠压、过/欠频等异常状态，集装箱式逆变器应按要求的时间进行保护。欠压保护中包含了集装箱式逆变器输出缺相保护。

5）供电电网相序保护

集装箱式逆变器必须具备电网相序检测功能，当连接到集装箱式逆变器的电网电压是负序电压时，集装箱式逆变器必须停机并报警或通过集装箱式逆变器内部调整向电网注入正序正弦波电流。任何情况下，集装箱式逆变器都不能向电网注入负序电流。由集装箱式逆变器所引起的电压不平衡，不应超过限制。

6）输入过流保护

集装箱式逆变器的额定输入电流应大于光伏组串在＋85℃时的短路电流，当出现输入过流时，过流保护电路动作并报警。

7）内部短路保护

当集装箱式逆变器内部发生短路时，集装箱式逆变器内的电子电路、保护熔断器和输出断路器应快速、可靠动作，任何情况下都不能因集装箱式逆变器内部短路原因导致电网高压侧的高压断路器动作。

8）过热保护

集装箱式逆变器应具备机内环境温度过高报警（例如着火引起的机箱内环境温度过高）、机内关键部件温度过高保护等过热保护功能。

9）保护的灵敏度和可靠性

在正常的集装箱式逆变器运行环境和符合国标要求的电网环境下，集装箱式逆变器不应出现误停机、误报警和其他无故停止工作的情况。

当出现故障时，集装箱式逆变器应能够按照设计的功能可靠动作。

10）整机阻燃性

IEC 62109（CE认证安规测试标准）和 UL1941 认证中的阻燃要求是对集装箱式逆变器提出的最低要求。

集装箱式逆变器走线应使用阻燃型电线和电缆，线槽和线号标记套管等采用阻燃材料，集装箱式逆变器机体内应装有环境温度报警继电器（温度继电器）。

集装箱式逆变器在任何情况下均不能产生蔓延性明火。

11）绝缘监测

集装箱式逆变器具备完善的绝缘监测功能，当设备带电部分被接地时，绝缘监测系统应能够立即监测到集装箱式逆变器的故障状态，停机并报警。

2.2.6　集装箱式逆变器的启动及同步

集装箱式逆变器应能根据日出及日落的日照条件，实现自动开机和关机。

集装箱式逆变器启动运行时应确保光伏发电站输出的有功功率变化不超过所设定的最大功率变化率。当光伏电站因系统要求而停运，而后集装箱式逆变器要重新启动并网时，尤其需要考虑该制约因素。集装箱式逆变器应具有自动与电网侧同步的功能。集装箱式逆变器应具有对时功能，能够与监控系统的基准时间对时。

此外，通过光伏电站总监控系统可以实现各个集装箱式逆变器的启动、停机和有功功率控制等。

2.2.7　集装箱式逆变器的人机接口

集装箱式逆变器应在面板上设置液晶触摸屏，以实现操作人员的现地手动操作。通过触摸屏可实现对主要设备的手动控制。触摸屏应能显示集装箱式逆变器的运行参数、状态、故障信息等。

集装箱式逆变器需预留与光伏电站总监控系统的通信接口，接口型式可选 RS485。

2.2.8　集装箱式逆变器的显示及故障报警

液晶触摸屏的显示参数主要包括（但不限于此）：直流电压、直流电流、直流功率、交流电压、交流电流 、集装箱式逆变器机内温度、时钟、频率、功率因数、当前发电功率、日发电量、累计发电量、每天发电功率曲线、电压畸变率、电流畸变率等。

故障量信号包括（但不限于此）：电网电压过高、电网电压过低、电网频率过高、电网频率过低、电网电压不平衡、直流电压过高、集装箱式逆变器过载、集装箱式逆变器过热、集装箱式逆变器短路、散热器过热、光伏集装箱式逆变器孤岛、DSP 故障、通信失败等。

集装箱式逆变器应采用声光报警的方式来向操作人员发出故障信号提示。

2.2.9 集装箱式逆变器的历史数据采集和存储

集装箱式逆变器应能够连续存储至少一个月以上的电站所有运行数据和故障记录。集装箱式逆变器需分别以日、月、年为单位记录和存储数据、运行事件、报警、故障信息等。

2.2.10 逆变升压装置内的通信要求

投标人应成套提供逆变升压装置内的通信管理单元、光纤网络交换机、UPS，满足太阳能光伏场区内所有设备（箱变测控单元、集装箱式逆变器、直流柜、汇流箱等）的规约转换和网络组成，并且提供光纤通信接口，完成与电站总监控系统的连接。每个逆变升压装置应配有 1 台通信管理单元和 1 台光纤网络交换机及 1 台 UPS（2kVA），由投标人负责安装及完成光伏场区内所有设备的规约转换，接口形式、通信协议待中标后商定。如因通信或其他原因无法配合需加装设备或软件的，卖方均应提供而不引起商务变动。具体应包括以下功能（至少包括但不仅限于此）：

（1）通信管理功能

每个箱式逆变升压装置配置 1 台通信管理单元，具有宽温功能、数据处理及通信功能，实现逆变升压装置内设备及现场汇流箱和全站监控系统站控层设备之间信息的"上传下发"。应通过现场总线通信接入光伏场区设备（如现场汇流箱、集装箱式逆变器、直流柜、电度表等）进行通信，实现数据通信和信息交换，保证系统运行的可靠性和实时性；通过以太网接入全站监控系统站控层。

通信管理单元具有将保护动作或任意一个前端设备发生故障或越限变位信息，传送给变电站站控层系统的功能。通信管理单元的通信端口应采用隔离措施，并具有较强的抗干扰能力。

通信管理单元应具备丰富的通信接口，作为主站层和间隔层设备的连接枢纽和信息前置处理单元，对下具有多种方式通信接口，管理全站电气智能设备；对上具有多种方式通信接口，连接光伏电站监控管理系统。

通信接口应灵活配置，具有强大的通信处理能力，能接入 Modbus、以太网等接口或协议的智能设备与仪表。

通信管理单元应以 32 位 CPU 作为单元的核心，具有体积小、集成度高、抗干扰能力强、寿命长等优点。应采用专业开发的，具有类似现场保护测控装置的硬件结构（无风扇、无硬盘），采用嵌入式软件工业单片机产品，具有网络功能，同时还具有体积小、功耗较低、接插件牢靠等特点。

（2）光纤环网交换机

网络交换机网络传输速率大于或等于 100Mbit/s，构成分布式高速工业级双以太网，实现站级单元的信息共享以及站内设备的在线监测、数据处理以及站级联锁控制，应经过国家或电力工业检验测试中心检测，支持交流、直流供电，电口和光口数量应满足变电站应用要求。交换机必须具备宽温及网管功能。

（3）UPS

容量为 2kVA，备用时间 2 小时。

并网逆变器应具备接收电网调度指令并可靠执行的能力，在设备质保期内，投标方应无条件、免费地满足招标方、电网公司、监控后台提出的所有调度、通信等功能及其后续升级要求。

2.2.11 与全站监控系统的配合要求

（1）供货范围划分

各集装箱式逆变器室通信柜采用光纤环网连接与后台监控通信。集装箱式逆变器、汇流箱、箱变监控装置至集装箱式逆变器室通信柜，集装箱式逆变器室之间以及集装箱式逆变器室至全站监控系统的光缆由招标方供货，直流配电柜与集装箱式逆变器直流侧、集装箱式逆变器交流侧与低压交流配电柜之间的连接电缆、电缆附件由投标方提供。

（2）配合要求

投标人应将逆变升压装置与全站监控系统的以太网接口中所使用的通信协议、格式及对应关系——列举，并配合全站监控系统厂家完成与逆变升压装置（含汇流箱）的通信，以确保全站监控系统和逆变升压装置相互之间发出的数据能够被识别和正常使用，以确保全站监控系统能安全、有效地监视和（或）控制逆变升压装置内的设备（特别是每个集装箱式逆变器）及各个汇流箱的每个组串。

2.2.12 集装箱要求

1）箱体设计及制作

（1）箱体应符合集装箱标准中的相关条款，不得采用彩钢房式设计和制作（投标人需附高清实物图片）。

（2）箱体可以是把全部设备，包括直流柜（若有）、逆变器、交流柜（若有）、通信柜、排风系统、自用电系统、附属设备及附件等装在一个箱体内。

（3）箱体的进风口和出风口通风面积必须满足当地海拔条件下箱内各设备冷却风流量的需要，逆变器柜风机出口的风道阻力应满足冷却风机阻力要求，并按风机特性曲线（压力、流量、阻力）进行校核。

（4）箱体正面和背面检修通道的尺寸除了满足一般要求外，还必须满足逆变器更换或检修抽出模组的需要。

（5）箱体应尽量少设置箱门，箱门插销应牢固可靠；箱体结构在逆变器有需要时，应满足逆变器柜等设备就位和检修需要；箱体使用寿命不低于 25 年。

（6）箱体的防护等级应达到 IP54 以上防护标准。

（7）箱内温度变化范围在任何环境条件下都应保持在设计允许变化范围内，箱体应尽量采用不同的材料和其他措施实现保温、降温以满足需要，尽量避免采用附加的加热、制冷设备消耗能源，实现节能降耗的要求。

（8）箱体材料采用高素质的冷轧钢板，侧板和顶板的厚度≥3.0mm，底板厚度≥5.0mm；表面采用静电喷涂。要抗紫外线辐射，抗暴晒性能好，不易导热以避免因外部温度过高而引起箱体温度升高。当箱体采用夹层板，保温层厚度 50mm，保温层材料必须具有阻燃、无毒性能，并能在风速 56m/s 下保证不发生变形和撕裂。投标人在招标文件中需详细说明集装箱体钢板（侧板、顶板和底板）厚度、保温厚度、箱体结构、保温材料等。

（9）箱体内壁材料防潮性能好，不会因冷热突变而产生凝露。

（10）箱体机械强度高，耐压抗张，抗冲击。

（11）箱体对环境有良好的协调性，能美化环境，可适应各种气候条件，外形美观。

（12）箱体门锁应采用防雨、防堵、防锈、防盗的专用门锁，门打开后可定位在开门位置。

（13）门框上应加装专用的抗老化橡皮嵌条。

（14）箱体的设计需要满足箱内电力电子设备的环境工作温度要求。

（15）箱体金属框架均应有良好的接地，至少在两对角处各有 1 个接地端子，并标有不可擦灭的接地符号。

（16）箱体进出线皆为电缆。进出线均位于箱体底部。

（17）每台箱体应有足够的电缆布置和接线空间以及足够的电气相间距离。逆变器交流侧与箱式变压器的连接电缆为 3 根 YJY23－1－3×240mm² 电缆，投标方需预留足够的接线端子或母线排。连接处的母线和端子要考虑满足电缆连接的机械应力要求，4 根电缆终端的固定分别要设置固定型钢和卡具并加装绝缘护套，并有接地端子点，接地端应采用接地铜排，并留有足够的接线孔。

2）箱体内设备参数、状态的监测和通信

箱体内应加装温湿度测量表计、烟雾报警装置、门开关行程开关，并将温度、湿度、烟雾报警探头、箱体门的状态接入投标方供货的智能检测装置。智能装置需预留通信接口，上述所有信息能通过通信接口上传至光伏电站总监控系统，接口型式暂定 RS485。

此外，投标方需保证火灾情况下烟雾报警装置联动切除箱内通风风机。

3）箱内一、二次接线

（1）为适应太阳能光伏发电站无人值守或少人值守的需要，箱内设备选型、控制系统设计、保护系统设计和通信规约确定都要遵照该原则。

（2）箱内控制线和盘间电力电缆或铜排按照设计图纸连接好，现场仅需连接逆变升压箱进、出直流、交流电缆和通信线缆即可。

4）箱内低压自用电系统（应满足本章2.2.3第3条要求）

（1）箱内应配置交流380/220V电源箱，负责给箱内照明、箱体排气风机、箱内检测设备、箱内屏柜电源、箱内检修插座等所有工作电源；

（2）箱内照明灯应受门开关的位置开关节点控制；

（3）照明灯具选用节能灯具，采用合资品牌优质产品，照度要求值应满足DL/T 5390－2007标准要求；

（4）插座及开关等采用合资品牌优质产品。

投标方提出成套设备（包括成套设备的箱体照明、箱体排气风机、箱内检测设备、箱内屏柜电源、箱内检修插座等）自用电解决方案，并明确自用电负荷耗电量。同时投标方提供的自用电系统预留有与招标方提供的380/220V场用电系统的接口，招标方仅提供外引电源的电缆，其他均由投标方提供。

3 随机备品备件和专用工具

3.1 随机备品备件

3.1.1 随机备品备件

供应集装箱式逆变器的同时，投标人应提供在品种上和数量上足够使用五年的随机备品备件，提供的备品备件的数量和品种应根据本项目的规模、项目所在地的自然环境特点以及投标人对合同设备的经验来确定。该备品备件及相应的清单应与集装箱式逆变器同时交付，并应按与投标书同时提交的备品备件价格表（含易耗品）实施。此备品备件作为采购人的存货。

3.1.2 随机备品备件的使用

投标人应及时负责免费更换五年质保期内的损坏部件。如果投标人用了采购人的随机备品备件存货，投标人应当对此及时补足，确保在五年质保期末，业主的备品备件存货能得到充分补足。

对于五年内实际使用的随机备品备件品种和数量，超出清单范围的，也应在质保期末按实际用掉的数量免费补足。

3.1.3 备品备件额外的供应

五年后，业主如有需要，可按合同协议书附件提供的主要备品备件、工具和服务的单价向投标人购买。这些单价将被认作固定价格，但在质保期结束后可能增长，其最大增长率将按照价格调整公式（如果有）计算，如此计算所得的价格应看作是今后订货的最高单价。

在质保期结束后，如果投标人将停止生产这些零备件，应提前6个月通知业主，以便使业主作最后一次采购。在停产后，如果业主要求，投标人应在可能的范围内免费帮助业主获得备品备件的蓝图、图纸和技术规范。

3.1.4 随机备品备件的品质

所提供的全部备品备件应能与原有部件互相替换，其材料、工艺和构造均应相同。

备件应当是新的，而不是修理过的或翻新过的旧产品，投标人应当在五年末提供一份备品备件清单（带部件号，部件中、英文名称，部件型号、数量、单价），以便业主采购。

所有随机备品备件的包装和处理都要适用于工地长期贮存。每个备品备件的包装箱上都应有清楚的标志和编号。每一个箱子里都应有设备清单。当几个备品备件装在一个箱里时，则应在箱外给出目录，箱内附有详细清单。

4 技术性能保证值（投标人细化填写）

投标人可根据自己情况，充分提供能够说明投标人的集装箱式逆变器技术性能的资料。

表7-4 性能保证值（不仅限于以下数据）

序号	项目	单位	参数
1	集装箱式逆变器型号		
2	交流输出额定功率	kW	
3	交流输出最大功率	kW	
4	推荐直流侧组件功率	kW	
5	最高直流输入电压	V	
6	最大直流输入电流	A	
7	交流输出额定电流	A	
8	交流输出额定电压	V	
9	交流输出电压范围	A	
10	最高转换效率		
11	欧洲效率		
12	最大功率跟踪（MPPT）范围	V	
13	MPPT静态跟踪效率	%	
14	自动投切阀值		
15	额定输出频率	Hz	
16	输出频率范围	Hz	

序号	项目	单位	参数
17	电压测量精度	％	
18	频率测量精度	％	
19	电流测量精度	％	
20	功率测量精度	％	
21	待机功耗/夜间功耗	W	
22	运行中自耗功率	W	
23	满载时的电流谐波总畸变率	％	
24	断电后自动重启时间	s	
25	有无隔离变压器		
26	有无接地故障检测		
27	有无交流短路保护		
28	有无反极性保护		
29	有无过电压保护		
30	有无电网异常保护		
31	有无频率异常保护		
32	有无防孤岛保护或低电压穿越能力		
33	其他保护		
34	额定输出工作环境温度范围		
35	运行环境最高温度（室外机）		
36	运行环境最高温度（室内机）		
37	相对湿度		
38	满功率运行的最高海拔	m	
39	3000m以上时的降容指标参数		
40	防护类型/防护等级		
41	散热方式		
42	噪音水平	dB	
43	重量	kg	
44	机械尺寸（宽＊高＊深）	mm	

表7-5　逆变器功率-效率曲线图

（由投标人按照下述要求提供）

（1）提供分别在 5％、10％、15％、20％、25％、30％、50％、70％、90％、100％额定输出功率条件下的集装箱式逆变器逆变效率，并用折线图的形式绘制功率-效率曲线，并根据如下公式算出加权的效率值 η：

$$\eta = 0.03 \times \eta_{5\%} + 0.06 \times \eta_{10\%} + 0.13 \times \eta_{20\%} + 0.10 \times \eta_{30\%} + 0.48 \times \eta_{50\%} + 0.20 \times \eta_{100\%}$$

（2）提供最大逆变效率及相应的高低温效率测试曲线。

（3）提供 30％、50％、70％ 负载条件下的各次电流谐波值。

附件一　供货范围

1　一般要求

1.1　提供集装箱式逆变器设备及其所有附属设备和附件；承担招标范围内的现场试验及检测费用，确保现场试验项通过。

1.2　卖方应满足下列所述及技术规范中所提供货要求，但不局限于下列设备。

1.3　卖方应提供详细供货清单，清单中依次说明型号、数量、产地、生产厂家等内容。对于属于整套设备运行和施工所必需的部件，即使本附件未列出和/或数目不足，卖方仍须在执行合同时补足，且不发生费用问题。

1.4　卖方在交付集装箱式逆变器的同时应移交每台集装箱式逆变器应有工厂测试数据及关键元器件的测试认证报告，并提供分别在 5％、10％、15％、20％、25％、30％、50％、70％、90％、100％额定输出功率条件下的集装箱式逆变器逆变效率及以折线图的形式绘制的功率-效率曲线，提供最大逆变效率及相应的高低温效率测试曲线，提供 30％、50％、70％负载条件下的各次电流谐波值。

1.5　卖方应在投标书中详细列出所供随机备品备件、专用工具清单。卖方承诺质保期满后，优惠服务五年，被更换备品备件的价格在五年内不提价，提供五年内的备品备件价格清单作为投标附件，但遇市场降价应随之降价。

1.6　卖方应向买方提供进口及外购设备的范围及清单，供买方审阅。买方有权决定进口或外购设备的范围。

1.7　投标书供货范围和设备配置如与采购文件要求不一致，应在差异表中明确，否则认为完全满足采购文件要求。

1.8　如需要，卖方应提供用以说明其供货范围的相关图纸资料。

1.9　卖方提供终身维修。买方发现问题通知卖方后，维修人员 48 小时内抵达现场。缺陷处理后，半个月内向买方提交分析报告。

2　工作范围

卖方应当完成下列工作：

2.1　生产和交货情况月报和工厂试验计划。

2.2　设计、制作、工厂试验、装箱、运输至项目场地（运输目的地的要求详见各电站的特殊要求）、交付、开箱检查。

2.3　提交设计、制造、运输、安装、使用、维护、维修的有关技术文件、资料和试验记录。

2.4　编制和提交工厂培训和现场培训的计划，并按计划对采购方人员进行安装、调试、运行和维护的培训。

2.5 编制和提交所供应的设备安装手册和运行维护手册。

2.6 编制和提交委派责任人实施的安装指导、现场试验、试运行和调试的工作计划，完成所有合同规定的试运行和调试工作，提交完整的试验和调试报告。

2.7 编制和提交所供设备相关的服务计划，并提供计划内的和非计划内的维护以及维修。

2.8 投标方应至少安排两名及以上专业技术人员全程负责设备安装（外部接线进行指导工作、内部接线）、调试、试运行、消缺、验收至最终交付生产的一系列工作；设备安装调试期间负责监管保持箱式房内部清洁。

2.9 对设计、交付、检查和验收进行协调，以确保施工进度。

3 供货范围

3.1 供货范围包括（但不限于此）逆变器、直流防雷柜、通信网络柜、集装箱体（含排风系统及自用电系统）、附属设备及配套服务。

卖方应确保供货范围完整，以能满足买方安装、运行要求为原则。在技术规范中涉及的供货要求也作为本供货范围的补充，若在安装、调试、运行中发现缺项（属卖方供货范围），由卖方无偿补充。

卖方详细供货范围（不仅限于表 7-6、表 7-7，卖方保证设备的完整性）：

表 7-6 供货范围表

序号	名称	参数	单位	数量	备注
1	并网逆变器	500kW	台		
2	并网逆变器	500kW	台		
3	直流防雷配电柜	500kW	面		含防反二极管，10路输入，输出路数与 MPPT 匹配
4	直流防雷配电柜	500kW	面		含防反二极管，10路输入，输出路数与 MPPT 匹配
5	通信网络柜		面		包括管理机、环网交换机、UPS 等
6	集装箱体外壳		台		集装箱式、户外、钢板厚度≥3.0mm
6.1	排风系统		套		
6.2	低压自用电系统（含用电设备）		套		
7	附属设备及配套服务		套		

表7-7　单台逆变器分项表

序号	名称	规格型号	单位	数量	备注
1	IGBT/MOSFET				
2	输出滤波电容				
3	输出滤波电感				
4	直流 EMI 模块				
5	电流传感器				
6	交流断路器				
7	直流断路器				
8	接触器				
9	母线支撑电容				
10	冷却风机				
11	防雷模块				
……	……				

3.2　用于安装、调试、试运行、运行所供设备维修的专用工具及材料等。

3.3　用于五年质保期的备品备件（具体数量）和消耗品（质保责任期内卖方对所有消耗掉的随机备品备件和易耗部件全面补足）。提供推荐的清单和单价。

3.4　提供集装箱式逆变器设备施工安装、调试、运行、维护所需要的全部技术文件资料、图纸。

3.5　提供每台集装箱式逆变器应有的工厂测试数据及关键元器件的测试认证报告，提供分别在5％、10％、15％、20％、25％、30％、50％、70％、90％、100％额定输出功率条件下的集装箱式逆变器逆变效率及以折线图形式绘制的功率-效率曲线，提供最大逆变效率及相应的高低温效率测试曲线，提供30％、50％、70％负载条件下的各次电流谐波值。

3.6　提供集装箱式逆变器安装指导、调试等技术服务，以及运行人员的培训、质保期内的计划和非计划维修和保养等。

附件二 技术资料及交付进度

1 一般要求

1.1 卖方提供的资料应使用国家法定单位制即国际单位制，语言为中文，进口部件的外文图纸及文件应由卖方翻译成中文（免费）。

1.2 资料的组织结构清晰、逻辑性强。资料内容要正确、准确、一致、清晰完整，满足工程要求。

1.3 卖方提供的技术资料一般可分为投标报价阶段，配合工程设计阶段，设备监造检验，施工调试试运、性能验收试验和运行维护等四个方面。卖方须满足以上四个方面的具体要求。

1.4 对于其他没有列入合同技术资料清单，却是工程所必需的文件和资料，一经发现，卖方也应及时免费提供。

1.5 卖方提供的图纸应清晰，不得提供缩微复印的图纸。

1.6 卖方提供资料的电子版本应为当时通用的成熟版本。

2 文件资料和图纸要求

卖方提供的资料应包括：集装箱式逆变器设计文件、产品质量保证、全部交付产品的电性能参数以及控制文件、储运指导、安装文件、运行和维护手册、集装箱式逆变器的备品备件清单、培训计划和培训材料、调试计划、试验和调试报告、竣工资料、计划内的维护报告和特别维修报告、结束时的最终检查报告。所有的图纸都应是标准尺寸的，如 A0、A1、A2、A3 或 A4，并提供电子文档，电子文档应为 WORD2003、EXCEL、AUTOCAD 格式。

3 投标报价阶段应提供的技术资料

卖方应与投标报价文件一起提交如下文件：

（1）集装箱式逆变器的说明。

（2）集装箱式逆变器性能参数文件。

（3）材料及零部件相关的文件。

（4）主要备品备件、工具和消耗品清单。

（5）安装、临时储存、施工场地等要求。

（6）由国家认定的第三方检测或认证机构提供的试验报告。应至少包括 CNCA/CTS 0004—2009A、GB/T 17626.4、IEC 62109 等测试内容。

（7）培训计划。

（8）第二卷技术部分里提到的其他要求的文件。

4 合同实施应提供的文件（10 套文件 ＋ 1 套电子文档）

合同实施过程中，中标人应提交如下文件（所有文件应采用中文版式）：

集装箱式逆变器设计、制造说明和用户使用手册，包括生产商、特性、型号和数量。

5 储运指导（10 套文件 ＋ 1 套电子文档）

中标人应提交在现场搬运、贮存和保管设备的详细说明文件，并附有图解、图纸和重量标示，应包括：

5.1 各部件要求户外、户内、温度或湿度控制、长期或短期贮存的专门标志；

5.2 户外、户内、温度或湿度控制、长期或短期贮存的空间要求；

5.3 设备卸货、放置、叠放和堆放所要遵守的程序；

5.4 长期和短期维护程序，包括户外贮存部件推荐的最长存期。

6 安装文件（10 套文件 ＋ 1 套电子文档）

中标人应提供设备安装所需的所有资料，如（不仅限于此）：

6.1 安装图纸和技术要求，安装步骤说明及安装材料清单；

6.2 安装工具，分专用工具和一般工具；

6.3 电缆布置图，包括端子图和外部连接图；

6.4 设备安全预防措施。

7 随机备品备件清单（10 套文件＋1 套电子文档）

中标人应提供详细的备品备件清单，并给出订货时必需的数据，包括规格和价格。另外，还应提供一份能从独立的供应点获得的备品备件清单和/或消耗品清单，清单应提供直接购买所需的足够信息。

8 培训计划和培训材料

中标人应提供详细的培训计划，包括时间表和内容，作为草案供业主批复，并作为培训条款的最终版本。另外，应在培训过程中提供适当的培训材料，如手册、图纸和散发材料等。

9 试验和检测报告（10 套文件＋1 套电子文档）

中标人提供的所有要求的试验和调试记录和报告都应编写成试验和检测报告，并提交业主，包含但不限于 CNCA/CTS 0004－2009A、GB/T 17626.4、IEC 62109 等测试内容。

10 竣工文件（10 套文件＋1 套电子文档）

中标人应在运行验收结束后，提交 10 套竣工文件及 1 套电子档文件。

竣工文件应包括业主的意见及设备在安装过程中的修改，其详细程度应能使业主对所有的设备进行维护、拆卸、重新安装和调试、运行。

竣工文件中还应有操作和维护手册，为了安全和全面地远程控制设备的运行，必须非常详尽，以能实现数据评价编程和显示图表。

11　资料和图纸交付时间

11.1　设计资料和安装详图及说明应在合同签订后 1 个月内提交。

11.2　每批货随机提交质量保证和性能参数资料以及质量控制文件。

11.3　每项培训前 4 周提交培训计划和培训材料。

11.4　在预验收前提交试验和调试报告。

11.5　在预验收后 30 天内提交竣工文件。

11.6　维护和维修报告在每项措施采取后 1 周内提交。

附件三　性能验收检验

1　概述

1.1　本附件用于对卖方所提供的集装箱式逆变器（包括分包外购零部件）进行性能验收检验，确保卖方所提供的集装箱式逆变器符合技术规范规定的要求。

1.2　性能验收检验的地点由合同确定，一般为买方现场或卖方工厂。

1.3　性能验收检验由买方主持，卖方参加。检验大纲由买方提供，与卖方讨论后确定。如检验在现场进行，性能验收检验所需的就地仪表、仪器的装设应由委托第三方提供，卖方应派出技术人员配合；如检验在工厂进行，试验所需的人员、仪器和设备等由卖方提供。

1.4　性能验收包括验收检验和试运行两部分。

2　试运行（可靠性运行）

每发电单元逆变器的可靠性运行应当按照《光伏发电工程验收规范》（GB/T 50796—2012）的要求进行试运行，以验证光伏发电工程能够达到本合同及技术规范的要求。如果发电单元的逆变器的可靠性运行因为某个缺陷而中断，卖方应当对此缺陷立即进行修理，该发电单元的可靠性运行应重新计时，直至满足《光伏发电工程验收规范》（GB/T 50796—2012）所规定的试运行要求。

当每单元的最后发电单元通过试运行后，买方签发该电站全部逆变器的预验收证书，并确认该单元光伏组件开始进入质保期。

3　试运行期的检查

在调试期或试运行期发现设备有缺陷，原因包括但不局限于潜在的缺陷或使用了不当材料，业主或业主委托方应当向权威机构提出要求检验的申请，并有权根据检验证书的效力和保修证明向卖方提出索赔要求。

在整个检验过程中，如果发现卖方提供的技术标准不完整，权威机构有权根据业主方所在国当前有效标准和/或其他被权威机构认为适合的标准实施检验。

4　最终验收

全部光伏电站的质保期满后，并且已满足上述条件，买方签署最终验收的全部文件。

附件四　技术服务和设计联络

1　概述

卖方需对所提供的全部集装箱式逆变器的设计、制造、运输、安装指导、调试、运行和维护指导负责，并全面负责质保期间的维护和检修，保证在质保期内设备的运行达到保证性能。因此，卖方要提供所有相关的和必需的建议、培训、监督和维护/维修服务，直到结束。

2　逆变室

卖方签订合同后需配合逆变室设计，提供所需要的图纸、技术资料等。

3　安装和试运行过程中的责任

为了对整个太阳能光伏电站施工负责，卖方应在设备安装过程中协助提供支持、监督和指导，并负责调试。

业主或其授权的代表作为工程项目经理，只要与卖方责任直接相关的部分，项目经理应听取卖方的建议。

卖方应向项目经理提供建议，与之协调与合作，并完成所有要求的任务，如：

1）设备安装前准备工作

（1）提供所供设备的安装手册，详细说明设备的卸货、组装、安装和试运行；

（2）对安装人员提供确保安全装配、安装所需的必要培训；

（3）提供安装必需的专用工具；

（4）提供调试计划；

（5）检查安装现场的准备情况（包括基础、自然条件、工器具等）；

（6）对将要安装的设备进行检查和清点。

2）设备安装期间卖方应负责的工作

（1）负责所供设备的安装指导；

（2）与现场其他卖方（如果有的话）协调；

（3）设备安装结束后卖方应负责进行调试，以及对正常运行并达到性能保证值负责。因此，卖方将进行计划内的维护和维修和/或部件的调换。

4　技术联络会

业主和卖方之间将举行技术联络会议，以讨论有关具体要求、澄清技术规范中的疑问，并进行必要的协调工作。

技术联络会：

（1）主题：讨论各设备间接口、基础施工设计、逆变室设计、设备生产计划，及相关的设计技术文件。审查卖方的试验计划、工厂试验、工程进度。

（2）地点：工程建设所在地或买方指定的场地。

（3）时间：<u>合同生效后 15 天。</u>

（4）人数：<u>买方 10 人，卖方自定。</u>

（5）会期：<u>4 天。</u>

（6）会议需签署会议纪要。会议纪要由业主方负责，讨论的项目和结论用中文书写，经双方复核签字后给与会者。

卖方参加会议的费用是合同价的一部分，卖方应在投标报价中列出。

5　培训

5.1.1　培训要求

现场培训应在设备安装和预调试过程中进行，时间为 1 周，经过培训的操作人员应在调试和保证值试验前到位。培训应在教室和现场进行，内容包括集装箱式逆变器安装、误差检测、维修、维护和故障检修。业主有权更换卖方不合格的培训师。培训计划必须足够确保业主方人员在调试结束后有能力进行工程运行工作。

除了与报价文件一起提交的资料外，在培训开始前 1 周，卖方还应提供一份培训计划和培训材料，说明怎样完成培训。培训计划应包括：时间、地点和培训类型。培训材料应包括：设备的详细介绍，部件清单，安装、维修和维护手册。

5.1.2　培训内容

培训应包括但不限于下列各项：

1）阅读和使用所提供的手册和资料。

2）集装箱式逆变器的装配方法、原理和更换。

3）备品备件的管理〔储存、文档记载和备品备件序号，等等（文档记载指操作监测、维护和修理记录）〕。

4）下列情况的实际演示：

（1）维护手册的正确使用；

（2）故障检修，备品备件识别；

（3）运行监测和集装箱式逆变器维护/维修文档记载；

（4）操作和维护安全步骤。

6　质保期

在质保期五年内，卖方应协助业主对所有合同设备进行维护和检修，维护应当是综合性的，包括有缺陷部件的维护和调换。质保期内维护和检修所需费用包含在报价中，如人工、设备更换、安装和运输等。

附件五　投标文件附图

包括本章附件二中提到的所有图纸。

附件六　运行维护手册

1　运行维护手册格式

运行维护手册由卖方提供，格式要求如下：

（1）数量：一式十二套。

（2）纸张：A4。

（3）字体：宋体，小四号。

（4）行间距：1.5 倍。

（5）页边距：上 2.54 厘米，下 2.54 厘米，左 3.18 厘米，右 3.18 厘米。

（6）页眉：_____光伏电站_____期工程集装箱式逆变器设备运行维护手册。

（7）为便于使用和查阅，手册应分成卷，每一卷包括封面的最大厚度为 50mm，每一卷的版式应尽可能地一致，每一部分的系统、设备等描述顺序也应一致。

2　运行维护手册内容要求

2.1　设备运行和维护手册的目的是能够把全部必要的数据和说明装订成册，以便于运行人员可以较好地查阅和理解最初调试及试运行工作、有效操作以及在正常、事故和异常（非设计情况）下怎样正确操作设备。在提交之前，双方应商定操作和维护手册的形式和内容。

2.2　该手册应详细地叙述和说明设备构造，使新来的操作和维护人员能够研究和理解设备的功能的控制方法。

2.3　手册中应能够快速查阅运行参数、设备说明书、操作、维护和安全程度。

2.4　运行和维护手册应包括，但不限于下述内容：

（1）设备概述，包括设备、系统说明、设备结构、功能说明、技术规范等。

（2）设备启动、运行和停运的操作程序及注意事项。

（3）设备保护功能说明。

（4）设备安装、拆卸、维护的程序及注意事项。

（5）设备零、部件清单，包括名称、图号、规格、材质、制造厂家全称等。

（6）设备易损件、消耗性材料清单，包括名称、规格、制造厂家全称等。

附件七　投标人需要说明的其他内容

附录 A　光伏并网逆变器选型技术规范

另册提供。

第八章　投标文件格式

_____（项目名称）招标

投 标 文 件

投标人：_____（盖单位章）

法定代表人或其委托代理人：_____（签字）

_____年_____月____日

目　录

一、投标函

二、授权委托书、法定代表人身份证明

三、联合体协议书（如果有）

四、投标保证金

五、投标报价表

六、技术方案

七、偏差表

八、拟分包（外购）部件情况表

九、资格审查资料

十、构成投标文件的其他材料

一、投标函

致：_____（招标人名称）

1. 我方已仔细研究了_____（项目名称）_____标段招标文件的全部内容，愿意以人民币（大写）_____元（￥_____）的投标总报价［其中，不含税价格：人民币（大写）_____元（￥_____）；增值税：人民币（大写）_____元（￥_____）；税率：____％］，按照合同的约定交付货物及提供服务。

2. 我方承诺在招标文件规定的投标有效期____天内不修改、撤销投标文件。

3. 随同本投标函提交投标保证金一份，金额为人民币（大写）_____元（￥_____）。

4. 如我方中标：

（1）我方承诺在收到中标通知书后，在中标通知书规定的期限内与你方签订合同。

（2）我方承诺按照招标文件规定向你方递交履约保证金。

（3）我方承诺在合同约定的期限内交付货物及提供服务。

5. 我方已经知晓中国长江三峡集团有限公司有关投标和合同履行的管理制度，并承诺将严格遵守。

6. 我方在此声明，所递交的投标文件及有关资料内容完整、真实和准确。

7. 我方同意按照你方要求提供与我方投标有关的一切数据或资料，完全理解你方不一定接受最低价的投标或收到的任何投标。

8. _____（其他补充说明）。

投标人：_____（盖单位章）

法定代表人或其委托代理人：_____（签字）

地址：_____邮编：_____

电话：_____传真：_____

电子邮箱：_____

网址：_____

_____年____月____日

二、授权委托书、法定代表人身份证明

授权委托书

本人_____（姓名）系_____（投标人名称）的法定代表人，现委托_____（姓名）为我方代理人。代理人根据授权，以我方名义签署、澄清、说明、补正、递交、撤回、修改_____（项目名称）_____标段投标文件，签订合同和处理有关事宜，其法律后果由我方承担。

代理人无转委托权。

附：法定代表人身份证明，生产（制造）商出具的授权函（若需要）。

投　标　人：_____（盖单位章）

法定代表人：_____（签字）

身份证号码：_____

委托代理人：_____（签字）

身份证号码：_____

_____年_____月_____日

注：若法定代表人不委托代理人，则只需出具法定代表人身份证明。

附件：法定代表人身份证明

投标人名称：＿＿＿＿＿＿＿＿＿＿＿＿＿＿＿＿＿＿＿＿

单位性质：＿＿＿＿＿＿＿＿＿＿＿＿＿＿＿＿＿＿＿＿＿

地址：＿＿＿＿＿＿＿＿＿＿＿＿＿＿＿＿＿＿＿＿＿＿＿＿

成立时间：＿＿＿＿＿＿年＿＿＿＿月＿＿＿＿日

经营期限：＿＿＿＿＿＿＿＿＿＿＿＿＿＿＿＿＿＿＿＿＿

姓名：＿＿＿＿＿＿＿＿性别：＿＿＿＿年龄：＿＿＿＿职务：＿＿＿＿

系＿＿＿＿＿＿＿＿＿＿＿＿＿＿＿＿＿（投标人名称）的法定代表人。

特此证明。

附：法定代表人身份证件扫描件

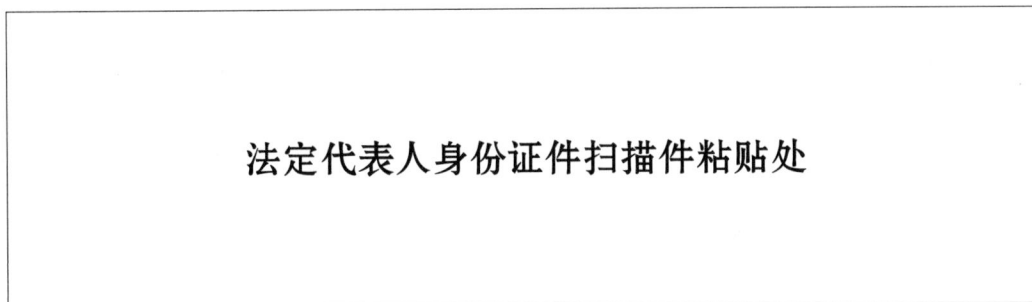

法定代表人身份证件扫描件粘贴处

投标人：＿＿＿＿＿＿＿＿＿＿＿＿＿＿＿＿＿＿（盖单位章）

＿＿＿＿＿年＿＿＿＿月＿＿＿＿日

附件：生产（制造）商出具的授权函

致：＿＿＿＿＿＿＿＿（招标人）

我方＿＿＿＿＿＿（生产、制造商名称）是按中华人民共和国法律成立的生产（制造）商，主要营业地点设在＿＿＿＿＿＿＿＿＿＿＿＿（生产、制造商地址）。兹指派按中华人民共和国的法律正式成立的，主要营业地点设在＿＿＿＿＿＿＿＿＿＿＿＿（代理商地址）的＿＿＿＿＿＿＿＿（代理商名称）作为我方合法的代理人进行下列有效的活动：

（1）代表我方办理你方＿＿＿＿＿＿（项目名称）＿＿＿＿＿＿（货物名称及标包号）投标邀请要求提供的由我方生产（制造）的货物的有关事宜，并对我方具有约束力。

（2）作为生产（制造）商，我方保证以投标合作者来约束自己，并对该投标共同和分别承担招标文件中所规定的义务。

（3）我方兹授予＿＿＿＿＿＿（代理商名称）全权办理和履行我方为完成上述各项所必需的事宜。对此授权，我方具有替换或撤销的全权。兹确认＿＿＿＿＿＿（代理商名称）或其正式授权代表依此合法地办理一切事宜。

我方于＿＿＿年＿月＿日签署本文件，＿＿＿＿＿＿（代理商名称）于＿＿＿年＿月＿日接受此件，以此为证。

代理商名称：＿（盖单位章）＿＿＿＿＿　　生产（制造）商名称：（盖单位章）＿＿

签字人职务和部门：＿＿＿＿＿＿＿　　签字人职务和部门：＿＿＿＿＿＿＿

签字人姓名（印刷体）：＿＿＿＿＿　　签字人姓名（印刷体）：＿＿＿＿＿

签字人签名：＿＿＿＿＿＿＿＿　　　　签字人签名：＿＿＿＿＿＿＿＿＿＿

三、联合体协议书（如果有）

牵头人名称：＿＿＿＿＿＿＿＿＿＿＿＿＿＿＿＿＿＿＿＿＿

法定代表人：＿＿＿＿＿＿＿＿＿＿＿＿＿＿＿＿＿＿＿＿＿

法定住所：＿＿＿＿＿＿＿＿＿＿＿＿＿＿＿＿＿＿＿＿＿＿

成员二名称：＿＿＿＿＿＿＿＿＿＿＿＿＿＿＿＿＿＿＿＿＿

法定代表人：＿＿＿＿＿＿＿＿＿＿＿＿＿＿＿＿＿＿＿＿＿

法定住所：＿＿＿＿＿＿＿＿＿＿＿＿＿＿＿＿＿＿＿＿＿＿

……

鉴于上述各成员单位经过友好协商，自愿组成＿＿＿＿＿（联合体名称）联合体，共同参加＿＿＿＿＿＿＿（招标人名称）（以下简称招标人）＿＿＿＿＿＿＿（项目名称）＿＿＿＿＿标段（以下简称本项目）的投标并争取赢得本项目承包合同（以下简称合同）。现就联合体投标事宜订立如下协议：

1. ＿＿＿＿＿＿＿（某成员单位名称）为＿＿＿＿＿＿＿＿（联合体名称）牵头人。

2. 在本项目投标阶段，联合体牵头人合法代表联合体各成员负责本项目投标文件编制活动，代表联合体提交和接收相关的资料、信息及指示，并处理与投标和中标有关的一切事务；联合体中标后，联合体牵头人负责合同订立和合同实施阶段的主办、组织和协调工作。

3. 联合体将严格按照招标文件的各项要求，递交投标文件，履行投标义务和中标后的合同，共同承担合同规定的一切义务和责任；联合体各成员单位按照内部职责的部分，承担各自所负的责任和风险，并向招标人承担连带责任。

4. 联合体各成员单位内部的职责分工如下：＿＿＿＿＿＿＿＿＿＿＿＿＿＿。按照本条上述分工，联合体成员单位各自所承担的合同工作量比例如下：＿＿＿＿＿＿＿＿。

5. 投标工作和联合体在中标后项目实施过程中的有关费用按各自承担的工作量分摊。

6. 联合体中标后，本联合体协议是合同的附件，对联合体各成员单位有合同约束力。

7. 本协议书自签署之日起生效，联合体未中标或者中标时合同履行完毕后自动失效。

8. 本协议书一式＿＿＿＿＿＿＿＿份，联合体成员和招标人各执一份。

牵头人名称：＿＿＿＿＿＿＿＿＿＿＿＿＿（盖单位章）

法定代表人或其委托代理人：＿＿＿＿＿＿（签字）

成员一名称：＿＿＿＿＿＿＿＿＿＿＿＿＿（盖单位章）

法定代表人或其委托代理人：＿＿＿＿＿＿＿＿（签字）

成员二名称：＿＿＿＿＿＿＿＿＿＿＿＿＿（盖单位章）

法定代表人或其委托代理人：＿＿＿＿＿＿＿＿（签字）

＿＿＿年＿＿＿月＿＿＿日

四、投标保证金

（一）采用在线支付（企业银行对公支付）或线下支付（银行汇款）方式

采用在线支付（企业银行对公支付）或线下支付（银行汇款）方式时，提供以下文件：

致：三峡国际招标有限责任公司

鉴于_____（投标人名称）已递交_____（项目名称及标段）招标的投标文件，根据招标文件规定，本投标人向贵公司提交人民币____万元整的投标保证金，作为参与该项目招标活动，履行招标文件中规定义务的担保。

若本投标人有下列行为，同意贵公司不予退还投标保证金：

（1）投标人在规定的投标有效期内撤销或修改其投标文件；

（2）中标人在收到中标通知书后，无正当理由拒签合同协议书或未按招标文件规定提交履约担保。

附：投标保证金退还信息及中标服务费用交纳承诺书（格式）

投标保证金银行电汇或转账凭证扫描件粘贴处

投标人：_____（加盖投标人单位章）

法定代表人或授权代理人：_____（签字/盖章）

日　期：_____年_____月___日

（二）采用银行保函方式

采用银行保函方式时，提供以下文件：

投标保函（格式）

受益人：三峡国际招标有限责任公司

鉴于_____（投标人名称）_____（以下称投标人）于____年__月__日参加____（项目名称及标段）_____的投标，_____（银行名称）_____（以下称"本行"）无条件地、不可撤销地具结保证本行或其继承人和其受让人，一旦收到贵方提出的下述任何一种事实的书面通知，立即无追索地向贵方支付总金额为_____的保证金。

（1）在开标之日到投标有效期满前，投标人撤销或修改其投标文件；

（2）在收到中标通知书 30 日内，投标人无正当理由拒绝与招标人签订合同；

（3）在收到中标通知书 30 日内，投标人未按招标文件规定提交履约担保；

（4）投标人未按招标文件规定向贵方支付中标服务费。

本行在接到受益人的第一次书面要求就支付上述数额之内的任何金额，并不需要受益人申述和证实他的要求。

本保函自开标之日起_____（投标文件有效期日数）日历日内有效，并在贵方和投标人同意延长的有效期内（此延期仅需通知而无需本行确认）保持有效，但任何索款要求应在上述日期内送到本行。贵方有权提前终止或解除本保函。

银行名称：_____（盖单位章）

许可证号：_____

地   址：_____

负 责 人：_____（签字）

日   期：_____年___月___日

注：投标人可参考本格式或使用出具银行的格式提交投标保函。如使用出具银行的格式，对于本格式中所规定的保额、责任条件、有效期等规定不能变更。

附件：投标保证金退还信息及中标服务费交纳承诺书

三峡国际招标有限责任公司：

我单位已按招标文件要求，向贵司递交了投标保证金。信息如下：

序号	名称	内容
1	招标项目名称及标段	
2	招标编号	
3	投标保证金金额	合计：￥＿＿＿＿＿（大写：＿＿＿＿＿元）
4	投标保证金缴纳方式 （请在相应的"□"内划"√"）	□4.1 在线支付（企业银行对公支付） 汇款人： 汇款银行：　　　　　　银行账号： 汇款行所在省市： □4.2 线下支付（银行汇款） 汇款人： 汇款银行：　　　　　　银行账号： 汇款行所在省市： □4.3 银行投标保函 投标保函开具行：
5	中标服务费发票开具 （请在相应的"□"内划"√"）	□5.1 增值税普通发票 □5.2 增值税专用发票（请提供以下完整开票信息） ● 名称： ● 纳税人识别税号（或三证合一号码）： ● 地址、电话： ● 开户行及账号：

我单位确认并承诺：

1. 若中标，将按本招标文件投标须知的规定向贵司支付中标服务费用，拟支付贵司的中标服务费已包含在我单位报价中，未在投标报价表中单独出项。

2. 如通过方式 4.1 或 4.2 缴纳投标保证金，贵司可从我单位保证金中扣除中标服务费用后将余额退给我单位，如不足，接到贵司通知后 5 个工作日内补足差额；如通过方式 4.3 缴纳投标保证金，将在合同签订并提供履约担保（如招标文件有要求）后 5 日内支付中标服务费，否则贵司可以要求投标保函出具银行支付中标服务费。

3. 对于通过方式 4.1 或 4.2 提交的保证金，请按原汇款路径退回我单位，如我单位账户发生变化，将及时通知贵司并提供情况说明；对于通过方式 4.3 提交的银行投标保函，贵司收到我单位汇付的中标服务费后将银行保函原件按下列地址寄回：

投标人名称（盖单位章）：＿＿＿＿＿＿＿＿＿＿＿

地　　址：＿＿＿＿＿＿　邮编：＿＿＿＿　联系人：＿＿＿＿　联系电话：＿＿＿＿

法定代表人或委托代理人：＿＿＿＿＿＿＿＿　日期：＿＿＿年＿＿月＿＿日

说明：

1. 本信息由投标人填写，与投标保证金递交凭证或银行投标保函一起密封提交。

2. 本信息作为招标代理机构退还投标保证金和开具中标服务费发票的依据，投标人必须按要求完整填写并加盖单位章（其余用章无效），由于投标人的填写错误或遗漏导致的投标担保退还失误或中标服务费发票开具失误，责任由投标人自负。

五、投标报价表

说明：投标报价表按第五章"设备采购清单"中的相关内容及格式填写。构成合同文件的投标报价表包括第五章"设备采购清单"的所有内容。

六、技术方案

1. 技术方案总体说明

按照招标文件第七章"技术标准和要求"提交相关技术方案文件，文件内容应说明设备性能，拟投入本项目的加工、试验和检测仪器设备情况，质量保证措施等。

2. 附件

投标人还应提交下列附件对技术方案做进一步说明。

附件一　货物特性及性能保证

附件二　投标人提供的图纸和资料

附件三　设计、制造和安装标准

附件四　工厂检验项目及标准

附件五　工作进度计划

附件六　技术服务方案（含质保期运行维护方案）

附件七　合同设备描述概要表

附件八　投标图纸

投标人：＿＿＿＿＿＿＿＿＿＿＿＿＿＿＿＿（盖单位章）

法定代表人或其委托代理人：＿＿＿＿＿＿（签字）

日期：＿＿＿年＿＿月＿＿日

附件一　特性及性能保证

投标人必须用准确的数据和语言在下表中阐明其拟提供的设备的性能保证，投标人应保证所提供的合同设备特性及性能保证值不低于第七章技术条款参数要求。

投标人一旦被授予合同，所提供的性能保证值经买方认可后将作为合同中设备的性能保证值。

序号	招标文件要求值	投标响应值

投标人：＿＿＿＿＿＿＿＿＿＿＿＿＿＿＿（盖单位章）

法定代表人或其委托代理人：＿＿＿＿＿＿（签字）

日期：＿＿年＿＿月＿＿日

附件二　投标人提供的图纸和资料

1. 概述

投标人应与其投标文件一起提供与本招标文件技术条款相应的足够详细和清晰的图纸资料和数据，这些图纸资料和数据应详细地说明设备特点，同时对与技术条款有异或有偏差之处应清楚地说明。除非买方批准，设备的最终设计应按照这些图纸、资料和数据的详细说明进行。

2. 随投标文件提供的图纸资料

投标人应根据本招标文件所述的供图要求，提供工厂图纸的目录及供图时间表，图纸应包括招标文件所列的内容和招标人认为应增加的内容。

3. 随投标文件提供的技术文件

设备清单及描述（含设备名称、型号、规格、数量、产地、用途等）。

投标人认为必要的其他技术资料。

投标人：＿＿＿＿＿＿＿＿＿＿＿＿＿＿＿＿＿（盖单位章）

法定代表人或其委托代理人：＿＿＿＿＿＿＿（签字）

日期：＿＿年＿＿月＿＿日

附件三　设计、制造和安装标准

投标人应列明投标设备的设计、制造、试验、运输、保管、安装和运行维护的标准和规范目录。

投标人：＿＿＿＿＿＿＿＿＿＿＿＿＿＿＿＿＿（盖单位章）

法定代表人或其委托代理人：＿＿＿＿＿＿＿（签字）

日期：＿＿年＿＿月＿＿日

附件四　工厂检验项目及标准

投标人应列明工厂制造检查和测试所遵循的最新版本标准。

投标人应指出拟提供设备的初步检查和测试项目。

投标人：＿＿＿＿＿＿＿＿＿＿＿＿＿＿＿＿＿（盖单位章）

法定代表人或其委托代理人：＿＿＿＿＿＿＿（签字）

日期：＿＿年＿＿月＿＿日

附件五 工作进度计划

投标人应按技术条款的要求提出完成本项目的下述计划进度表。

1. 制造进度表

2. 交货批次及进度计划表

序号	批次	名称	型号及规格	单位	数量	交货时间	交货地点
1	第一批						
2	第二批						
3	第三批						
......	......						

3. 其他

投标人：_____（盖单位章）

法定代表人或其委托代理人：_____（签字）

日期：____年____月____日

附件六 技术服务方案

投标人应按技术条款的要求提出本项目的技术服务方案，如安装方案（若有），现场调试方案，技术指导，培训和售后服务计划等。

投标人：_____（盖单位章）

法定代表人或其委托代理人：_____（签字）

日期：____年____月____日

附件七 合同设备描述概要表

序号	名称	主要技术规范	数量	包装	每件尺寸（cm³）（长×宽×高）	每件重量（t）	总重量（t）	交货时间
1								
2								
3								
4								
5								
6								
7								
8								
......								

附件八　投标图纸

投标人：＿＿＿＿＿＿＿＿＿＿＿＿＿＿＿（盖单位章）

法定代表人或其委托代理人：＿＿＿＿＿＿（签字）

日期：＿＿＿年＿＿＿月＿＿＿日

七、偏差表

投标人可以不提交一份对本招标文件第四章"合同条款及格式"的逐条注释意见，但应根据下表的格式列出对上述条款的偏差（如果有）。未在商务偏差表中列明的商务偏差，将被视为满足招标文件要求。

表8-1　商务偏差表

项目	条款编号	偏差内容	备注

备注：对投标人须知前附表中规定的实质性偏差的内容提出负偏差，无论是否在本表中填写，将被认为是对招标文件的非实质性响应，其投标文件将被否决。

投标人：_____（盖单位章）

法定代表人或其委托代理人：_____（签字）

日期：___年___月___日

投标人可以不提交一份对本招标文件第七章"技术标准和要求"的逐条注释意见，但应根据下表的格式列出对上述条款的偏差（如果有）。未在技术偏差表中列明的技术偏差，将被视为满足招标文件要求。

表8-2　技术偏差表

项目	条款编号	偏差内容	备注

备注：对投标人须知前附表中规定的实质性偏差的内容提出负偏差，无论是否在本表中填写，将被认为是对招标文件的非实质性响应，其投标文件将被否决。

投标人：_____（盖单位章）

法定代表人或其委托代理人：_____（签字）

日期：___年___月___日

八、拟分包（外购）部件情况表

序号	拟分包（外购）部件	分包（外购）单位	到货时间
1			
2			
3			
……			

投标人：_____（盖单位章）

法定代表人或其委托代理人：_____（签字）

日期：____年____月____日

九、资格审查资料

（一）投标人基本情况表

投标人名称						
注册地址				邮政编码		
联系方式	联系人			电话		
	传真			网址		
组织结构						
法定代表人	姓名		技术职称		电话	
技术负责人	姓名		技术职称		电话	
成立时间			员工总人数：			
投标人组织机构代码或统一社会信用代码						
许可证及级别		其中	高级职称人员			
营业执照号			中级职称人员			
注册资金			初级职称人员			
基本账户开户银行			技工			
基本账户账号			其他人员			
经营范围						
备注						

备注：1. 本表后应附企业法人营业执照、生产许可证等材料的扫描件。2. 若代理商投标，须同时提供生产（制造）商的基本情况表。

附件一　生产（制造）商资格声明

1. 名称及概况：

（1）生产（制造）商名称：＿＿＿＿＿＿＿＿＿＿＿＿＿＿＿＿＿

（2）总部地址：＿＿＿＿＿＿＿＿＿＿＿＿＿＿＿＿＿＿＿＿＿＿＿

传真/电话号码：＿＿＿＿＿＿＿＿＿＿＿　邮政编码：＿＿＿＿＿＿＿

（3）成立和/或注册日期：＿＿＿＿＿＿＿＿＿＿＿＿＿＿＿＿＿＿

（4）法定代表人姓名：＿＿＿＿＿＿＿＿＿＿

2.（1）关于生产（制造）投标货物的设施及有关情况：

工厂名称地址	生产的项目	年生产能力	职工人数
＿＿＿＿＿	＿＿＿＿＿	＿＿＿＿＿	＿＿＿＿＿
＿＿＿＿＿	＿＿＿＿＿	＿＿＿＿＿	＿＿＿＿＿

（2）本生产（制造）商不生产，而需从其他生产（制造）商购买的主要零部件：

生产（制造）商名称和地址	主要零部件名称
＿＿＿＿＿＿＿＿＿＿＿	＿＿＿＿＿＿＿＿＿
＿＿＿＿＿＿＿＿＿＿＿	＿＿＿＿＿＿＿＿＿

3. 其他情况（组织机构、技术力量等）：＿＿＿＿＿＿＿＿＿＿＿＿＿

兹证明上述声明是真实、正确的，并提供了全部能提供的资料和数据，我们同意遵照贵方要求出示有关证明文件。

生产（制造）商名称：＿＿＿＿＿＿（盖单位章）

签字人姓名和职务：＿＿＿＿＿＿＿＿＿＿

签字人签字：＿＿＿＿＿＿＿＿＿＿＿＿

签字日期：＿＿＿＿＿＿＿＿＿＿＿＿＿

传真：＿＿＿＿＿＿＿＿＿＿＿＿＿＿＿

电话：＿＿＿＿＿＿＿＿＿＿＿＿＿＿＿

电子邮箱：＿＿＿＿＿＿＿＿＿＿＿＿＿

附件二　代理商的资格声明

1. 名称及概况：＿＿＿＿＿＿＿＿＿＿＿＿＿＿＿＿＿＿＿＿＿

（1）代理商名称：＿＿＿＿＿＿＿＿＿＿＿＿＿＿＿＿＿＿＿

（2）总部地址：＿＿＿＿＿＿＿＿＿＿＿＿＿＿＿＿＿＿＿＿

传真/电话号码：＿＿＿＿＿＿＿＿＿＿＿＿＿　邮政编码：＿＿＿＿＿＿

（3）成立和/或注册日期：＿＿＿＿＿＿＿＿＿＿＿＿＿＿

（4）法定代表人姓名：＿＿＿＿＿＿＿＿＿＿

2. 近 3 年该货物主要销售给国内外主要客户的名称地址：

（1）出口销售

　　　　名称和地址　　　　　　　　　　　　销售项目名称

＿＿＿＿＿＿＿＿＿＿＿＿＿＿＿＿　　　＿＿＿＿＿＿＿＿＿＿＿＿＿＿

＿＿＿＿＿＿＿＿＿＿＿＿＿＿＿＿　　　＿＿＿＿＿＿＿＿＿＿＿＿＿＿

（2）国内销售

　　　　名称和地址　　　　　　　　　　　　销售项目名称

＿＿＿＿＿＿＿＿＿＿＿＿＿＿＿＿　　　＿＿＿＿＿＿＿＿＿＿＿＿＿＿

＿＿＿＿＿＿＿＿＿＿＿＿＿＿＿＿　　　＿＿＿＿＿＿＿＿＿＿＿＿＿＿

3. 由其他生产（制造）商提供和生产（制造）的货物部件（如有的话）：

生产（制造）商名称和地址　　　　　　生产（制造）的部件名称

＿＿＿＿＿＿＿＿＿＿＿＿＿＿＿＿　　　＿＿＿＿＿＿＿＿＿＿＿＿＿＿

4. 开立基本账户银行的名称和地址：＿＿＿＿＿＿＿＿＿＿＿＿＿＿

5. 其他情况（组织机构、技术力量等）：＿＿＿＿＿＿＿＿＿＿＿＿＿

兹证明上述声明是真实、正确的，并提供了全部能提供的资料和数据，我们同意遵照贵方要求出示有关证明文件。

代理商名称：＿＿＿＿＿＿＿＿（盖单位章）

代理商全权代表：＿＿＿＿＿＿＿＿（签字）

签字日期：＿＿＿＿＿＿＿＿＿＿＿＿

传真：＿＿＿＿＿＿＿＿＿＿＿＿＿＿

电话：＿＿＿＿＿＿＿＿＿＿＿＿＿＿

电子邮箱：＿＿＿＿＿＿＿＿＿＿＿＿＿

（二）近年财务状况表

投标人须提交近____年（____年至____年）的财务报表，并填写下表。

序号	项目	_____年	_____年	_____年
1	固定资产（万元）			
2	流动资产（万元）			
2.1	其中：存货（万元）			
3	总资产（万元）			
4	长期负债（万元）			
5	流动负债（万元）			
6	净资产（万元）			
7	利润总额（万元）			
8	资产负债率（%）			
9	流动比率			
10	速动比率			
11	销售利润率（%）			

备注：在此附经会计师事务所或审计机构审计的财务会计报表，包括资产负债表、损益表、现金流量表、利润表和财务情况说明书的扫描件，具体年份要求见第二章"投标人须知"的规定。

（三）近年完成的类似项目情况表

项目名称	
项目所在地	
采购人名称	
采购人地址	
采购人电话	
合同价格	
供货时间	
货物描述	
备注	

注：应附中标通知书（如有）和合同协议书以及货物验收证表（货物验收证明文件）等的扫描件，具体年份时间要求见投标人须知前附表。每张表格只填写一个项目，并标明序号。

如果招标文件投标人资格条件中要求运行业绩，还需提供用户出具的稳定运行证明文件。

（四）正在进行的和新承接的项目情况表

项目名称	
项目所在地	
采购人名称	
采购人地址	
采购人电话	
合同价格	
供货时间	
货物描述	
备注	

注：应附中标通知书（如有）和合同协议书等的扫描件，具体年份时间要求见投标人须知前附表。每张表格只填写一个项目，并标明序号。

（五）近年发生的诉讼及仲裁情况

序号	案由	双方当事人名称	处理结果或进度情况
……	……	……	……

注：（1）本表为调查表。不得因投标人发生过诉讼及仲裁事项而否决其投标，或作为量化或评分因素，除非其中的内容涉及其他规定的评标标准，或导致中标后合同不能履行。

（2）诉讼及仲裁情况是指投标人在招投标和中标合同履行过程中发生的诉讼及仲裁事项，以及投标人认为对其生产经营活动产生重大影响的其他诉讼及仲裁事项。

投标人仅需提供与本次招标项目类型相同的诉讼及仲裁情况。

（3）诉讼包括民事诉讼和行政诉讼；仲裁是指争议双方的当事人自愿将他们之间的纠纷提交仲裁机构，由仲裁机构以第三者的身份进行裁决。

（4）"案由"是事情的缘由、名称、由来，当事人争议法律关系的类别，或诉讼仲裁情况的内容提要。如"工程款结算纠纷"。

（5）"双方当事人名称"是指投标人在诉讼、仲裁中原告（申请人）、被告（被申请人）或第三人的单位名称。

（6）诉讼、仲裁的起算时间为：提起诉讼、仲裁被受理的时间，或收到法院、仲裁机构诉讼、仲裁文书的时间。

（7）诉讼、仲裁已有处理结果的，应附材料见第二章"投标人须知"3.5.3条；还没有处理结果的，应说明进展情况，如某某人民法院于某年某月某日已经受理。

（8）如招标文件第二章"投标人须知"3.5.3条规定的期限内没有发生的诉讼及仲裁情况，投标人在编制投标文件时，需在上表"案由"空白处声明："经本投标人认真核查，在招标文件第二章'投标人须知'3.5.3条规定的期限内本投标人没有发生诉讼及仲裁纠纷，如不实，构成虚假，自愿承担由此引起的法律责任。特此声明。"

（六）其他资格审查资料

投标人名称：＿＿＿＿＿＿＿＿＿＿

授权代表签名：＿＿＿＿＿＿＿＿＿＿

印刷体姓名：＿＿＿＿＿＿＿＿＿＿

职务：＿＿＿＿＿＿＿＿＿＿

十、构成投标文件的其他材料

1. 初步评审需要的材料

投标人应根据招标文件具体要求，提供初步评审需要的材料（包括但不限于下列内容），并将所需材料在投标文件中的对应页码填入下表中。

序号	名称	网上电子投标文件	纸质投标文件正本	备注

注：

（1）所提供的企业证件等资料应为有效期内的文件，其他材料应满足招标文件具体要求。

（2）投标保证金采用银行保函时应提供原件，同《投标保证金退还信息及中标服务费交纳承诺书》原件共同密封提交。

（3）本表供评标时参考，以投标文件实际提供的材料为准。

2. 招标文件规定的其他材料。

3. 按照招标文件第二章"投标人须知"中第 4.2.2 项的规定，请列出投标文件未能上传的内容目录（如有）。

4. 投标人认为需要提供的其他材料。

中国三峡
China Three Gorges Corporation

Q/CTG 106—2017

附录 A　光伏并网逆变器选型技术规范

中国长江三峡集团公司

2017 年 11 月 20 日发布

2017 年 12 月 01 日实施

目　录

前　言

1　范围

2　规范性引用文件

3　术语和定义

4　逆变器总体要求

    4.1　外观要求

    4.2　性能指标

    4.3　测试及认证要求

5　关键元器件要求

    5.1　认证要求

    5.2　母线电容

    5.3　直流侧开关设备

    5.4　EMC 滤波器

    5.5　熔断器

    5.6　浪涌保护器

6　生产厂的要求

    6.1　生产厂质量保证能力

    6.2　逆变器出厂质量保证

    6.3　成品逆变器的出货前检验和交付放行

    6.4　成品寿命及质保期

7　验证方法

前　言

本标准按照 GB/T 1.1—2009 给出的规则起草。

本标准由中国三峡新能源有限公司提出。

本标准由中国长江三峡集团公司科技管理部归口。

与行业标准 NB/T 32004—2013 相比，本标准增加了以下内容：

——对光伏并网逆变器电流、电压、频率、功率测量精度提出了具体要求；

——对光伏并网逆变器 MPPT 满载工作电压范围、MPPT 工作电压范围、启动电压提出了具体要求。

本标准起草单位：中国三峡新能源有限公司、北京鉴衡认证中心。

本标准主要起草人：刘姿、吕宙安、谭畅、邹功胜、刘淑军、龚雪、李晓刚、余操、汪聿为、张光青、孙琳琳。

本标准主要审查人：时文刚、贾树清、方宏苗、谢少虎、王莉、金稳、郭治、曾建友、李强、刘学辉、尹显俊、徐军、张学礼。

光伏并网逆变器选型技术规范

1　范围

本标准规定了逆变器选型的总体要求、关键元器件要求、生产厂的要求、验证方法。
本标准适用于直流输入电压不超过 1000V 的光伏并网逆变器选型工作。

2　规范性引用文件

下列文件对于本文件的应用是必不可少的。凡是注日期的引用文件，仅注日期的版本适用于本文件。凡是不注日期的引用文件，其最新版本（包括所有的修改单）适用于本文件。

GB 13539.1　低压熔断器　第 1 部分：基本要求；

GB/T 13539.6　低压熔断器　第 6 部分：太阳能光伏系统保护用熔断体的补充要求；

GB/T 15287　抑制射频干扰整件滤波器　第一部分：总规范；

GB/T 15288　抑制射频干扰整件滤波器　第二部分：分规范　试验方法的选择和一般要求；

GB/T 17702　电力电子电容器；

GB/T 18802.31　低压电涌保护器　特殊应用（含直流）的电涌保护器　第 31 部分：用于光伏系统的电涌保护器（SPD）性能要求和试验方法；

GB/T 19964　光伏发电站接入电力系统技术规定；

GB/T 29319　光伏发电系统接入配电网技术规定；

NB/T 32004　光伏发电并网逆变器技术规范。

3　术语和定义

下列术语和定义适用于本文件。

3.1　光伏并网逆变器 photovoltaic grid-connected inverter

将太阳能电池发出的直流电变换成交流电后馈入电网的设备。

注 1：本标准提到的逆变器均指光伏并网逆变器；

注 2：本标准规定的技术要求和试验方法不适用于 AC MODULE 中的逆变器。

3.2 逆变器交流输出端 inverter AC output terminal

逆变器交流侧对外输出功率的连接点。

3.3 最大功率点跟踪 maximum power point tracking；MPPT

对因太阳电池表面温度变化和太阳辐射照度变化而产生的输出电压与电流的变化进行跟踪控制，使阵列一直保持在最大输出的工作状态，以获得最大的功率输出的自动调整行为。

3.4 孤岛效应 islanding

电网失压时，光伏系统仍保持对失压电网中的某一部分线路继续供电的状态。

3.5 防孤岛效应 anti-islanding

一种禁止孤岛效应发生的功能。

3.6 计划性孤岛效应 intentional islanding

按预先配置的控制策略，有计划地发生孤岛效应。

3.7 非计划性孤岛效应 unintentional islanding

非计划且不受控地发生孤岛效应。

3.8 电网模拟电源 AC simulated power

用来模拟公共电网的测试装置，其电压和频率可调。

3.9 中国效率 China efficiency

逆变器不同输入电压下反映中国日照资源特征加权总效率的平均值，称为平均加权总效率，即中国效率。

3.10 A 型逆变器 A type inverter

非家用和不直接连接到住宅低压供电网的所有设施中使用的逆变器。

注 3：对于这类设备不应限制其销售，但应在其有关使用说明中包含下列内容："警告：这是一种 A 级逆变器产品，在家庭环境中，该产品可能产生无线电干扰，此时，用户可能需要另加措施"。

3.11 B 型逆变器 B type inverter

适用于包括家庭在内的所有场合，以及直接与住宅低压供电网连接的逆变器。

4 逆变器总体要求

4.1 外观要求

4.1.1 机架喷涂应牢固、平整，无剥落、锈蚀及裂痕等现象。

4.1.2 机架面板应平整，文字和符号要求清楚、整齐、规范。

4.1.3 标牌、标志、标记完整清晰。

4.1.4 机柜内应有适当的保护措施以防止操作人员直接接触带电部件。

4.2　性能指标

4.2.1　集中式逆变器及集散式逆变系统电压测量精度不低于 1%，频率测量精度不低于 0.05Hz；电流测量精度不低于 1%；功率测量精度不低于 1%；组串式逆变器电压测量精度不低于 0.5%，频率测量精度不低于 0.05Hz；电流测量精度不低于 0.5%；功率测量精度不低于 1%。

注：除特殊说明，"集散式逆变器系统"包括集散式汇流箱和集散式逆变器。

4.2.2　逆变器应满足在相应环境下（室外机环境温度 −25℃～+60℃，室内机 −25℃～+55℃）正常连续运行能力，满载 MPPT 电压范围内可长期满载运行的环境温度 −25℃～+50℃。

4.2.3　应满足海拔 2000m 以下（含）正常使用，无需降容。2000m 以上如需降容使用，应提供明确的降容指标参数。

4.2.4　户内型设备防护等级不低于 IP20，户外型组串式设备及集散式汇流箱设备防护等级不低于 IP65，集装箱式逆变设备防护等级不低于 IP54。

4.2.5　设备满功率工作时，在最严酷的工况条件下，关键部件的最高温度应低于部件标称承受最高温度 5℃。

注："最严酷的工况条件"包括但不限于逆变器可满载工作的最高环境温度、最大输出功率以及满载工作时直流输入电压上下限同时存在的条件下。

4.2.6　逆变器以额定功率运行时，注入电网的电流谐波总畸变率不超过 3%，奇次谐波电流和偶次谐波电流含有率分别不超过表 1 和表 2 中的限值；当运行功率小于额定功率等级时，总谐波电流值应小于额定电流值乘以 3%；各次谐波电流值应小于额定电流乘以表 1、表 2 中的百分比限值。

表 1　奇次谐波电流含有率限值

奇次谐波次数	含有率限值（%）
3～9	4.0
11～15	2.0
17～21	1.5
23～33	0.6
35 以上	0.3

表 2　偶次谐波电流含有率限值

偶次谐波次数	含有率限值（%）
2～10	1.0
12～16	0.5
18～22	0.375
24～34	0.15
36 以上	0.075

4.2.7　逆变器具备的直流过电压/欠电压、交流过电压/欠电压、交流输出过频/欠频保护、相序或极性错误、直流输入过载保护、短路保护、反放电保护、防孤岛效应保

护、低电压穿越及操作过电压等应满足 NB/T 32004、GB/T 29319 或 GB/T 19964 的要求。

4.2.8 应根据需要具备满足 GB/T 19964 要求的放低电压（零电压）穿越能力，并通过国家认可的第三方机构的测试；逆变器并入中低压配电网应具备防孤岛保护，满足 GB/T 29319 或 NB/T 32004 的要求。

4.2.9 接入 10kV 及以上公共电网的逆变器应具有高电压耐受能力，应满足 GB/T 19964 要求，并通过国家认可的第三方机构的测试。

4.2.10 非隔离型逆变器中国效率不低于 98.4%，最大转换效率不低于 99.0%；隔离型逆变器中国效率不低于 96.5%，最大转换效率不低于 97.0%。并通过国家认可的第三方机构的认证（不包括 10kW 及以下逆变器）。

4.2.11 逆变器待机损耗/夜间功率应小于额定功率的万分之一。

4.2.12 对于大型地面电站的逆变器应满足 A 型逆变器的电磁发射要求；对直接安装在居民或商务区的逆变器应满足 B 型逆变器电磁兼容要求。

4.2.13 逆变器并网运行时，逆变器的传导发射限值要求、辐射发射限值要求、静电放电抗扰度、射频电磁场辐射抗扰度、电快速瞬变脉冲群抗扰度、电压波动抗扰度、浪涌冲击抗扰度、射频场感应的传导骚扰抗扰度、工频磁场抗扰度、阻尼振荡波抗扰度应符合 NB/T 32004 要求，且逆变器厂家需提供第三方的 EMC 测试报告。

4.2.14 逆变器应具备 MPPT 功能，全负载范围内 MPPT 静态跟踪效率不低于 99%，MPPT 动态跟踪效率不低于 99%，并通过第三方实验室测试。

　　a）MPPT 满载工作电压范围不窄于：

　　集中式逆变器：520V～850V，集散式逆变系统：500V～800V，组串式逆变器：630V～800V；

　　b）MPPT 工作电压范围不窄于：

　　集中式逆变器：520V～850V，集散式逆变系统：300V～820V，组串式逆变器：250V～850V；

　　c）启动电压：

　　集中式逆变器不高于 540V，集散式逆变系统不高于 400V，组串式逆变器不高于 250V。

4.2.15 逆变器应具备方阵绝缘阻抗监测以及相应的方阵残余电流检测功能。

4.2.16 逆变器的直流侧应具备防反放电、直流过载、直流过压等保护功能。

4.2.17 具有根据电网调度命令进行无功功率控制及调节的功能，具备有功功率调节和控制功能并能接受电网的远程调度，满足额定有功出力下功率因数调节范围－0.9～＋0.9，调节精度为 0.01。

4.2.18 逆变器交直流侧具有二级防雷保护等级 SPD，并具备信息上传功能。

4.2.19 逆变器具有直流母线正负极对地、正负极之间绝缘监测功能；如要求逆变器具有防 PID 功能，应满足 NB/T 32004 中功能接地的相关要求。

4.2.20　逆变器噪声应符合 GB 3096 要求。

4.2.21　逆变器具备 RS485 或 PLC 电力载波等通信技术。

4.2.22　组串式或集散式逆变器应至少具有组串电流电压检测功能，能够识别出组串异常信息，并上报告警。

4.3　测试及认证要求

4.3.1　逆变器应按照 NB/T 32004 进行相关的测试并通过国家批准认证机构的认证。

4.3.2　直流侧薄膜电容、直流开关设备、滤波器、直流熔断器、直流浪涌保护器等关键元器件应采用通过相关测试或获得国家批准认证机构相关认证的关键器件。

4.3.3　如逆变器具有低电压（零电压）穿越功能，应按照国标 GB/T 19964 的技术要求通过国家认可实验室的测试。

5　关键元器件要求

5.1　认证要求

5.1.1　应提供逆变器认证所报备的关键元器件清单。

5.1.2　所用关键元器件与认证型号所用关键元器件应一致，若发生变更，需提供相关的测试报告及报备器件的证明，证明其更换不降低其性能指标。

5.2　母线电容

集中式逆变器直流侧母线电容应选用直流薄膜电容，应满足 GB/T 17702 要求。

5.3　直流侧开关设备

直流侧开关设备应选用直流专用开关设备。对于直流侧开关应满足 GB 14048.3 的要求；对于直流侧断路器应满足 GB 14048.2 的相关要求，应能在 $-25℃$ 至 $+70℃$ 环境下正常运行，满足相关临界电流测试的要求，且其操作性能试验满足表 3 的要求。

表 3　操作性能试验要求

1	2	3	4	5
额定电流[a]（A）	每小时的操作循环数[b]（次）	操作循环数（次）		
		无电流	有电流[c]	总计
$I_n ≤ 100$	120	7000	1000	8000
$100 < I_n ≤ 315$	120	4000	1000	5000
$315 < I_n ≤ 630$	60	2000	1000	3000
$630 < I_n ≤ 2500$	20	2000	1000	3000
$2500 < I_n$	101	1000	1000	2000
a　指给定壳架等级的最大额定电流。				
b　第二列给出了最低操作频率。如制造商同意，此值可以增加，在这种情况下，应在试验报告中注明该操作频率。				
c　在每次操作循环中，断路器应保持足够的闭合时间以确保达到全电流值，但不超过 2 秒。				

5.4　EMC 滤波器

EMC 滤波器应满足 GB/T 15287 和 GB/T 15288 的相关要求。

5.5　熔断器

若直流侧使用熔断器，应使用太阳能光伏系统保护用熔断器（gPV），应满足 GB 13539.1、GB/T 13539.6 的相关要求。

5.6　浪涌保护器

逆变器直流回路中的浪涌保护器应选用直流浪涌保护器，应满足 GB/T 18802.31 的相关要求。

6　生产厂的要求

6.1　生产厂质量保证能力

6.1.1　质量体系

生产厂应具有完善的质量管理体系，通过 ISO 9001 管理体系认证和工厂质量保证能力的工厂检查，并持续满足。

6.1.2　出厂检测设备

6.1.2.1　生产厂应配备出厂检测设备（示波器、功率分析仪、耐压测试仪、接地电阻测试仪、绝缘阻抗及残余电流测试设备）并具备相应的出厂检测能力。

6.1.2.2　生产厂应根据产品容量配备满足匹配要求的模拟电网电源（不小于30％额定容量）、防孤岛测试装置（不小于30％额定容量）、直流源（110％直流电源容量）。

6.1.3　检测设备有效性

相应的出厂检测设备应按照要求进行年度的校准，保证设备处于校准有效期。

6.2　逆变器出厂质量保证

6.2.1　产品认证要求

逆变器应按照国家相关标准规范通过国家批准认证机构的认证。

6.2.2　出厂运行测试

逆变器在正常环境条件下在额定功率状态下连续运行不低于 4 小时，或在高温条件（环境温度不低于40℃）和额定输出电流状态下连续运行不低于 2 小时，在此过程中不得有异常停机现象，不得出现降额。

6.2.3　固体绝缘的工频耐受电压试验

固体绝缘的工频耐受电压试验应满足表 4、表 5 的要求。

表 4　直接连接电网电路的交流或直流试验电压

1	2[a]		3[a]	
系统电压	带基本绝缘的电路的型式试验电压，以及所有例行试验电压		带保护隔离的电路的型式试验电压，以及电路和可接触表面（导电或非导电，但不连接到保护接地；保护等级为Ⅱ）的型式试验电压	
	交流电压有效值[b]	直流电压	交流电压有效值	直流电压
≤50	1250	1770	2500	3540
100	1300	1840	2600	3680
150	1350	1910	2700	3820
300	1500	2120	3000	4240
600	1800	2545	3600	5090
1000	2200	3110	4400	6220

注：允许插值。

a　本试验应采用短路电流不低于 0.1A，符合 IEC 61180－1：1992 第 5.2.2.2 条要求的电压源。

b　对应于 1200V＋系统电压。

注：本表内容来源于 NB/T 32004。

表 5　不直接连接电网的电路的交流或直流试验电压

1	2[a]		3[a]	
工作电压（重复峰值）	带基本绝缘的电路的型式试验电压，以及所有例行试验电压		带保护隔离的电路的型式试验电压，以及电路和可接触表面（导电或非导电，但不连接到保护接地；保护等级为Ⅱ）的型式试验电压	
	交流电压有效值[b]	直流电压	交流电压有效值	直流电压
≤71	80	110	160	220
141	160	225	320	450
212	240	340	480	680
330	380	530	760	1100
440	500	700	1000	1400
600	680	960	1400	1900
1000	1100	1600	2200	3200
1600	1800	2600	2900	4200

注：允许插值。

a　本试验应采用短路电流不低于 0.1A，符合 IEC 61180－1：1992 第 5.2.2.2 条要求的电压源。

b　对应于 1200V＋系统电压。

注：本表内容来源于 NB/T 32004。

6.2.4　接地连续性试验

6.2.4.1　对于每个保护连接电路，保护导体端子和作为每个保护电路一部分的相关点之间的阻抗，应使用不小丁 10A 的电流进行测量。测量时，电源输出不接地，最大不带载电压为 24V。

6.2.4.2　保护接地阻抗不应超过 0.1Ω，测试时间不小于 2s。

6.2.5　设备外观

必须完好无损、无变形，镀漆无破损；铭牌信息、警告标识必须明确无歧义，并且符合标准要求；附送说明书必须包含标准中要求内容。

6.2.6 关键零部件

6.2.6.1 核查逆变器，确保实际供货的逆变器所采用的零部件、产品结构等与供货合同约定的一致。

6.2.6.2 核查逆变器所使用的关键零部件，应与通过认证所出具的型式试验报告中所列关键件清单一致；检查有关元器件是否满足国家、行业标准或 IEC 标准的相关要求（可以提供相应的认证证书来证明）并按其额定值正确应用和使用。

6.2.7 最大输出功率

核查逆变器最大输出功率，分别在 100％额定输出功率与 110％额定输出功率（若相关技术协议中的过载功率高于 110％额定功率，则按照技术协议中的规定进行测试）条件下分别运行 30 分钟以上。在此期间，逆变器输出状态应该保持稳定，电能质量符合相关要求。

6.2.8 转换效率

核查逆变器最大逆变效率，并且分别在 5％、10％、20％、30％、50％、75％、100％额定输出功率条件下测量逆变器逆变效率，并用折线图的形式绘制功率–效率曲线。

6.2.9 电能质量

逆变器的电能质量应符合 NB/T 32004 标准中的要求。

6.2.10 方阵的绝缘阻抗检测

方阵的绝缘阻抗检测应符合 NB/T 32004 标准中的要求。

6.2.11 过/欠压，过/欠频

过/欠压、过/欠频应符合 NB/T 32004 标准中的要求。

6.3 成品逆变器的出货前检验和交付放行

6.3.1 清点批次出货具体数量、检查设计规格等。

6.3.2 审核出货测试数据，检查逆变器功率及性能指标。

6.3.3 抽样检查成品的出厂测试内容应满足本标准要求。

6.3.4 根据例行检验和抽样检验结果，确认是否出货。

6.4 成品寿命及质保期

逆变器设备在正常使用下满足使用寿命 25 年的要求，在使用寿命期内，关键元器件不应异常损坏。逆变器的质保期应不小于 5 年，质保期内因逆变器设备故障而必须产生的维修费用、交通运输费用等由设备厂商承担。

7 验证方法

本标准所规定的要求按照表 6 方法验证。

表 6　验证方法

序号	章节	章节名	验证方法
1	4	逆变器总体要求	
2	4.1	外观要求	出厂报告
3	4.2	性能指标	NB/T 32004
4	4.3	测试及认证要求	第三方测试报告和备案元器件清单
5	5	关键元器件要求	
6	5.1	认证要求	认证证书及附页和备案元器件清单
7	5.2	母线电容	元器件技术规格书
8	5.3	直流侧开关设备	元器件技术规格书
9	5.4	EMC 滤波器	元器件技术规格书
10	5.5	熔断器	元器件技术规格书
11	5.6	浪涌保护器	元器件技术规格书
12	6	生产厂的要求	
13	6.1	生产厂质量保证能力	最新工厂审查报告，测试设备清单，校准证书
14	6.2	逆变器出厂质量保证	测试报告
15	6.3	成品逆变器的出货前检验和交付放行	检验报告
16	6.4	成品寿命及质保期	保证书